福建农林大学
福建省政协农业和农村委员会
中国乌龙茶产业协同创新中心 编

丝路闽茶香

——东方树叶的世界之旅

Chinese Min Tea Travelling across the Silk Road
—— Story of the tea from Fujian

海峡出版发行集团
福建人民出版社

序　言

杨江帆

闽在哪？闽在海中；

茶在哪？茶在山中；

闽茶在哪？闽茶飘香在丝路的时空……

福建与海相生而来，福建从来没有离开过海，福建从来也离不开海。蜿蜒曲折的海岸串起了福建的座座城市与乡村，也串起了福建的历史与文化。

闽北风光

妈祖信仰的深厚，东方第一大港的包容繁华，郑和下西洋的雄壮与气魄，郑成功驾驭海洋的洒脱，马江上空机器的轰鸣……

这一切，沉淀为今天一个很有分量的结论：福建是海丝核心区。

在丝路的历史上，闽商以不怕艰险、敢冒风险、敢为人先的精神特质著称。所谓："大舟有深利，沧海无浅波。利深波亦深，君意竟如何？鲸鲵凿上路，何如少经过。" 长期的行船走海，磨砺出闽商的世界视野。他们不经意间沟通着中外，传播着中国文化，吸纳着域外文明，是中国海商的典型代表。

茶是闽商经营的传统商品之一，一度曾为最重要的商品。打开福建地图，几乎每条经纬线的交点都落在一片山高云深、令人欣然怡爽的茶园里。福建的每一座城市，都有一款名茶，福建是茶叶的大观园，也是茶业的博物馆。茶香把福建的一座座城市熏染得从容而雅致，秀美而有灵性。

在中国茶史上，闽茶曾独领风骚，写下了巅峰性的篇章。福建是红茶、乌龙茶、白茶、茉莉花茶的原产地。每种茶的诞生，都在茶业史上立下一个

闽北风光

坐标。北苑贡茶的一骑绝尘，御茶园里的石乳飘香，三州人的功夫茶，万里茶道的始发地，省会福州花与茶的珠联璧合，随便拈出一件，都是沉甸甸的。福州港、厦门港、三都澳、泉州港都是福建茶曾冠绝天下的见证者。福建是华侨大省，下南洋的福建人将茶文化传播至域外，后世就创造了一个极具地域特色的概念——"侨销茶"。

千年茶史，名茶璀璨，铁观音、大红袍无疑是最耀眼的泰山北斗。

在新时代，福建茶引领中国茶产业的风向标，在标准制定、品牌塑造、销售网络、文化提炼、海丝行等诸多领域占领着制高点。单看茶树品种，福建就是一个茶叶世界的资源库。福建拥有国家级茶树良种26个、省级良种18个，良种茶园推广面积已经达到96％以上，遥遥领先于全国。

很早以前，茶就以巨大而深邃的能量，将中国与世界相连。中国，是茶的发源地。世界上其他国家对茶的第一印象都直接或间接来自中国。茶，以草木之微承载着中国与世界的对白。大航海时代来临后，茶是中外商贸之路

上最大宗的商品，这一跨度，就达200年。而在这一过程中世界越来越认识了福建，认识了闽茶。

闽茶曾是中国离世界最近的商品，最先感知世界的跳动，最先与世界达成共识，征服了世界的味蕾。

茶是中国文化典型的符号。茶与文人的美丽邂逅，激发出的才情绵延至今。骚客雅士不约而同地以穷尽汉语最靓丽的字词来比拟茶叶，从"灵草、灵芽、嘉木英、瑞草魁"，到"佳人"，无以复加，蔚为大观。舞文弄墨、城头赏月、灯下弄剑时，常以茶助兴，留下诸多佳话。文化的钟爱滋润，又使茶叶变得情趣盎然，细美幽约，超然出尘，诗情飘逸。饮茶的诗化，反过来助推茶产业步入快车道，不断写下开创性的篇章。种植范围更广了；饮茶习俗更普及了，士大夫阶层雅集的茶会流行开来；法门寺出土的茶具震惊海内外；茶税出笼了；世界上第一部茶学著作陆羽的《茶经》也问世了……茶进入了中国的经济政治社会文化宗教生活。

中国离不开茶了，周边民族与国家也渴望茶。因此，丝绸之路的悠悠天宇下，漫漫黄沙中，驼铃阵阵，茶香袅袅，氤氲千年。茶马贸易促进了农牧民族的商品交换，更拉近了心灵的距离。

留学中国的日本高僧、高丽僧侣返国时带回佛经的同时也顺便带回了茶籽。从此，海丝浪花里泛起了缕缕茶香。伴随阵阵海涛，茶叶飘香东洋，熏陶世界。

丝绸之路、海上丝绸之路、茶马古道以及清初兴起的万里茶道，是中国茶叶输出与茶文化对外传播的主要渠道。中国先民的智慧就沿着这些商路奔流不息，无远弗届。而无数默默无闻的挑夫、船夫、车夫、马夫顶风逆水，足履灼沙，用血汗与生命凝结出了一条条商路，其附着的挑战生命极限的精神，每每视之，总肃然起敬。

不曾想到，南方山坳里的一片树叶，或穿越荒漠，历经羌笛胡笳、八月飞雪、孤城落日的锤炼，或鲸波万里，纵横沧溟，而出落为瑶草琼花，撬动着一个大世界上演传奇。它中规中矩记录自己的足印，却不知不觉书写着世

品茗洗砚图

界的历史。它穿越时空，打破语言与肤色的隔阂，为人类提神醒脑提供了安全洁净的饮料，为人类克服疾病、健康成长履行着神圣的使命。从此，域外的文字中开始流泻着对中国的尊重。

茶叶是柔弱的，内敛的，至清至洁的。所谓"灵芽呈雀舌，粟粒浮瓯起"。茶更是情趣的。山堂夜坐，汲泉烹茗，至水火相战，俨听松涛，倾泻入瓯，云光缥缈，一段幽趣，难与俗人言啊！

但茶更是刚强的，奔放的，抒志的，布满时间的创痕，饱含生长的能量，给人以自信与力量。文天祥以茶言志，"男儿斩却楼兰首，闲品茶经拜羽仙。"范仲淹一腔豪情盛赞建安"茗战"。其实，哪一泡茶不是在炒揉烘焙、"走水过火"、沸水冲滚、死去活来中脱胎换骨，才成就了品质。一片普通的树叶，经人手的揉捻、铁锅的煎熬，等到归于平静，喷薄而出的是神奇的生命与激情。

中国茶为什么能征服全世界的味蕾？物质的本性之外，是味觉的享受，美的陶醉，生活的体味。啜苦咽甘，苦尽甘来，这不就是生活的本质吗？

茶叶不比瓷器那样不朽。物理形态的茶消失了，但纤细甚至渺小的身躯蕴含着的强大的经验、知识、观念长留着，不仅深深地沉淀进中国人的血脉，而且顽强地向外衍伸，乃至于落地生根，产生出新的文化形态，甚至生活方式。这就是茶行天下的辐射力、穿透力、影响力，文化形态上的震慑力，与中国传统饮马长城、将军挽弓、醉卧沙场的侠行天下精神异曲同工。

茶是大自然给予人类的美好馈赠，茶文化崇尚俭德、清静平和、高雅芬

哈萨克斯坦站现场，专门设置了『学泡福建功夫茶』专区，茶艺师手把手教茶叶爱好者们泡茶

芳、谦和包容、和诚处世、以和为贵，也充满豪气与壮志，这与中国文化精神极为吻合，与丝绸之路精神一脉相承，更与新时代共建人类命运共同体极为默契。

时间会说话，历史早已给了答案：国有界，而茶无限。茶叶源于中国，但茶香早已弥漫在世界不同种族与肤色民族的唇齿间，成为世界之香。从农耕时代一路走来的茶，目前是世界第二大饮料，仅次于水。茶是中国人勤劳、智慧与创造的典型体现。中国茶史上那些不知名的先贤，对不同的茶树品种采用不同的制作工艺，成就了七大茶类以及形形色色的地方名茶。

中国茶是公开透明的，是敞开怀抱的，是拉近人与世界距离的，是求同存异的，是内沉于心而外化于行的。这不正是丝绸之路精神的格局与气度吗？

长风送来千年之约，大漠沧海早已不是阻隔。"一带一路"倡议，是对史上欧亚大陆文化交流与互动的历程的总结，更是开辟未来的卷首语。在更加开放自信雄强的时代，中国传统茶文化所蕴含的思想观念、人文精神不断被激活，而愈发展示出它的当代价值与世界意义。

　　凡是过往，皆为序章。 历史又一次给中国腾飞的契机，而中国也张开了博大的胸襟！2017年5月，习近平主席在给首届中国国际茶叶博览会致贺信中说："中国是茶的故乡。茶叶深深融入中国人生活，成为传承中华文化的重要载体。从古代丝绸之路、茶马古道、茶船古道，到今天丝绸之路经济带、21世纪海上丝绸之路，茶穿越历史、跨越国界，深受世界各国人民喜爱。希望你们弘扬中国茶文化，以茶为媒、以茶会友，交流合作、互利共赢，把国际茶博会打造成中国同世界交流合作的一个重要平台，共同推进世界茶业发展，谱写茶产业和茶文化发展新篇章。"

　　丝路帆远，闽茶抒写过精彩；茶香依旧，而今茶人依旧心在飞翔。《丝路闽茶香——东方树叶的世界之旅》循着一片茶叶的轨迹，记录下了福建茶叶走向世界数百年来的精彩瞬间。南洋诸国的闽茶缘，闽茶的南亚之旅，浪漫红茶风靡英伦，绽放巴拿马博览会的坦洋工夫，闽南乌龙泛舟国际商海，白茶的温情茉莉的香，茶港的流年往事，丝路闽茶重放异彩。

　　闽茶承载了太多的传统，闽茶能面对变化无穷的未来。

Preface

Where is Min (Fujian)? It's by the sea.

Where is tea? It's in the mountains.

Where is Min tea then? It's along the Silk Road as you can tell from its lingering aroma.

Fujian is located by the sea. Its development has depended, and will always depend on the sea. The winding and curving coastline of Fujian strings together not only its cities and villages, but also its history and culture. Fujian features the profound belief in Goddess Matsu, the inclusiveness and prosperity of the biggest port in Eastern China, the boldness and farsightedness of Zheng He (an ancient navigator and diplomat) navigating westwards, the freedom and easiness of Zheng Chenggong (an ancient national hero) riding the waves, and the roaring of warships on the Majiang River.

All these factors come down to one weighty conclusion: Fujian is the core area of the Maritime Silk Road.

Through the history of the Silk Road, Min merchants have been known for their characters of unafraid of hardships and dangers and willing to take the risk. As Huang Tao, an ancient Chinese litterateur in late Tang Dynasty, said, "A big boat carries great profit, just like the great ocean runs heavy waves. Great profit yet high risk, what will be your decision? Let's just set our sails and break waves like whales." Such a long history of oceangoing trade has sharpened and broadened Fujianese merchants' eyesight of the world. They connect China with foreign countries, spreading Chinese culture while absorbing foreign cultures. They are representatives of Chinese maritime merchants.

Min lies in the mountain, just as tea grows in the mountain. Therefore, tea has been one of the traditional commodities managed by Fujianese merchants, and once the most important one.

If you unfold a map of Fujian, you will find refreshing tea gardens hidden in deep mountains all over it. Every city in Fujian boasts its own kind of tea, making the province a showplace of tea and a museum of tea industry. The scent of tea endows these cities with calmness, elegance, grace and liveliness.

In the history of Chinese tea, Min tea once took the lead and wrote down a chapter of its glories. Fujian is the origin of Black Tea, Oolong Tea, White Tea and Jasmine Tea. The birth of each of them all set up a landmark in the history of the world's tea industry. The unrivalled Tribute Tea in the North Garden, the fragrant Wuyi Rock Tea in Imperial Tea Garden, the Gongfu Black Tea of three cities, the miraculous combination of tea and flower in Fujian's capital city of Fuzhou, and the fact of being the starting point of The Thousands of miles of Tea Road, these are all serious proofs of Fujian's glorious tea history. Fuzhou port, Xiamen port, Sandu'ao port and Quanzhou port are all witnesses of the leading history of Fujian tea. Fujian is a province with a great number of overseas Chinese. Fujianese who have gone to South Asia have disseminated tea culture to foreign countries. Thus a concept of regional characteristic—Qiaoxiao Tea was born, referring to the tea which is popular among overseas Chinese.

Through thousands of years of tea history, many kinds of tea have gained their fame, among which Tieguanyin and Dahongpao are undoubtedly the most famous and important ones.

In the new era, Fujian tea will lead China's tea industry, to take a prepotent position in areas such as setting standards, shaping brands, online sale, extracting culture, carrying forward the Maritime Silk Road, and so on. If looking specifically at the varieties of tea trees, we could say that Fujian is a resource pool of tea. Fujian has 26 national-level and 18 provincial-level fine varieties, and the area of tea gardens of fine varieties in Fujian has reached over 96%, far ahead of the rest of the country.

Tea, with its great and profound energy, has connected Fujian with the world since long ago. China is the home of tea. The world's first impression of tea goes directly or indirectly to China. Tea, the leaf, though negligible as it is, connects

China with the world. After the arrival of the Great Navigation Epoch, it became the most important commodity in China's trade with foreign countries. The development of China's tea trade took 200 years. During this process, the world became more and more familiar with Min tea, also with Fujian.

Min tea was once the commodity of China most familiar to the world. It was the first to sense the pulse of the world, to know the needs of the world and eventually won over the taste buds of the world.

Tea, the same as silk and porcelain, represents a perfect combination of natural miracle and ancient Chinese people's wisdom. Though drawing no much attention from people in history, it is indeed inseparable from our lives just like salt and ironware. Tea chimes in perfectly with Confucianism, Buddhism and Taoism. No matter in the ruling classes or among common people, despite the changes of dynasties or alternation of rulers, no complaint about tea had ever been heard. On the contrary, people always talk about tea as a daily necessity together with firewood, rice, cooking oil, salt, soybean sauce and vinegar.

What makes tea different is that, it is thoroughly drawn into the cultural horizon and is the only symbol of Chinese typical culture. It has added flavour to the once plain-tasted life.

As an old saying goes, "when greeting a guest, you should firstly serve a cup of tea to him". On serving the tea, everything is conveyed through it without the need to say a word.

Since Han, Wei and the following six dynasties (202 B.C.–589 A.D.), tea and literati have been closely interwoven with each other. Those poets and scholars of refined tastes have continuously explored the most elegant words in Chinese language to nickname tea, for example "magic leaf", "spiritual bud", "essence of fine wood", "chief of grass of fortune", and even "fair lady". The number and diversity of nicknames for tea are beyond one's imagination. When it comes to the scenes of literati playing with words to write poems, sitting on top of the city walls to admire the moon, and dancing with sword in the dim light, there are always a few cups of tea by their sides, leaving many beautiful stories behind. Such a preference for tea of literati nourishes it and makes it exquisite, transcendent and poetic. Moreover, the poetization of drinking tea has promoted the development of the tea industry and helped it continuously make breakthroughs, including wider tea planting area, more tea drinkers, tea parties becoming popular among graceful scholar-bureaucrats, the fineness of tea sets produced in Famen Temple astonishing the world, the promulgation of tax on tea, the birth of the first book on tea science—Lu Yu's *The Book of Tea*, and so on. Tea started to exert its influence on every and each aspect of China's society.

Tea has not only become an inseparable part of China, but also lured the surrounding nations and countries' craving for accessing it. Therefore, tea trade was brought along the Silk Road. Since then, through the boundless desert, with the sound of camel ring, the scent of tea has been lingering for thousands of years. The tea-horse trade facilitated the commodities exchange between the farming nation and the livestock-raising nation and also brought their hearts and souls closer.

Japanese and Korean monks, after studying in China, brought home with them not only Buddhist scriptures but also the seed of tea. Ever since then, even the waves of sea also roll with the scent of tea. As the waves rolling away, tea was also carried to the outside world.

The Silk Road, the Maritime Silk Road, the Ancient Tea-Horse Road and the Thousands of miles of Tea Road rising in the early Qing Dynasty were China's major channels to export tea products and spread tea culture. The wisdom of ancient Chinese people has been flowing along these roads, and it will continue to flow. These roads—paved by countless laborers, through thousands of years, undergoing insufferable conditions, with their blood and even lives, are roads of precious business opportunities. The spirit of challenging the extreme of life that lay under these roads deserves respect of the world.

Nobody would have expected that some leaves picked from China's southern mountain should go across the desert, forged by exotic music as well as extreme weathers, or go with the sea waves, lashed by brisk sea breeze, and then wind up as leaves of legend that could influence the whole world. It walked, step by step, towards the world; yet also wrote itself down, stroke by stroke, in the world's history. It stepped over the threshold of time and space, and broke through the barrier of languages and skin colors, to present people with a safe and clean mind—refreshing drink, and to fulfill its sacred mission that helps people overcome diseases and live healthily. Thence, respect to China started to flow in foreign languages.

Tea is soft, introverted and pure, as described in the poem "spiritual bud looks just like the tongue of a sparrow". And tea is more of an exquisite taste. The best tea atmosphere is like this: sitting in a pavilion deep in the mountain in the evening, and drawing a bottle of fresh spring to boil a pot of tea. While the tea boiling, you may watch the fight between water and fire, listening to the rustle of pines all over the mountain. After the tea is ready, pour it into a small cup and have a sip, and the scent of tea will make you feel like flying among the clouds and blending with the light.

More importantly, however, tea not only gives people a sense of strength and openness, but also helps people express their aspiration and injects them with confidence and strength. For example, Wen Tianxiang (an ancient Chinese politician who chose to die rather than surrender) spoke out his aspiration with his love for tea containing in it: "As a man I would beat enemy from Loulan and then leisurely appreciate *The Book of Tea* with its writer". And Fan Zhongyan (an ancient Chinese politician and litterateur) spoke highly of the "tea competition" in Jian'an. As a matter of fact, every pot of tea all endured processes including stir—frying, rubbing, drying, baking and boiling. Only then could it be endowed with the qualities mentioned above. An ordinary leave, after being rubbed, fried and finally pacified, would be bursting with miraculous vigour and vitality.

Why can Chinese tea conquer the taste buds of people from all over the world? Other than the nature of tea, the reason also lies in the enjoyment of the sense of taste, the enchantment of beauty and the appreciation of life. When you have no choice but to swallow bitterness and sweetness at a time, the taste of sweetness will come after the taste of bitterness weakens.

Tea is not stale—proof as porcelain. However, even after the physical form of tea is gone, the great experience, knowledge and values contained in its negligible body would not only take deep root in Chinese people's blood, but also tenaciously stretch its branches to take root elsewhere, to bring up new form of culture or even new style of life. This is how tea radiates to, penetrates into and eventually influences other places. It is another form of deterrent power. The spirit contained in tea is the same as the chivalrous spirit of other traditional Chinese stories such as a wife missing her husband engaged in war, a general drawing a bow towards his enemy and soldiers getting drunk on the battlefield.

Tea is a gift from nature to human. Tea culture advocates thriftiness, tranquility, peace, elegance, modesty, inclusiveness and harmony, and is full of heroic spirit and aspiration. It is identical to Chinese cultural spirit. It not only comes down in one continuous line with the Silk Road spirit, but also coincides with the new era's mission of constructing together a community of shared destiny for mankind.

History has already given its answer: A country has its boundary, but tea ignores it. Though tea roots in China, the scent of it has lingered over the mouths of people of different races and nations, becoming the scent for the world. As the second most popular drink in the world only after water, tea can trace back to the agrarian age, embodying the diligence, wisdom and creation of the Chinese people. Those unknown tea farmers treat different kinds of tea trees with different crafts and eventually make seven major kinds of tea and diversified kinds of local tea. The legacy of our ancestors gives us confidence to keep going ahead.

Chinese tea is transparent. Chinese tea embraces everybody. It seeks common ground while appreciating differences. Its spirit should be born in mind and also practiced. Isn't it the same as the spirit of the Silk Road?

The millennium appointment made thousands of years ago is coming true, yet deserts and oceans are no barriers anymore. The Belt and Road Initiative is a summary of the history of Europe—Asia cultural exchange and interaction. More importantly still, it is the preface of opening up a brand new future. In the coming new era, China will open more to the world and become more confident. Therefore, the views and values and humanistic spirit contained in traditional Chinese tea culture will have more contemporary value and global meaning.

What's past is prologue. History gives China another opportunity to soar, and China stretches arms to embrace it! In May 2017, Xi Jinping wrote in his congratulatory letter to the First China International Tea Expo, "China is the homeland of tea. Tea is deeply embedded in Chinese people's life, and become an important carrier of Chinese culture. From the ancient Silk Road, Tea-Horse Road, Tea-Ship Road to today's Silk Road Economic Belt, 21st Century Maritime Silk Road, tea has gone through history, stepped over boundaries, and won the hearts of people across the world. I wish you could carry forward Chinese tea culture, making use of tea as a medium to make friends, to communicate, cooperate and achieve mutual benefit. I wish you could build the International Tea Expo into an important platform for China to communicate and cooperate with the world, to promote jointly the development of the world's tea industry, and to write a new chapter for tea industry and tea culture. "

The sails of forefathers gone, Min tea has written its chapter of glories; the scent of tea remaining, tea lovers are still on the road. This very book of *The Aroma of Min Tea Travelling along the Silk Road*, following the steps of a piece of tealeaf, documents the splendid moments of teas from Fujian going out to the world over hundreds of years: Southeast Asian countries' relation with Min tea, the romantic Black Tea sweeping the Great Britain, Gongfu Tea from Panyang catching people's eyes at the Panama Expo, Oolong Tea from southern Fujian being shipped across the world, the warmness of White Tea and the fragrance of Jasmine Tea being appreciated, the development of tea ports, and the revival of Min tea along the Silk Road.

Bearing so many traditions, Min tea is capable of facing the ever-changing future.

Jiangfan Yang

July 2019

目录

Catalogue

第一章　清新福建　多彩闽茶

什么是最"中国"的符号？是脍炙人口的唐诗宋词，是遒劲飘逸的书法，是意境悠远的山水画，是精细工丽的青花瓷……当然，还是沁润心怀的中国茶。

作为世界"三大饮料"之一，茶不仅仅是中国贡献给世界的健康之饮，还是向世界输出的文化符号。

福建，是中国最重要的产茶省、中华茶文化的发源地之一，也是举世公认的"海丝"重要起点。曾经，多彩闽茶不仅创造了熠熠生辉的茶史辉煌，而且自古以来还借由它的香馥味永，连起了福建和世界。

请看，这就是闽茶的天下：荣耀百年的武夷岩茶、行销全球的安溪铁观音、香飘寰宇的正山小种、蜚声中外的三大工夫、独一无二的白茶、香传万家的福州茉莉花茶……曾经，历史赋予了闽茶神韵。今天，时代赋予了闽茶风采。抚今追昔，千年闽茶，犹如天边的绮霞，绚烂多姿，亦如夜空的繁星，闪烁灿烂。如今，它正沿着纵贯古今的时光脉络，经久不息，乘着"海丝"的风帆，奏响盛世的和歌，响遏行云，如雷贯耳。

一、依山傍海，孕育芳茗

福建，依山傍海，水、大气和生态质量均位居全国前列，是最适宜茶树种植和生产的地区，最先创制了乌龙茶、红茶、白茶等茶类和茉莉花茶。2018年全产业链产值突破1000亿元大关，居全国第一，毛茶产量、单产、良种推广率也居全国第一。

福建地处南亚热带和中亚热带的接合部，自然条件优越，年平均气温17～21℃，年降雨量在1000～2000毫米之间，空气相对湿度年平均78%～80%，年日照总时数为1700～2100小时，无霜期长达260～320天。

需要特别指出的是，福建是中国东部山地面积最大的省份，九成以上的陆地为山地。其中，1000米以下的宜茶丘陵山地占总面积的83.3%。同时，福建也是最"森"的省份，全省森林覆盖率高达68%，多年位居全国第一。

　　深厚的土层，丰饶的植被，精湛的制茶技艺，孕育出了多彩闽茶。山明水秀渲染了闽茶的气质，红、绿、乌、白构成了闽茶的主色，茶伴花香更是氤氲了闽茶的香泽。特殊的地理气候条件和茶区人民的创造性，造就了茶树品种和茶类生产的多样性，福建出产的乌龙茶、白茶、红茶、绿茶、花茶以其独树一帜的色、形、香、味、韵，深得海内外爱茶人士的青睐，以安溪铁观音、武夷岩茶、福鼎白茶、政和白牡丹、武夷正山小种、福安坦洋工夫、政和工夫、福州茉莉花茶为代表的名优茶，更是福建一张张芳香的金名片。

其实，从地图上看，福建省的轮廓酷似一枚清新的茶叶，镶嵌在东海之滨。全省有60多个县（市）产茶，主要出产有绿、红、乌、白、花等五大茶类，在全国独一无二。目前，全省基本上形成了以安溪县为代表的安溪铁观音、永春佛手、平和白芽奇兰、诏安八仙茶、漳平水仙等22个县（市）的闽南乌龙茶区；以宁德市为代表的福州茉莉花茶、罗源七境堂绿茶、福鼎白毫银针、宁德天山绿茶、特种造型工艺绿茶、工夫红茶、寿宁高山茶等20个县（市）的闽东北多茶类区，其中白茶为福建独有；以武夷山市为代表的武夷岩茶、闽北水仙、武夷正山小种、政和白茶、建阳白茶等8县（市）的闽北乌龙茶多茶类区；以永安云峰螺毫、龙岩斜背茶、武平绿茶为主的17县（市）的闽西绿茶区。

同时，福建茶树良种及种质资源非常丰富，素有"茶树良种王国"之称。目前，经整理登记在册的品种及育种材料达600多个。其中，国家级良种26个，省级良种18个，全省无性系良种推广面积达96%以上。如此丰富的茶树良种为创作各种名优茶、提升茶叶品质奠定了物质基础。

清新福建，多彩闽茶。百花齐放，花香遍野。

茶园风光

二、闽茶历史，异彩纷呈

丝路帆远，茶香千年。

中国是世界上最早发现和利用茶树的国家，而作为中国最主要的产茶区之一，福建种茶的历史至少已有千年。据东晋常璩《华阳国志·巴志》记载："……周武王伐纣，实得巴、蜀之师……桑、蚕、麻、鱼、盐、铜、铁、漆、茶、蜜……皆纳贡之。"由此可知，早在商周时期闽地就已产茶，而且为八个南方贡茶小国之一。据此，当代茶圣吴觉农先生主张：闽地早在商周时期就已有生产茶叶，而且作为贡茶问世。

1600多年前，闽人在南安丰州古镇的莲花峰石上郑重地刻下了"莲花茶襟"四个大字，闽茶有文字记载的历史便由此滥觞。

500多年后，在北宋都城东京皇宫里，宋徽宗赵佶摩挲着北苑刚刚焙好的龙团凤饼，用他那独创的瘦金体在纸上写道："本朝之兴，岁修建溪之贡，龙团凤饼，名冠天下……"因建溪而得名的建茶，就这样滋润着宋元两朝的"龙凤盛世""茗战成风"的闽茶风情，九曲溪畔葱茏的皇家御茶园更是把建茶推向了鼎盛。

「莲花茶襟」

闽茶远渡重洋，走出国门时，曾深刻地变革了世人的生活方式——英国人在疯狂地爱上武夷山红茶之后，把对茶的嗜好变成一种优雅高尚的文化；红茶走进欧洲乃至世界的其他国家时，又积极地与当地文化兼容并包，使饮茶成为日常生活的一部分。

唐代：盛世荣华，闽茶初兴

"溪边奇茗冠天下，武夷仙人从古栽。"早在汉代之前就流传着武夷茶的神话，由于地理偏僻，福建是历史上最缺记载的省份。人们不得不在一些世代流传的神话里找寻闽茶的踪迹。20世纪80年代，武夷山城村汉城遗址考古出土了大量的陶器茶具，再一次证实了汉代闽越先民已普结茶缘；魏晋南北朝时期，随着中原人士大批迁徙至此，一度促进了闽地种茶、饮茶的风尚。

福建茶史迹，最早见之于南安丰州古镇的莲花峰石上的摩崖石刻"莲花茶襟"。石刻的时间定格在"太元丙子"，即376年，这比陆羽《茶经》问世要早300余年。古时丰州是闽南政治、经济、文化的中心。莲花峰位于镇北桃源村的西北处，峰高约120米，远在西晋即建有莲花岩寺。至唐，山腰上建有一座欧阳詹书室。唐末诗人韩偓在此隐居时，曾咏诗"石崖觅芝叟，乡俗采茶歌"以描写当年莲花峰茶的生产情景。1011年，泉州太守高惠莲题刻"岩缝茶香"至今尚存。明正德元年（1506年）始建"不老亭"。不老亭因全亭的梁柱、屋盖及所有的构件都是花岗石雕刻成的，俗称"石亭"。自此莲花峰茶改称石亭绿茶。至清道光年间，莲花峰下种茶更盛，且在南安一带渡海谋生的人较多，石亭绿渐成为侨乡送祝"顺风"的礼品，久而久之，随着中国人远涉重洋，石亭绿畅销南洋诸岛，甚至远销英伦。

唐代，茶叶生产在全国普及，饮茶和种植茶叶蔚然成风。在茶圣陆羽的《茶经》里，国人饮茶之风可见一斑。

虽然唐代的福建还是荒芜偏远的边陲之地，但在鲜有的史料和文物中，我们不难了解茶在闽地的发展。《茶经·八之出》云："岭南，生福州、建州、韶州、象州。福州，生闽县方山之阴也。""方山"便是闽县的方山，也称作五虎山，在今福州闽侯县尚干镇。唐书《地理志》载，"福州贡蜡面茶"，说明唐代福州茶就已成为贡品，乃"福州有方山之露芽"。《闽小记》中已有记载："鼓山半岩茶，色、香、风味，当为闽中第一，不让虎丘、龙井也。"

鼓山在福州市东郊，山方圆数十里，鼓山茶历千年而不衰，时至今日，鼓山茶园依旧郁郁葱葱，静待来客。安溪产茶有字可考于唐。唐末，阆苑岩岩宇大门有："白茶特产推无价，石笋孤峰别有天。"开先县令詹敦仁（914—979）曾留下许多茶诗（《全唐诗》《全唐诗补编》共存其诗19首）。明清崛起，至光绪三十年（1904年）茶园面积达3.1万亩，并有规模出口量。如今是乌龙茶出口基地，中国名茶（乌龙茶）之乡。

中唐时期，福建渐次开发，茶作为其产业之一慢慢发展起来，而福建茶在历史上崭露头角则是在南唐、五代十国之后的事。

两宋：北苑闪耀，"龙凤"呈祥

进入宋代，福建茶区的分布更广，产地扩大，此时既生产片茶，也生产散茶，但以片茶为主。这时，位于建溪瓯凤山一带南唐时期开辟的北苑茶园异军突起，把福建茶业推向史上最辉煌的时期。

建州位于福建北部，唐、宋设建州府，到了宋代，建茶成为时尚。《茶史初探》一书指出，在宋代的历史上，建安北苑，也就是目前福建省建瓯市的东部，一下子光耀起来。史载，唐朝末期建安大财主张廷晖，在建安东面二十余里的凤凰山开垦了方圆三十里的茶园。龙启元年（933年），张廷晖把这片茶园送给了闽国，由此茶园成为皇家御苑，又凤凰山位于闽国的北部，故称北苑。吴任臣《十国春秋》所记，闽康宗通文二年（937年），"贡建州茶膏，制以异味，胶以金缕，名曰耐重儿，凡八枚"，即开始入贡。到了宋代，据《建安志》记载：在大宋"太平兴国二年（977年），始置龙焙，造龙凤茶"。

关于建茶的入贡和唐宋贡焙的更易，在近见的有些论著中，有的据《十国春秋》称起始于闽或南唐，有的据《建安志》称起始于宋初，诸说不一。其实如上录史料所说，建安北苑贡茶和贡焙的设立，有联系但并不是一回事。应该说，建安贡茶起始于五代时的闽通文（936—939）年间，其后南唐继之，甚至一度还废除了宜兴和长兴之间的顾渚贡焙。但是，宋建政以后，起初也和唐一样，仍以顾渚为焙和以顾渚紫笋入贡；在北苑正式"始置龙焙"，如葛常之所说，"自建茶入贡，阳羡不复研膏"，即贡焙正式由顾渚改置北苑，是宋太宗太平兴国（976—984）年间的事情。

北苑贡茶鼎盛于北宋，至明朝洪武二十四年（1391年）朝廷停贡，上贡时

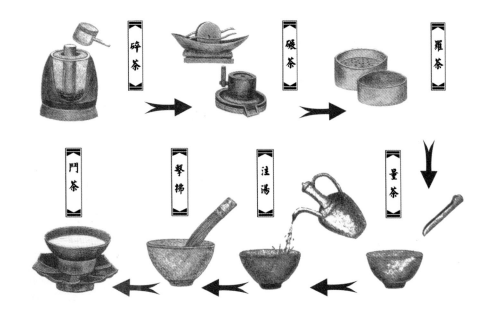

斗茶流程图

碎茶

碾茶

罗茶

斗茶

擊拂

注汤

量茶

间长达458年，宋徽宗称"北苑贡茶，名冠天下"，欧阳修赞，"然金可有，而（北苑）茶不可得"，北苑贡茶当时可谓风靡全国。北苑茶理所当然的是中国贡茶中历史最悠久的、影响力最大的茶，"建溪官茶天下绝，独领风骚数百年"就是对它最好的印证。

北苑贡茶让闽茶自宋代起便名声大噪，它对于中国茶史的深远影响，足以使它成为"贡茶之宗"。北苑茶的繁荣也为建安大肆张扬的斗茶之风提供了物质基础，"茶色白，宜黑盏"，斗茶也大大促进了建安陶瓷业尤其是建窑茶具的生产，而北苑与建盏珠联璧合，成为中国茶文化史上一枝奇葩。

元代：武夷茶兴，御茶贡御

元初的保境安民、教劝农桑的政策和海运事业的发展，使得泉州成为世界第一大港，也让世界领略了闽茶的风采。

武夷茶让入主中原的蒙古游牧民族"慢"了下来，从某种意义上说，蒙古族的铁蹄虽然征服了南宋，却不知不觉地被武夷茶给征服了。

元代饮茶习惯渐渐由抹茶法改为全叶冲泡，这一习惯衰弱了建茶却兴起了不讲究焙法的武夷茶，福建制茶中心渐渐移至武夷，开创了武夷茶史上一段辉

煌时期。1301年，元朝在九曲溪的四曲南畔兴建了皇家御茶园，专制贡茶，武夷茶正式成为御用品。每年惊蛰时，崇安县（武夷山市旧称）县令率御茶园官员、场工举行"喊山"祭茶仪式，愿茶树快快发芽。

约1391年，武夷山民首先传入蒸青的制作技术，蒸而不研不揉成团，而是将茶青蒸后即炒焙烹饮。这实际上是武夷山民将蒸青改为炒，逐步摸索出一种"三红七绿"的炒青制作工艺。

从至元十六年（1279年）到明嘉靖三十六年（1557年），武夷贡茶历史长达270多年。御茶园不仅种茶还制茶，这亦是茶场的前生。此时的武夷茶采造的有先春、探春、次春等品类，又有旗枪、石乳诸品，色香已不减北苑。更有诗云："百草逢春未敢花，御茶蓓蕾拾琼芽。武夷真是神仙境，已产灵芝又产茶。"武夷贡茶的生产刺激了武夷茶业乃至福建茶业的发展，福建贡茶额大增，当时仅武夷贡茶一项，几乎占了全国贡茶的四分之一。御茶园的开辟，使武夷茶业盛极一时，客观上也奠定了武夷山作为驰名天下的名茶产地的基础。

明清：茶类渐全，漂洋过海

当斗茶之兴渐减，明清时期的福建茶进入了创新时期，创制了多种茶类，

明·仇英《松溪斗茶图》

实现了继宋代贡茶和斗茶之后的又一次辉煌。

明太祖朱元璋，亲历元末农民大起义，辗战江南广大茶区，对茶事有接触，深知茶农疾苦，并表同情。称帝南京后，看到进贡的是精工细琢的龙凤团饼茶，认为这既劳民又耗国力，因之诏令罢造，"唯采芽以进"。这一举措，实质上是把我国唐代炙烤煮饮饼茶法改革为"一瀹而啜"的泡饮法，遂开我国茗饮之宗，客观上把我国造茶法、品饮法推向一个新的历史时期。

制茶技术的革新，促使了乌龙茶、红茶、白茶等新品类茶的诞生，这些重大技术均发端于福建，福建成为中国红茶、乌龙茶的发源地。

明亡清兴，武夷先民在制作松萝茶的基础上不断总结经验，发明了乌龙茶，这就是今天举世闻名的武夷岩茶。岩茶问世后，迅速聚集了一批忠实的"粉丝"。著名诗人、散文家袁枚起初对岩茶的印象并不好，言其"茶味浓苦，有如喝药"。后来，他在70岁那年游历了武夷山，并对岩茶的印象有了根本性的变化。他在《随园食单》中说：

> 僧道争以茶献，杯小如胡桃，壶小如香橼，每斟无一两，上口不忍遽咽，先嗅其香，再试其味，徐徐咀嚼而体贴之，果然清芬扑鼻，舌有余甘。一杯以后，再试一二杯，释躁平矜，怡情悦性。始觉龙井虽清，而味薄矣；阳羡虽佳，而韵逊矣。颇有玉与水晶，品格不同之故。故武夷享天下盛名，真乃不忝，且可以瀹至三次，而其味犹未尽。

清·袁枚《随园食单》书影

辛味是武夷肉桂的典型品种特征，清人蒋衡在其《武夷茶歌》中说："木瓜微酽桂微辛。"

这段话堪称岩茶赏鉴的经典论断，可谓是品得优雅、品得专业。而他在谈及茶质与水质的关系时，更毫不吝啬地把桂冠送给了武夷茶："尝尽天下之茶，以武夷山顶所生，冲开白色者为第一。"

若论深谙岩茶品鉴三昧的爱茶人，莫过于"一日不可无茶"的乾隆与闽籍学者梁章钜。众所周知，乾隆是史上以嗜茶著称的皇帝之一，他对岩茶之"岩骨"有着独到的见解，其《冬夜烹茶》云："就中武夷品最佳，气味清和兼骨鲠。"梁章钜则在其《归田琐记》中记载了他在武夷天游观中同静参羽士夜谈茶事的一段经历，并借羽士的口将武夷茶的"韵"归纳为"香、清、甘、活"四个字。

在相当长的一段时间内，武夷茶成了中国茶的代称。由岩茶衍生出泡饮方式——功夫茶，更是把慢生活演绎到极致，否则也不会叫"功夫"了。前文所述的袁枚就曾亲身体验过这种方法泡出的岩茶，可见，功夫茶在武夷山一带早已蔚然成风，并往南传播到闽南、台湾、潮汕乃至东南亚。编修于乾隆年间的《龙溪县志》云："近则远购武夷。以五月至则斗茶，必以大彬之罐，必以若琛之杯，必以大壮之炉。扇必以琯溪之蒲，盛必以长竹之筐……有其癖者不能自已，穷乡僻壤亦多耽此者，茶之费岁数千。"台湾人连横所著的《雅堂笔记·茗谈》中也有类似的记载："台人品茶，与中土异，而与漳、泉、潮相同；盖台多三州人，故嗜好相似。茗必武夷，壶必孟臣，杯必若琛，三者品茗之要，非此不足自豪，且不足待客。"从"孟臣罐""若琛杯""大壮炉""蒲扇"等器具不难看出，它们与当今流行于漳州、潮汕一带的功夫茶"配备"基本无异。

同时，又出现了另一个重要的茶区——闽南，包括安溪、泉州、龙溪（今漳州）等地。万历四十年（1612年）版《泉州府志》载，晋江各地山头皆产茶，其中安溪最好，安溪出产的茶"货卖最多"。由于地理位置佳，早在嘉靖年间，安溪等地就有大宗茶叶出售，闽茶随着泉州港飘香世界。此间，乌龙茶也传入了台湾。

除了乌龙茶，还有诞生于桐木关的正山小种亦是武夷茶的佼佼者。19世纪末，在印度、锡兰红茶崛起前，它几乎是茶的代名词，而当它登陆欧洲时，以英国人为代表的欧洲人则是疯狂地爱上了这种来自东方的琥珀色液体。它曾在英国皇室中形成典雅高贵的"下午茶"时尚，并上行下效，风靡英伦。

清咸丰、同治年间，工夫红茶在福安坦洋村试制成功，经广州运销欧洲，很受欢迎。此后大批茶商接踵而来，入山求市，开设茶行，周边茶叶云集坦洋，坦洋工夫的名声也不胫而走。在福建境内，还有白琳工夫、政和工夫，通常被称为福建三大工夫红茶。

铁观音

　　白茶是福建贡献给世界独一无二的茶类。它发源于建阳漳墩乡橘坑村南坑，清乾隆三十七年至四十七年（1772—1782），由当地的茶农兼茶商世家肖氏创制，"当时是以当地菜茶幼嫩芽叶采制而成，俗称'南坑白'或'小白'，因其满披白毫，又称'白毫茶'"。茶学家张天福则认为："白茶制造历史先由福鼎开始，以后传到水吉，再传到政和。"

　　白毫银针创制于福鼎。清嘉庆元年（1796年），福鼎人用菜茶的壮芽为原料，创制白毫银针（又称土针）。约1885年，陈焕将福鼎大白茶从太姥山移植到柏柳村后，便改用福鼎大白茶的单芽试制银针。试制成功后，其芽壮毫显，洁白如银，卖价要比原菜茶加工的银针高10倍以上，并于1890年开始外销。而政和开始生产白毫银针的时间则要到光绪十五年（1889年）。除银针外，白茶还分为白牡丹、贡眉、寿眉。白牡丹约同治九年（1870年）创制于建阳水吉镇，1922年传入政和县（含松溪县）。

　　福建用茉莉花窨茶也大约始于明朝。到清朝，窨制方法较明朝又有发展，

①白毫银针

②白牡丹

③贡眉

④寿眉

花茶窨制

并开始出现大量的商品茶。清咸丰年间，茉莉花茶大量生产，畅销华北各地。1890年前后，有外地茶叶运到福州窨制花茶，福州便成为花茶生产中心。

据海关资料记载，1877年福州茶叶出口量达91000余担，价值6400多万英镑，而光绪五年福州仅砖茶一项出口便达1370万英镑。清代闽南的茶叶贸易业迅速发展，安溪生产的乌龙茶、铁观音驰誉海外，1868年从厦门出口的乌龙茶便达35721担，1877年则达91000余担，创闽南茶叶出口量之最。至此，福建茶叶生产到了最盛时期。

三、穿越海陆，融合共生

茶，这枚产自中国福建的灵叶，从古老的中国，穿越海陆，东传日本，西渐欧美，南下南洋，北上蒙俄，用隽永的茶香与浓醇的茶味缔造了一个恢宏壮观的东方传奇，改写了人类的历史，影响了世界的文明进程。

当代，随着中国对外文化交流的日渐深入，作为一张芳香隽永的中国文化名片，茶越来越频繁地出现在各种国际场合以及国家领导人的重大外交活动中，渐成中国外交礼仪的"新常态"，也渐成联结中国与世界的和平纽带。

茶香飘海：文明的输出与日本茶风的兴盛

茶叶东传日本和朝鲜半岛，是依傍于文明的输出和佛教的传播。

佛教传入日本比茶叶早两百多年。南梁司马达在日本建立草堂，礼拜佛像，日本始知有佛教。佛法传来半个世纪后，圣德太子摄政，下诏弘扬，贵族大臣竞造佛寺，日本佛法大兴。圣德太子四次派出遣隋使，正式以国家行为学习中国文明。遣隋使是遣唐使的前奏，人员多为僧人。不久，日本便迎来了"大化改新"。所谓大化改新，就是引中国文明教化日本，使其推陈出新。此间，遣唐使开始形成制度和规模，延续两个多世纪共二十次使团。日本更"大和"之名为"日本"，取改新后"朝阳升起"之意。大化改新和明治维新为日本的两次重要变革，明治维新前的日本，就是一个外表充满唐风宋韵、骨子里和风犹存的"日本国"。

而日本"汉化"进程的桥梁人物是遣唐使中的僧侣，他们的主要任务，就是引介中国佛教和茶叶。最早的是"永忠献茶"。永忠在长安生活35年后携带大量茶籽和茶苗回到日本，上献嵯峨天皇，并亲自演示煎茶道。天皇品茶后下令在京畿、近江等地种茶，以备每年进贡之用。日本遂茶风初启。

与永忠同时期的还有最澄和空海。两人一起乘船登岸宁波，最澄去天台山学佛，空海远赴长安。回国时两人都带回了茶叶，最澄开创了日本天台宗，把茶籽种植在比叡山上，成为今天著名的日吉茶园。

需要特别指出的是，空海与福建关系非常密切。唐贞元二十年（日本桓武天皇延历二十三年，804年），日本高僧空海随第17遣唐使航船到中国求法，船队在海上遇台风飘散，空海与使臣藤原葛野麻吕乘坐的船，在海上漂流34天，最后在福建长溪县（今霞浦县）赤岸村靠岸，全船130多人均由赤岸村民援救上岸，在该村居留41天。霞浦赤岸因此成为中日文化交流史上的一个重要地方。空海和尚一行后来辗转来到福州，被安置在开元寺内，住了一个月，再启程往长安（今西安），遍访各地名刹高僧，刻苦学法。元和元年（806年），空海学成回国，并带回了茶叶。他广传密宗真言大法，成为日本佛教真言宗一代开宗祖师。

永忠、最澄和空海，他们引领日本饮茶，成为一时风尚。彼时的日本，朝野上下茶烟袅袅，茶诗唱起。此为"弘仁茶风"。

唐末国力衰微，日本便废止遣唐制度，饮茶也随之日渐式微。茶风再启，是在南宋，荣西禅师两度求法，带回宋朝的抹茶法。他还用汉语写出日本第一部茶书《吃茶养生记》。荣西被尊为日本茶祖，佛法上，他开创日本临济宗。自荣西始，日本茶道初成。后世的叡尊、道元、南浦绍明等，都承荣西遗风，来中国求法，在佛教和茶道上做出贡献。至日本战国时期，一代茶圣千利休集前人之所成，开创了"侘茶道"。日本茶道正式形成。

明代，福建福清黄檗山万福寺的隐元禅师，是继大唐时代鉴真和尚之后深远影响日本宗教、文化和生活的高僧大德。京都万福寺系由隐元禅师所创，在日本赫赫有名，境内500多座黄檗宗寺庙奉其为本宗，而且与日本茶道也有着非常深的渊源。1654年，隐元禅师从厦门筼筜港江头湾出发远渡日本长崎，从此一去不归。经由隐元禅师东传日本的，不只是万福寺及佛门相关的一切，还有在明代流行的煎茶及饮食习惯，并在日本发展成为"普茶料理"，至今仍深

隐元纪念堂

京都万福寺内的壳茶堂

刻地影响着日本人的生活。

　　除了茶，还有以建窑建盏为代表的茶器，也随着茶的传播传到日本与朝鲜半岛。宋元时期，随着泉州港的突起，海外贸易空前发展，福建的茶业发展愈加昌盛，特别是建茶的崛起大大刺激着福建瓷业。武夷山麓、闽江两岸处处窑烟，清脆瓷声不绝于耳，建窑的昌荣也由此应运而生。

　　油滴是建窑黑釉茶器之珍品。油滴釉古称滴珠，又称雨点釉，油滴盏的釉面密布着银灰色金属光泽的小圆点，直径从数毫米之微至针尖大小，形似油滴，故名。也有一说釉中花纹若在水面上撒油而得"油滴"之称。建窑油滴盏国内罕有收，流传东瀛民间的称"天目釉""星建盏"，其中为大阪市东洋陶瓷美术馆所藏的一件被定为日本国国宝。

　　曜变盏是建窑黑釉茶器中极为珍贵的品种。曜变盏外形尤为端庄，盏内外壁黑釉上散布浓淡不一、大小不等的琉璃色斑点，光照之下，釉斑会折射出晕状光斑，似真似幻，令人惊艳。日本文献（《君台观左右帐记》）称其为"建盏内之无上品也，天下稀有也"。

　　从11世纪末到12世纪初，随着中国饮茶法在东南亚的传播，建盏亦很快传到日本和朝鲜半岛。日本考古调查证明，在12世纪前期的博多遗址中已有建盏出土。此外，在韩国新安海域的沉船中也打捞出建盏。

　　此外，福建还曾出产过一些鲜为人知的茶具，这些茶具或以其独特的工艺，或以其独特的用途随着"海上丝绸之路"远销日本、东南亚等地，成为福建茶文化对外交流历史中不可忽略的符号之一。

在18世纪以前，日本茶道界把主要产于福建同安窑的青瓷器画花篦点纹茶碗称为珠光茶碗，以后又叫作珠光青瓷。珠光青瓷之名源于村田珠光。村田珠光是15世纪日本著名的草庵茶道创始人、日本茶道的始祖，他因开辟茶禅一味的"草庵茶风"而被日本人尊崇为日本茶道的开山者。据日本《传来书》记载，日本后土御门天皇延德元年（1489年），珠光在参拜宰相的途中发现一些青瓷茶碗的碎片，并进行发掘，发现了许多同安等地产的青瓷茶碗。他将其中一个完整的茶碗献给足利义将军，将军高兴之余，将其命名为"珠光青瓷"。

珠光青瓷碗的窑址几乎遍及同安汀溪水库周围的小山丘，而在窑址所在山头，满山遍野均是碗片和闸钵。出土的大量青瓷碗大小不一，以敞口沿稍内收、底部附浅凹足为特征。口径16～18厘米，足径5～6厘米，高7～8厘米。这些碗胎呈灰白色，釉色青中闪黄，碗内壁多刻花，有篦点、篦划纹装饰，外壁则刻复浅纹，某些碗内底部画成一个圆圈。上述特征与《山上宗二记》等一些日本茶道文献记载相符，《山上宗二记》还记载："珠光茶碗是中国制造的茶碗，最初为千宗易所有……"日本有关考古材料还表明，在日本的镰仓时代，这类又被称作中国龙泉窑系列的划花纹碗曾风行除北海道外的全日本。珠光青瓷茶碗因此成为中日茶道文化交流的使者。

日本茶道史上曾创造过许多千姿百态、被尊为茶道文化瑰宝的茶道具。所谓茶道具，包括在茶道演示过程中所有相关用具。其中，点茶所用的浓茶小

珠光青瓷茶碗

罐，就是被日本人称为"唐物茶入"的茶具。

日本茶道界一直把"唐物茶入"视为稀世奇珍、一种价值连城的艺术品、"财产与权力的象征"。据说，500年前的日本战国时代，"唐物茶入"是将军们不惜生命为之征战的宝物。一般认为，日本的"唐物茶入"是在日本茶道兴起初期，由日本陶祖藤四郎在13世纪从中国学回制陶技术并用自中国带回的陶土和釉料制作的。

20世纪90年代以来，随着福州市旧城改造工程的开展，鼓楼区的柏林坊、水流弯、北大路、屏山、七星井等处古遗址中，陆续发现了大批宋代薄胎酱褐釉陶器，器形有罐、瓶、盒、钵、灯、水注、执壶、香熏、锅等。这些陶器多数出自宋元时代文化层或废弃的水井中，其中又以各式酱褐色釉薄胎小罐数量最多。据不完全统计，其造型、胎质、釉色及工艺手法与传世的日本"唐物茶入"几无二致，如日本"唐物茶入"中的大海、肩衡、鹤首、瓢、水滴、柑子、皆口、茄子、文琳等式样的茶入。从工艺上看，这些小罐的制作均十分精细，胎土多淘洗，少杂质或砂眼、气孔，烧成温度和烧结度高，多薄胎，一般胎薄仅2毫米左右，小型器仅1毫米，整体造型匀称、规整。

福州地区出土的上述薄胎酱釉器即传世的日本"唐物茶入"，其原产地究竟在哪里？近年来，考古调查与发掘的材料表明，位于福州西北郊的洪山镇洪塘村的洪塘窑址，是烧制此类陶器的地点之一。这个窑址调查发现的酱釉薄胎陶器虽然数量不多，却是与传世的部分日本"唐物茶入"完全相同。

福州出土"唐物茶入"及发现烧制窑口和产地的消息传到日本，引起日本茶界的极大关注和重视。这一重要发现，不仅为最终解决这一问题提供重要线索，也在中日茶文化交流史写下了精彩的一笔。

茶风西渐：文明的碰撞与帝国兴衰

与茶叶东传之路不同，茶风西渐，不再是文明输出，而是文明的碰撞，不再是文化的交流，而是参与和见证了资本帝国的兴衰。

一本游记引发的浪潮

意大利人马可·波罗是欧洲研究中国的第一人，游历元朝17年的他，在其《东方见闻录》中大书中国的壮美和繁华，激起欧洲人此后几个世纪的东方情结。

当他来到福建泉州时，写道："宏伟秀丽的'刺桐'是世界上最大的港口之一，大批商人云集，货物堆积如山，繁荣的景象难以想象。"他所记述的"刺桐"就是现在的泉州。

15世纪末，航海家们开辟了好望角航线，终于可以绕过由阿拉伯和土耳其人控制的地中海，与东方中国进行商业"贸易"。《马可·波罗游记》，把中国描绘成基督教徒心中的"天堂"，但对中国的文明精神则几乎只字未提。书中也没有写到茶。1559年，威尼斯作家拉姆西奥在《航海旅行记》中写道："大秦国（China）有一种植物，仅有叶片可以饮用。"此为欧洲最早的茶叶文字记载。彼时，文艺复兴已完成对教会神学的胜利，葡萄牙和西班牙通过航海征伐，确立了海上霸权。

1516年，葡萄牙人第一次经好望角到达中国，30年后，通过贿赂明朝官员取得居住权。大批天主教传教士随船队而来，其中有号称"西方汉学之父"的罗明坚和利玛窦。传教士们对中国进行了细致的考察和报告，叙写中国的书籍都成为经典，比如门多萨的《中华大帝国史》和罗明坚的《中国地图集》。而正是这些传教士最早学会喝茶并把它传入欧洲，利玛窦就在其《利玛窦中国札记》中描写了饮茶。

16世纪是欧洲人通过葡萄牙船队实践马可·波罗的"见闻"进入中国并传播中国的世纪，其中自然包括中国茶。

"海上马车夫"的搬运

荷兰人到中国比葡萄牙晚了将近一个世纪，但最先运回茶叶的是他们。1602年，欧洲造船中心"海上马车夫"荷兰组建东印度公司，这家由65艘商船组成的公司其实是一支完整的海军。1610年，荷兰首次将从厦门购得的中国茶从印度尼西亚万丹转运回国，揭开了茶叶"出使欧洲"的序幕。此后，这家公司通过战争击败葡萄牙，取而代之垄断了东方贸易，二占中国澎湖和台湾（均被明朝击溃），殖民印度尼西亚。

17世纪的荷兰掌握着海上霸权，直至18世纪初，荷兰是最大的茶叶贩运国，阿姆斯特丹成为茶叶供应中心。茶叶从荷兰传入了欧洲各国，1638年传入法国，1645年传入英国，1650年传入德国，17世纪中叶，荷兰人将茶叶传至北美殖民地。

1719年，荷兰订茶量达20万磅，1733年，荷兰在广州购买价值336881荷盾的武夷茶，到荷兰后卖到988510荷盾，赚得盆盈钵满。荷兰比葡萄牙更进一步，把中国茶源源不断搬运回欧洲。然而，"海上马车夫"好景不长，一个更强大的对手双眼早已死死盯着它，正伺机下手。

英式"下午茶"——从白银到鸦片

英国学者艾伦·麦克法兰在其《绿色黄金：茶叶帝国》中说："对茶叶的礼赞怎么高都不过分。"他还说："是茶叶改变了世界。"茶叶改变世界，正是从它改变英国开始。

英国1600年组建东印度公司，但起初忙于"光荣革命"，海上力量不敌荷兰。英国被禁止茶叶贸易，伦敦的茶叶都从阿姆斯特丹进口。内战结束后，通过三次英荷战争，英国击败荷兰，由此开启了其一直持续到20世纪中叶的"日不落帝国"霸权。

茶叶在英国特别受欢迎。1662年，凯瑟琳公主用武夷茶做嫁妆，开启了英皇室和上流阶层的饮茶之风。1700年，伦敦卖茶的咖啡馆已有近500家，茶叶受到全社会的欢迎，英国由一个酗酒的国家悄悄变为"养成彬彬君子之风"的茶饮大国。18世纪中叶，茶叶浸泡下的英国开始了工业革命。然而，茶的普及也为英国带来"幸福的烦恼"。由于中国对于英国货品一概不需，英国的大量白银在茶叶进口中流向中国。起初，通过对非洲和北美殖民地的三角贸易，英国成功转嫁了白银危机。美国独立战争爆发后，北美的白银供应宣告中断。于是，英国人把思维转向了另一方热土——印度和缅甸的鸦片。

此前，中国是把鸦片作为治疗痢疾的药物少量进口。英国"鸦片换茶叶"的计划成功后，鸦片迅速在中国蔓延。同治年间，中国消费的鸦片已达世界总产量的85%。鸦片战争后，英国强制清政府开放包括福州、厦门在内的五口通商并直接开设茶厂，以极低税率运回茶叶。

"中国皇后"号，驶向何方？

1773年11月27日，英国东印度公司的"达特默斯"号满载茶叶至波士顿，被当地人堵在港口不让卸货。20天后，150多名"茶叶党"人，将船上的342件茶叶全部倒入海里。此便是"波士顿倾茶事件"。英国殖民地的北美人民开始站起来，反对英国变本加厉的茶叶贸易剥削。这些被倒入汹涌波涛中的茶叶，正是产自中国福建的武夷茶。

激战10年后，《美英巴黎和约》签订，美国获得完全独立。半年后，在首任总统华盛顿生日这天，几位美国商人合资购置了一艘木帆船，满载他们的胡椒、皮革和棉花，从纽约起航驶向中国。帆船上用英文写着"中国皇后"。他们此行的主要目的，就是要直接从中国进口茶叶。因为当时的世界贸易，茶叶已然是最大宗和利润最丰厚的货品，新生的美国，急需通过茶叶贸易在经济上走向复苏和繁荣。而另一方面，茶叶传来已历一百多年，美国人的生活中，也早已经离不开茶。

绕过英法的海上封锁，经过3个多月的艰苦航行，"中国皇后"号到达中国。她缓缓驶进广州黄埔港，冲天鸣炮13响，意为由13个州组成的新生美国向华夏致敬。这便是中美两国的首次相逢。"中国皇后"号运回的货品中有红茶2460担、绿茶562担以及瓷器962担。美国报纸对"中国皇后"号的报道延续了两个多月，整个美国上下都对这次航行寄予各种期待和想象。因为与东方中国的连接成功与否，事关其能否真正独立和崛起的

「中国皇后」号，开启了最早的中美茶叶贸易

"美国梦"。"中国皇后"号启动了美国的"中国热"，1792年，美国成为第二大对华贸易国，仅次于英国。19世纪初，拿破仑在欧洲征战，美国成为中国最大的贸易国。早期对华茶叶贸易使新生美国突破英法的经济封锁，迅速达到其经济复苏和崛起的目的。

"中国皇后"号驰向中国，从此开始书写一部荡气回肠的中美邦交史，这部史书，今天正在写下其浓墨重彩之篇章。

茶下西洋：忘不掉的乡愁

明成化（1465—1487）年间，福建人创制了乌龙茶，此后东传台湾，南传潮汕，更随着华人出国谋生进入东南亚等地区。

海上丝路可分三大航线，其中南洋航线便是由中国沿海至东南亚诸国。明朝时，郑和七次下西洋，发展了包括茶叶在内的中国大批货物和各国货物之间的交换。郑和下西洋所到的泰国、马来西亚、新加坡、斯里兰卡、印度、肯尼亚等亚非国家，都已是茶叶销售量最大，也是茶文化最普及的地区。

史载，当时郑和船队中有不少福建人，有些福建人后来就留在东南亚，随着越来越多的华人移居东南亚，华人茶行也随之兴起。至20世纪30年代，单安溪人在东南亚开设的茶号就有一百余家，其中著名的有新加坡的林金泰、源崇美、高铭发，马来西亚的三阳、梅记、兴记等茶行。

如今，东南亚的茶文化已彬彬称盛，尤其是华人聚居的马来西亚和新加坡，有多个民间茶文化团体。茶是华人世世代代忘不掉的乡愁，伴随着华人的足迹，在南洋诸国的沃土上生根开花。

万里茶路：连通中俄的世纪动脉

红茶，来自中国的神饮，其巨大的魅力也令生活在俄国这个横跨欧亚大陆国度的人们抵挡不住，尤其是当寒冷的冬天来临时，一杯暖烘烘的红茶能驱散他们身体的寒冷，给他们带来阵阵春天般的暖意。红茶自从16世纪下半叶从中国传入俄国以后，俄国人就爱得"五体投地"。这一喝就是4个多世纪，至今仍然不愿释杯，连"茶叶"一词的俄语发音都和中文如此接近，叫"恰衣"，乍一听简直就是中国某地"茶叶"的方言。

1567年，从中国北京城回来的哈萨克人向俄国皇帝窃窃私语道："尊敬的

阿萨姆采茶工

采茶的阿萨姆茶农

大吉岭采茶工

陛下，中国有一种神奇的草，用它制成的饮料能治病。"皇帝听了很惊奇，但又很无奈，因为无法亲眼一见，更无法亲身体验一下。到了1638年，俄国沙皇使者瓦西里·斯塔尔科夫奉派出使奥伊拉特蒙古阿尔登汗，回国时带回了200包茶叶，这是中国茶首次公开出现在俄国。

41年后，已深深爱上中国茶的俄国无法忍受时有时无的茶叶供应，便与中国签订了固定供应茶叶的协议，中国开始定期向俄国供茶。与"丝绸之路"齐名的"万里茶路"就是在这一时期形成的。茶由中国山西商人的骆驼商队和马帮从福建武夷山的下梅村出发，全程历经5150千米，到达"买卖城"恰克图，再由俄罗斯商人贩运至伊尔库茨克、乌拉尔、秋明，直至遥远的彼得堡和莫斯科。至19世纪，随着中国茶的迅速普及和流行，越来越多与茶有关的词汇出现在俄国文学作品中，并融入俄国人的生活，如给小费也叫"给茶钱"。1839年，俄国从中国进口茶叶2724.3吨，成为继英国之后最大的中国茶输入国。1862年以后，中俄茶叶贸易由单纯的陆路另行开辟了从广东出发的海路，经苏伊士运河到达俄国的敖德萨港。

在此后的近百年时间里，俄国和苏联一直都是中国红茶的忠实顾客，20世纪50年代，中国茶绝大多数销往苏联，其中大部分是来自中国各地的红茶，为中国换来了大量外汇。然而，这繁荣的局面随着20世纪60年代中苏关系的恶化而迅速被打破，接踵而至的便是长达20年的沉寂，直至20世纪80年代，中国茶又恢复出口苏联，年销量在2万吨左右。好景依然不长，20世纪80年代末90年代初，随着苏联的解体以及印度、斯里兰卡、孟加拉国、印度尼西亚等国的红茶不断地与中国红茶争夺市场份额，再加上英国、德国、芬兰等国的红茶、果茶、花茶也从中分得一杯羹，中国红茶在俄罗斯茶叶市场的绝对性优势渐渐被弱化。

四、丝路帆远，茶香依旧

2015年3月28日，经过国务院授权，国家发展改革委、外交部、商务部发布《推动共建丝绸之路经济带和21世纪海上丝绸之路的愿景与行动》，这意味着"一带一路"的国家倡议正式落地实施。

"一带一路"，既是向世界传播中华文明、自身吸纳和借鉴其他国家文明优秀成果的过程，更是世界经济交往、文明交融史上的典范。这个概念和倡议的提出，是中华文明和智慧的结晶，或者说是中国政府植根于中华民族复兴的伟大"中国梦"，在21世纪向世界敞开的怀抱。"一带一路"宛如中国向全世界伸出的热情臂膀，向世界发出了共商共建共享的倡议，也得到了国际社会和沿线国家的积极响应。

茶，作为中华传统文化的典型代表，也是丝绸之路的重要商品。"一带一路"倡议的提出，是复兴中华茶文化、振兴茶产业的重大历史机遇，茶和茶文化真正成为联结"一带一路"沿线区域的桥梁和纽带。

福建，是中国最重要的产茶省、中华茶文化的发源地之一，也是举世公认的"海丝"重要起点，长期以来与东南亚等"海丝"沿线国家有着非常紧密的经贸合作关系。2015年3月国家有关部门发布的愿景与行动，明确提出支持福建建设21世纪海上丝绸之路核心区。为贯彻落实国家"一带一路"重大倡议，加快福建省21世纪海上丝绸之路核心区建设，同年11月17日，福建省发改委、外办、商务厅发布了《福建省21世纪海上丝绸之路核心区建设方案》。

作为古代"海丝"的重要商品，也是福建的特色产业、支柱产业，茶，更发展出福建引以为豪的闽茶文化。不管是过去、现在，还是未来，和谐健康的茶都应是也应成为福建对外展示和传播闽文化、中华文化的最佳使者和最佳代言。海外认识福建，认识中国文化，不少是从茶开始的。

"闽茶文化推广中心"一览表（2016—2018）

设立时间	国家（地区）	城市	被授牌单位
2016年11月2日	新加坡	新加坡	新加坡茶商出入口商公会
2016年11月6日	马来西亚	吉隆坡	马来西亚茶业商会
2016年11月10日	印度尼西亚	雅加达	印度尼西亚中华总商会
2017年2月22日	英国	伦敦	英国中华总商会
2017年2月24日	西班牙	马德里	西班牙福建同乡会
2017年3月1日	法国	巴黎	法国福州十邑同乡会
2017年8月18日	中国	香港	香港福州社团联会
2018年9月14日	希腊	雅典	希腊华人华侨福建联合总会
2018年9月18日	俄罗斯	圣彼得堡	圣彼得堡华人华侨联合会
2018年9月20日	哈萨克斯坦	阿拉木图	哈萨克斯坦福建闽北基金会

2008年6月19—21日，「一带一路」茶产业科技创新联盟成立大会暨首届「一带一路」茶产业国际合作高峰论坛在福建农林大学举办。图为杨江帆教授在演讲

　　2016年5月开始，由福建省农业厅、福建日报社共同主办的以"丝路帆远·茶香五洲"为主题的大型福建茶产业茶文化推广活动——"闽茶海丝行"，以茶为媒，以茶觅商，以茶传道，全方位推进与"海丝"沿线国家的茶叶经贸与茶文化交流合作。"闽茶海丝行"在深入发掘闽茶、沿线各国和地区茶叶历史文化的基础上，走进各大洲有代表性的城市，每年策划、组织、举办形式多样的大型主题活动，宣传推广福建茶产业、茶文化。

　　"闽茶海丝行"活动自启动以来，已经成功地走过欧洲、东南亚、西欧和亚欧四站，先后设立了10个"闽茶文化推广中心"，通过茶品展示销售、定期或不定期举办各类茶事交流活动、组织茶文化培训等系列举措，拓展闽茶消费市场，共同致力于闽茶及闽茶文化的推广，让"清新福建·多彩闽茶"更好地走出国门、走向世界。截至2018年，参与的闽茶龙头企业同9国55个客商签订了茶叶经贸合同，合同金额计21.61亿元。

　　多彩闽茶，重走海丝，茶心依旧！随着"一带一路"倡议的进一步深入推进与实施，多彩闽茶的悠悠茶香与千载神韵，将传遍五洲四海，香飘寰宇！

第二章　闽茶飘香　世界共享

一、南洋诸国的福建茶缘

福建茶叶与东南亚的情缘是通过千千万万国内外劳动人民的智慧联结的，古时有郑和携茶下西洋的壮举，近代有福建华侨郭春秧置业印度尼西亚。在一代代爱茶人的努力和坚持下，闽茶在东南亚生根发芽，蓬勃兴盛。福建茶叶给东南亚人民带来了富裕，带来了民俗肉骨茶和莲花茶的传奇故事。

郑和携茶下西洋

明成祖永乐三年（1405年）至宣德八年（1433年），郑和率领船队七次下西洋。经过明朝初期数十年的发展，明朝已渐渐强大起来。永乐三年，明成祖命郑和率领240多艘海船、27400名士兵和船员组成的远航船队，访问了西太平洋和印度洋沿岸的30多个国家和地区，加深了中国同东南亚等国家的联系。最后一次，宣德八年四月回程到古里时，郑和在船上过世。郑和下西洋开展"朝贡贸易""官方贸易""民间互市"等形式的贸易，使双方在物资上互通有无。据载，当时中国输出的茶叶、青花瓷器、麝香、漆器、雨伞、金印、铁鼎、铜钱、丝绸、金属制品等均为各国人民所喜爱，换回的各国珍宝、香料、动物等各类货物160余种，又多是中国人民所缺乏的。

郑和第一次出洋时在福建宁德及长乐太平港停留。第五次下西洋是从泉州

远销南洋的铁罗汉老茶

出发的。在远航途中，曾驻足福建的泉州、长乐等港口，茶叶作为贸易的主要商品，也随着其前往海外。随行近3万人，两百多艘大船，载着福建武夷山和安溪、永春一带的团茶，载着遇林窑兔毫盏、德化白瓷以及泉州生产的绸缎、金银铁器等来换取他国特产。航船经东南亚与印度洋沿岸地区的37个国家和地区，行程数十万里，进一步开拓了海上丝绸之路。闽茶随着郑和的航海路线一路传播到东南亚各国，为东南亚的茶饮和茶文化发展奠定了基础。

茶叶——中国与印度尼西亚的和平使者

自1684年以后，一些来自福建、广州等地的中国商船到巴达维亚（今雅加达）进行贸易往来，他们越过南中国海，经退罗湾和邦加海峡，然后航行到巴达维亚。这些商船载运到巴达维亚的货物以茶叶为主，约占总货物量的70%。据荷兰东印度公司记载，公司十七人委员会要求巴达维亚回航船队载运茶叶的数量是：1715年12000～14000磅武夷茶、1716年10000磅武夷茶。康熙五十五年（1716年），南洋贸易禁止令颁布，对中国与东南亚海上贸易的发展造成沉重打击。就拿与巴达维亚的贸易来说，大多数广州商人因自己的船只不准出海贸易，只好租用葡萄牙船的货舱到巴达维亚。而澳门的葡萄牙人则乘机垄断了对荷兰东印度公司的茶叶供应，仅1718年在澳门注册往巴达维亚的葡萄牙船就从9艘增加到23艘。荷兰东印度公司在不得已的情况下，只好购买葡萄牙商船载运来的茶叶，结果不仅数量远远达不到要求，而且价格猛涨，如1718年购到的茶叶仅达董事会要求量的一半，每担武夷茶得花费115～125荷元，比往年平均增长75%。

闽茶在印度尼西亚的贸易由来已久，而将中印茶叶贸易推上高峰的是一位福建同安人，名唤郭春秧。郭春秧16岁就远渡重洋到印度尼西亚谋生，在那里从事制糖业并取得巨大成功，为自己整个商业帝国的建立奠定了丰硕的财富基础。后来，他又以台湾为据点，在台湾设立锦茂茶行，实现了茶叶种植、收购、制作和出口贸易的一体化经营。他对台湾茶叶贸易，尤其是台湾包种茶东南亚贸易网络的拓展功绩丰硕。在台湾从事茶叶生产与贸易时，由于郭春秧突出的个人能力，善于协调各方关系，被推举为改组前的台北茶商公会第一、二任会长。1900年巴黎万国博览会上，郭春秧带着茶商到巴黎共襄盛举，并依靠乌龙茶一举夺得金奖，名震海内外。

1918年爪哇官方禁止从国外进口茶叶时，郭春秧到巴达维亚与荷兰政府进行交涉。他在谈判中沉着应对，成功说服了荷兰政府允许爪哇输入一定量的台湾包种茶。台湾包种茶是由福建泉州府安溪县人王义程所创制，仿武夷岩茶的制法制造安溪茶，茶叶四两包成长方形之四方包，以防茶香外溢，包外盖上茶名及行号印章，所以称之为"包种"。

来自新加坡的茶叶新秀——TWG Tea

两百多年前，新加坡只是马来半岛最南端的一个小渔岛。当时的名称为淡马锡，在这小渔岛里生活的以马来西亚人为主。当时，在这个小渔岛上生活居住的华人并不多。清朝末年，每当中国发生灾荒、战争等动荡时，多有福建省及广东省的大批难民涌入南洋，而落脚地便是新加坡。这两省正是喝茶量最多的两个省，所喝的茶，以云南普洱、安溪铁观音、武夷水仙、广西六堡茶等为主。"茶"便在新加坡慢慢地在各自的领域内发展开来，因而早期新加坡的茶行，基本上分为两大阵营，其中最重要的部分是福建帮。新加坡人民常饮用的茶有长茶、肉骨茶等，新加坡的长茶是以红茶为主，配以牛奶。随着新加坡逐渐成为亚洲经济中心之一，中国茶叶传入新加坡的饮用形式和发展模式也逐渐改变，现代新加坡的茶叶已经由传统的茶叶贸易开始转向打造一种奢侈品牌。

TWG Tea，2008年创立于新加坡，是The Wellbeing Group的简称，品牌标志上的1837年，也是为纪念新加坡在该年成为茶叶、香料和高级奢侈品贸易站的那段历史。

TWG Tea在创立之初就有清晰的愿景：不能仅依靠市场调研来带给消费者惊喜。自己要成为惊喜的源泉，通过持续的产品开发，让消费者发现和感到兴奋。打造品牌的过程也包括把TWG打造成行业标杆，定位高端茶饮品，其茶品包装色彩靓丽奇趣，不同人群，不同地域，包装各不相同。有严肃的一面，更有乐趣的一面。此外，每款茶叶的包装上的专属介绍文字，传达出浪漫与风情。手工缝制的花茶很有特色，针线穿过每片茶叶叶柄，按照设计好的造型或缝或扎做成一个花苞的形状，乐趣当然就是冲泡的时候，能看茶花一现。

同传统的单一饮用不同，TWG打破传统的束缚，针对年轻消费者，推出各种口味的拼配茶，甚至可以私人订制口味，把喝茶变得时尚。消费者可以进店跟品茶师说今天想要喝茶的需求或口味等，先选base，包括红茶、白茶、

新加坡茶渊茶馆，店主的祖母来自闽南

绿茶、黑茶，然后选择果香、花香等等，把点茶变得好像调香水一样复杂而有个性。

　　TWG是新加坡茶业传承和发展中重要的产物。如今，TWG已成为新加坡乃至全世界年轻人的时尚饮品，中国的上海等地也已拥有TWG的体验店。从两百多年前闽茶与新加坡邂逅至今，茶叶的文化和习俗不断碰撞交流，诞生新的产物。TWG是新加坡本土茶业从被影响者走向传播者的最好证明之一。

马来西亚的宠儿——肉骨茶

　　马来西亚人有很大一部分是华人，他们远渡重洋来到马来西亚，也带来了茶文化。马来西亚茶叶以红茶为主。茶文化进入马来西亚后，根据当地风土人情和实际情况，茶也演变出了不同的形态与风味。

马来西亚有一种家喻户晓的食品，名为肉骨茶。肉骨茶是马来西亚福建籍华侨在20世纪初首创。其实，肉骨茶本身并没有茶叶或茶的成分，但是，在马来西亚吃肉骨茶的时候，要以各类中国清茶，如铁观音等随汤奉上。肉骨茶有着很深的历史渊源与关于辛苦劳动的传说。早先华人在异国他乡生活十分艰苦，为了维持长时间的体力消耗和适应热带地区气候，他们创制了抗风湿耐饥饿的肉骨茶。据说，当年在马来西亚巴生港口码头当苦力的福建籍工人在搬运货物时，偶尔有些药材掉落，勤俭的工人便将其捡起，再集资买猪肉一起炖煮分享，补充体力。这便是肉骨茶的起源，后来，肉骨茶逐渐成为马来西亚的著名小吃。如今的马来西亚，有华人的地方，就有肉骨茶。2002年，在马来西亚吉隆坡举行的第七届国际茶文化研讨会上，马来西亚首相马哈蒂尔的献词说："如果有什么东西可以促进人与人之间的关系的话，那便是茶。"由此可见，茶及其所包含的茶文化精神已经被世界认同，并成为国与国之间交往的纽带。

福建籍华侨为马来西亚人民带去的肉骨茶，成了马来西亚人民生活中不可或缺的一部分。在部分马来西亚人民心中，肉骨茶不仅是物质食粮，更是精神的寄托。

在南洋，茶庄里卖的茶，包装用的依然是古早的纸包

越南——莲花与茶的邂逅之地

越南与中国接壤，既是产茶大国也是茶叶消费大国。

越南茶文化深受中国影响，其中，福建的茶人、茶俗给越南茶文化的发展带去了一抹浓重的色彩。早在我国魏晋南北朝时期，越南人就开始有饮茶的习惯。随着历史的推移，越南不断吸收我国茶文化精华，融入己身。中国茶文化对越南的传播方式多种多样，其中主要的方式之一是福建华侨的贡献。这一点从越南的泡茶方式和"茶"字发音就可以看出。越南首都河内对"茶"字的发音为che，接近福建人对茶的发音，这是由于福建自北宋以来一直是中国茶叶的重要产地之一。越南的泡茶方式和中国乌龙茶的冲泡方式有异曲同工之妙，都具有温杯和洗茶的步骤。但是越南茶文化在吸收的同时也在不断地改变、创新。越南人在斟茶的时候会先把自己的茶杯倒满，再给客人斟茶，因为越南人认为第一泡的茶汤滋味淡薄，之后的茶汤才是最好的。

越南人喜欢喝红茶、花茶等，他们在学习制茶工艺的过程中也将本国的传统文化融入其中。福建是世界红茶和花茶的发源地，越南红茶和花茶的制作是在福建传统制作工艺上加以改进的。越南传统的红茶发酵时间较长，揉捻之后会放入容器中保存，择期再风干。福建的花茶多用茉莉花进行窨制，而越南有名的莲漫茶是以红茶为茶坯，再融合本国国花莲花进行窨制的，越南的花茶也大多是采用莲花进行窨制。这既是茶与莲花的相互融合，也是闽茶文化和越南本土文化的相互碰撞。

二、连接东亚友谊的使者

福建茶叶是东亚友谊的使者，它将中国人民的友好带入朝鲜半岛和日本。日本茶叶产业的进程中，从荣西和尚携茶回国到当代三得利公司的发展，福建茶叶都起到了重要的作用。三得利公司茶饮的原料有很大一部分是源自福建武夷山。福建茶叶给东亚人民带来了健康和快乐。

健康茶饮风靡日本

福建茶叶的外销具有悠久历史，陈椽先生认为，早在南宋时，"福建茶叶大量运销南洋、日本各地"，但当时的外销茶主要是用于满足华侨的需求。到二十世纪八九十年代，福建乌龙茶风靡日本。

在日本，共有两次乌龙茶的热年。1979年，日本市场上出现了第一次乌龙茶热。当时，以"减肥苗条"为口号的茶叶产品风靡一时。1981年初，福建茶叶进出口有限责任公司和日本最大的乌龙茶代理商伊藤园公司一起推出了即饮罐装乌龙茶水，该款乌龙茶水有方便饮用、携带且冷热皆可等几大优点。这款茶水饮料第一次改变了乌龙茶只能用热水冲泡的传统饮用方式，并以其"无糖无热量"的特点迎合了日本人追求天然健康食品的需求。最先是在东京都的新宿、银座等繁华市区的饮酒店铺试销罐装乌龙茶。同年，三得利公司作为经营清凉饮料的最大食品企业也开始关注并生产乌龙茶水饮料，主要的试用消费对象是饮酒消费者，投放市场后反响良好。

1982年4月，三得利公司决定开拓和扩大罐装乌龙茶消费市场，开始正式加入罐装乌龙茶的市场经营。由于三得利公司和伊藤园公司的加入，罐装乌龙茶销量一路走高，成为如今日本老百姓日常生活不可或缺且最受欢迎的饮料之一。1982年伊藤园公司的罐装乌龙茶销售量占日本消费市场的47.1%，三得利公司占有市场销售量的30.8%，稳居罐装乌龙茶销售量前两位。同时罐装乌龙茶水饮料的销量也从1981年的6.5万箱增长到1983年的197万箱之多。

第二次乌龙茶热潮开始于1984年，在饮料市场上开辟了称之为天然无糖茶饮料的新领域，罐装乌龙茶水饮料开始进入日本的千家万户，并逐步成为一种消费习惯。据了解，日本市场上的乌龙茶水饮料的原料茶基本依靠进口。1986—1989年平均每年乌龙茶进口量约为12600吨。1984年，罐装乌龙茶水饮料投放入日本市场的第四个年头里，日本市场消费量急剧增加到1900万箱。自1985年以来，罐装乌龙茶水饮料的消费市场平均每年以3%～5%的增长率不断扩大。由于日本国内夏季酷热，而且秋热延长，使得饮料热销。以无糖无热量为主要特点的乌龙茶水饮料急剧增长，1990年全年销售量达8000多万箱，约为7.1亿升，销售金额约1600亿日元，使得乌龙茶的进口量超过了15000吨，比1989年增加18%以上。1991年，日本厂家之间的竞争，宣传广告的大量投入，又大大地促进了消费，乌龙茶水饮料在日本市场消费量超过一亿箱，约为9亿升，乌龙茶进口量增至18000多吨。

日本受中国的影响，饮茶的历史早在陆羽的《茶经》诞生之前就已开始，然而将饮茶习俗和优良的茶种传入日本的则是日本派往中国的遣隋、遣唐僧人。因此，日本茶道文化的形成和发展不像中国茶文化那样受儒、道、佛三位一体的综合影响，而主要受佛教禅宗的影响。日本的茶道无论从形式上还是实质上都与中国的传统文化有着千丝万缕的关系，都在不同程度上直接或间接地受到过中国传统文化的影响。

「日本最古之茶园」碑

朝鲜半岛的茶缘

在南北朝和隋唐时期，中国与朝鲜半岛的百济、新罗的往来比较频繁，经济和文化的交流也比较密切。特别是新罗，在唐朝有通使往来一百二十次以上，是与唐通使来往最多的邻国之一。新罗人在唐朝主要学习佛典、佛法，研究唐代的典章，有的人还在唐朝做官。因而，唐代的饮茶习俗对他们来说应是很亲近的。

新罗的使节大廉，在唐文宗太和后期，将茶籽带回国内，种于智异山下的华岩寺周围，朝鲜半岛的种茶历史由此开始。

至宋时，新罗人也学习宋代的烹茶技艺。新罗在汲取中国茶文化的同时，还建立了自己的一套茶礼。这套茶礼包括"吉礼时敬茶""齿礼时敬茶""宾礼时敬茶""嘉时敬茶"。

中国茶文化传往朝鲜半岛后，除了在日常生活中扮演重要角色，更是在茶文化的"礼"制功能上发挥了巨大作用。茶礼仪式是指人、神、佛等茶事活动中的礼仪、法则。朝鲜半岛曾有过佛教茶礼、儒家茶礼、道教茶礼，现在韩国提倡的茶礼以"和""静"为根本精神，其含义泛指"和、敬、俭、真"。强调茶的亲和、礼敬、欢快，把茶礼贯彻于各阶层之中，以茶作为团结全民族的力量。他们在吸取中国佛、儒、道一些思想精髓的同时，更把这些精神融入"茶祭"活动中，这体现了茶礼既有对历史的尊重和敬畏，又具有对人行为的教育和约束功能。茶逐渐成为韩国软实力的重要元素。近年来，"复兴茶文化"运动在韩国积极开展，许多学者、僧人在研究茶礼的历史，出现了众多的茶文化组织和茶礼流派。传统茶礼从复兴走向迅速发展，并日趋专业化。现在，韩国将5月25日定为全国茶日，每年举行茶文化祝祭。例如，五行茶礼是韩国国家级的茶礼仪式，他们主要活动仪式是向炎帝神农氏神位献茶。传统文化与茶礼所倡导的团结、和谐的精神，正逐渐成为现代人的生活准则。

三、福建茶叶的南亚之旅

南宋时期，中国与南亚诸国的商贸往来逐渐增多，当时的福建泉州是主要的贸易港，闽茶大量销往海外，成为我国与南亚诸国贸易往来的重要商品之一。茶叶到了南亚之后，衍生出了南亚本土的茶文化。

巴基斯坦的茶叶本土化

巴基斯坦是伊斯兰国家，居民几乎为清一色的穆斯林。由于教律森严，不许酗酒，加之气候炎热，居民又多食用牛羊肉和乳类，因此长期以来，自然地养成了以茶代酒、以茶消腻、以茶提神、以茶为乐的生活习俗。客至以茶敬之，已成为普遍的礼仪；吃饭和喝茶，几乎成了不能分割的连用词与同义语，工作、劳动、聚会或休息、消遣、社交，自然更离不开茶的助兴与媒介。茶，已成为巴基斯坦人民社会活动与日常生活中不可或缺的饮料。由于曾被英国殖民，巴基斯坦烹茶的器皿与饮茶的方法，既有民族的特点，也蕴含着西方的色彩。人们对茶种类的选择，因人因地因时而异。

巴基斯坦主要饮红茶。巴基斯坦人一般将红茶与牛奶调饮，在早、中、晚饭后各一次，有部分人一天饮用次数会达5次。他们大多采用茶炊烹煮法，即先将壶中水煮沸，放入红茶，再煮3～5分钟，然后用过滤器滤去茶叶，将茶水倒入茶杯，加上牛奶和糖，搅拌均匀即可。也有少数不加牛奶而代之以柠檬片的，叫柠檬红茶。

巴基斯坦人待客多数习惯于用牛奶红茶，而且还佐以夹心饼干、小蛋糕等点心。而在巴基斯坦西北高地和靠近阿富汗边境的居民，则酷爱绿茶，饮用时多配以白糖，并加几粒含清凉味的绿小豆蔻，也有清饮或添加糖与牛奶的。

后起之秀——斯里兰卡红茶的崛起

福建武夷山桐木关是世界红茶的发源地，名望甚高，而斯里兰卡的锡兰红茶也可与之媲美。

18世纪末期，斯里兰卡沦为英国殖民地，此时斯里兰卡主要作物是咖啡。1824年，英国人将茶叶引入斯里兰卡，在康提附近的佩拉德尼亚植物园播下第一批种子。1852年，一位叫詹姆斯·泰勒的苏格兰人来到斯里兰卡，负责咖啡向茶叶种植的转型项目。他在19英亩的土地上进行了第一次商业性的种植，并把加工好的茶叶运往英国，受到好评。这为斯里兰卡茶叶种植业的发展奠定了基础。

19世纪70年代，咖啡树叶病使得咖啡园遭受灭顶之灾，斯里兰卡的咖啡种植业被摧毁，而能够抵御病害的茶叶取而代之，种植园主们开始大面积开发茶园并取得了惊人的效益。19世纪80年代，斯里兰卡茶产业迅速发展壮大，使得

斯里兰卡茶园风情

锡兰红茶名声大噪，成为世界三大红茶之一。成就锡兰红茶的不仅是当年的咖啡树叶病，茶园的土壤、气候、海拔高度、空气质量以及海风方向等等因素都为成就今日独特质量的锡兰茶起着不可或缺的作用。

随着斯里兰卡红茶的发展，斯里兰卡政府开始重视茶叶的品质，斯里兰卡政府茶叶出口主管机构统一颁发了"锡兰茶质量标志"，即持剑狮王标志，该长方形标志上部为一右前爪持刀的雄狮，下部则是上下两排英文，上书"Ceylon Tea"，即"锡兰茶"，下书"Symbol of Quality"，即"质量象征"，拥有此标志的锡兰红茶是经过斯里兰卡政府认可的纯正锡兰红茶。

四、炎热西亚的一股清流

茶叶饮料是西亚人民与炎热气候抗争的重要食品。自古以来，西亚的一些国家就不断派人和中国的茶叶技术人员交流，并将茶叶引入西亚。茶叶进入西亚，给西亚人民的生活习惯带来了不小的改变，不少西亚的国家开始出现下午茶茶休的习惯。也带来了如阿富汗"萨玛瓦勒"等衍生产业。

传入古老波斯的茶香

伊朗是古老波斯帝国的中心地带，拥有灿烂的文明，波斯帝国是中国古丝绸之路上一个重要的国家，两国经济文化交流频繁。中国茶叶文化在这个古老的国度受到滋养，不断茁壮成长，与本土文化相互融合。中国茶传入伊朗有千年的历史，伊朗的茶叶历史虽然久远，但是本国种植栽培的历史是从近代开始的。19世纪中叶，罗伯特·福钧从福建获取茶树种植技术传入印度，印度茶产业开始迅猛发展。波斯王子沙尔丹尼又从印度得到了茶籽，并将茶叶的种植栽培技术也引入伊朗。伊朗还派人到中国学习茶叶加工技艺，回国后传授给本国的茶农，以发展本国的茶产业。伊朗茶产业发展初期较为滞后，但随着伊朗人对茶叶喜爱程度的不断加深，伊朗茶产业得以迅速发展。

伊斯兰的禁酒文化促进了伊朗人对茶叶饮用的喜爱。在伊朗喝茶的时候，男女是分开入座的，这是中国茶伊朗本土化的一种体现。有客人来到家里，主人一定会热情地奉上一杯红茶，同时，伊朗路边的店里，也许会没有矿泉水，但一定会有茶饮，由此可见，茶文化在伊朗的传播影响之深远。伊朗人喜甜味的东西，同时也喜爱红茶。伊朗人要求红茶在饮用时茶汤必须洁净，不能含有茶渣，在喝红茶前常会先把糖含进嘴里，然后再饮用浓郁的红茶。将方糖和红茶结合在一起，形成了伊朗的一种特殊的饮茶文化。

阿拉伯国家的茶清新

中国茶叶是经过古丝绸之路到达阿富汗的，由于阿富汗人民信奉伊斯兰教，禁止饮酒，所以经过长时间积淀和同化之后，茶叶作为天然的饮品在阿富汗开始盛行。阿富汗本国茶叶的种植较迟，1968年，中国政府派遣茶叶技术人员到阿富汗协助当地发展茶产业。当时从中国引入的品种90%以上都存活了下来。

阿富汗人饮茶方式很独特，对饮茶的器具有很高的要求。阿富汗人喜欢白玉，这是阿富汗本土的特殊矿石，他们认为白玉是神圣的。所以，他们常将白玉打造成精致的茶具，红茶在白玉茶具中能够更加凸显茶汤色泽，同时还能保证茶叶的香气和滋味持久弥漫。除了白玉之外，阿富汗还有一种特殊的饮茶用具，当地人称之为"萨玛瓦勒"。"萨玛瓦勒"与我国传统的火锅类似，其大小不一，在茶店里一般使用可容纳10千克水的"萨玛瓦勒"，而在普通家庭里一般就使用1～2千克容量的"萨玛瓦勒"。家中来客人的时候，阿富汗人就会围着"萨玛瓦勒"喝茶、聊天。

富庶之地的茶休

沙特阿拉伯地处中东，气候炎热少雨，是整个西亚地区国土面积最大的国家。沙特阿拉伯的茶叶多从中国、印度、斯里兰卡等国进口。沙特阿拉伯本土由于气候原因，茶叶产量低，但是他们会制作一种特殊的茶叶，称之为"白茶"，其发酵程度比红茶低，发酵程度与福建的乌龙茶类似。沙特阿拉伯不同地区的人们喜好的茶叶类型不同，沙特中北部地区喜爱来自中国的红茶，东部则喜爱绿茶，而南部和西部地区喜欢"姜茶"和"苦苦茶"。沙特人民在中国传统茶饮的基础上不断创新，有些人会在茶中加入藏红花等名贵的辅料。

在饮茶时间方面，沙特阿拉伯人与欧洲人不同，他们并不占用下午时间。沙特人早上八点半开始正式上班，而"茶休"时间则定在早上十点。所以，如果你要在沙特阿拉伯办事，如果掌握了沙特人的茶俗，你就会明白，

阿拉伯茶俗

十点饮茶时间到了之后，大家就都会出现了，可见茶对于沙特人的吸引力有多大。

五、欧罗巴大陆的闽茶香

福建茶叶的到来，使欧洲各国的饮茶风气盛极一时。欧罗巴大陆各国关于"茶"字的发音都与福建人对"茶"字的发音相似，这从侧面说明了欧洲大陆茶文化的源头。福建茶叶的到来不仅改变了欧洲社会生活，还带来了衍生产业，也引发过战争。福建茶叶在欧罗巴大陆的初次亮相是在葡萄牙和荷兰。葡萄牙公主凯瑟琳·布拉甘萨将茶带进了英国之后，给英国社会带来了一缕清新。

茶叶欧洲之旅的开始

中国的茶叶能够进入欧洲并且快速传播，葡萄牙和荷兰人做出了巨大的贡献。16世纪初期，葡萄牙神父加斯帕·达·克路士来到中国，他记录下了在中国的所见所闻："如果有人或有几个人造访某个体面人家，那习惯的做法是向客人献上一种他们称为茶（cha）的热水，装在瓷杯里，放在一个精致的盘上（有多少人便有多少杯），那是带红色的，药味很重，他们常饮用，是用一种略带苦味的草调制而成。他们通常用它来招待所有受尊敬的人，不管是不是熟人，他们也好多次请我喝它。"这段文字的描述让欧洲人亲眼见识到了茶的魅力。随着葡萄牙人对茶叶的深入认识，在16世纪末期，已经有少量的茶叶被传教士和水手们带回了葡萄牙。

葡萄牙在对中国茶叶的认识和传播上占据了先机，但是荷兰却是第一个将茶转变为商品在欧洲销售的国家。荷兰被称为海上马车夫，在1604年之前就有荷兰的商人将福建武夷山的正山小种红茶带入欧洲，最先它是以治病功能在药店出售，而此时，世界其他红茶均未诞生。1667年1月25日，荷印总督在写给董事会的信中提到："去年，我们（荷兰人）在福建被迫接受大量茶叶，数量太多，我们无法在公司内处理，因此决定将一大部分茶运到祖国（荷兰）。"随着欧洲大陆上的人们对茶的深入了解，欧洲贵族们认为饮茶是一种地位的象征。中欧的茶叶贸易随之被葡萄牙和荷兰所垄断。

欧洲大陆上茶的盛行使福建茶文化进入并开始影响欧洲人民，最显而易见的就是欧洲人对"茶"的读音。这一点荷兰的贡献是巨大的，中国把"茶"字读为chá，这一读音传入欧洲之后被葡萄牙官方所使用，这是最正式的一种读音，与我国普通话也接近，但是这一读音在西欧只有葡萄牙使用，并没有在欧洲大陆广泛传播。而荷兰人用thee称呼茶，这种发音应当是受福建的方言影响。因为荷兰人从中国澳门购买茶叶，而当时有大量来自福建的人居住于澳门。荷兰人将"茶"字这一读音带回了欧洲，影响了法国、德国、英国、西班牙等国。

葡萄牙和荷兰将我国茶叶带入了欧洲，使欧洲的部分茶文化受到了福建茶文化的熏陶。茶叶的渗入，对欧洲人的情趣和生活方式产生了深刻影响，经过多年时间的积淀，许多富有的欧洲家庭，纷纷效法中国茶宴形式，布置雅致，邀请亲朋好友聚会品茗。英吉利人云：

武夷茶色，红如玛瑙，质之佳胜过印度、锡兰远甚。

英荷的茶叶竞赛

1650年以前，福建茶叶的经贸权几乎都掌握在荷兰人的手中，他们将茶叶变为商品在欧洲贩卖。随着福建茶叶进入欧洲并在贵族圈盛行起来，英国也开始觊觎这一块产业。为了加深英国人对福建茶叶的了解，英国于1644年在厦门设立贸易办事处，此举使得英国人与荷兰人开始在茶叶贸易上出现了利益冲突。1652—1654年，英荷爆发了第一次英荷战争，这场战争从某种程度上可以说与红茶贸易的冲突有关。1664年，英国东印度公司进献英皇查理二世的皇后2磅茶叶。1666年，又用50英镑17先令买了22磅12盎司中国茶叶进献皇后。1665—1667年初爆发了第二次英荷之战，由于英国再度获胜，摆脱了荷兰人对茶叶的垄断，英国在茶叶贸易上开始逐渐崭露头角。葡萄牙凯瑟琳公主嫁到英国时不仅带去了茶叶，也带去了孟买这块沃土，英国因此有机会在印度开设了东印度公司，1669年，英国政府授予英国东印度公司茶叶的专营权，从此大量正山小种红茶被输入欧洲市场。正山小种红茶与英国的优雅茶文化从此开始产生文化与经济的交融。

从西方消费茶叶的情况来看，在1786年前后，英国的茶叶消费仍以福建的红茶为主，其中，武夷茶的消费量最大。但由于每年运出武夷茶的数量过大，超出原计划的运载量，存货过多，导致此后几年需要供应的数量相对大为降低。反观荷兰，随着英国打破了荷兰对茶叶的垄断，荷兰的茶叶贸易受到冲击。英国实力的壮大，使得本国商船运输速度加快，更多物美价廉的茶叶由英国输入欧洲。中国和荷兰茶叶贸易数量虽在加大，但是在欧洲贩卖时，荷兰落了下风。于是荷兰人想通过对茶叶收购价格的打压来获得利润。1717年，荷兰在与中国进行闽茶贸易的时候，将武夷茶的价格压低至每担80荷盾。由于价格过低，茶商不愿与荷兰人继续进行交易，于是在1718—1722年间，荷兰的茶叶货源供应紧缺，之后才开始慢慢恢复。

英国和荷兰之间的海外茶叶贸易竞争呈此消彼长的趋势，而两国之间的茶叶交易也因英国高昂的茶叶赋税而停滞，荷兰不得不通过走私将茶叶运进英国。在1784—1786这3年间，从荷兰走私到英国的茶叶有800万磅，占据英国整体茶叶市场的40%以上。英国和荷兰茶叶市场价格差距大，走私茶叶能给荷兰带来巨额的收益，1756—1762年间，福建茶在英国的价格会比在荷兰的价格高43.91%，在1763—1769年间，两国市场上福建茶的价格差距仍旧高达30.11%。

中英茶叶贸易盛世的开启

现今，80%的英国人每天都会饮茶，上至王室成员，下至平民百姓，一日喝四次茶，是司空见惯之事。

据有关资料记载：1714—1721年，英国政府征收的茶叶货税和关税共1391143镑，年均173892.87镑；1748—1759年茶税总收入高达6288588镑，年均524049镑；1784—1796年，英国政府征收的茶税也达4832180镑，年均402681.67镑。在东印度公司垄断的最后几年中，茶叶提供了"东印度公司的全部利润"，而这时英国国库取得的茶税平均每年为330万镑，那么东印度公司的利润也不会低于此数。茶叶的税收提供了英国国库收入的十分之一。

中国茶叶在英国的大众化速度之快令人难以预料，1669年时，英国输入茶叶数量不到200磅，不到一个世纪，在1751—1760年期间，中国出口至英国的茶叶总量就超过了3700万磅，其中福建武夷茶的出口量达2363万磅，占出口总量的60.3%。

百余年来，中英围绕茶叶的贸易往来频繁，开启了中英茶叶贸易的盛世。茶叶贸易量的增加使得英国的茶叶价格开始降低，福建茶在英国走向普及。普及的同时，茶叶贸易所引起的两国贸易逆差给未来的"茶叶战争"也埋下了伏笔。

中国茶的英国平民化

中国茶叶中最令英国人喜欢的就是武夷茶，他们认为这是上等茶，最早只有贵族能够享用。随着贸易量的增大，中国茶在英国开始走向平民化、大众化。

令人惊讶的是，英国大众饮茶的习惯居然是通过咖啡屋实现的。1657年，咖啡店老板托马斯·卡洛韦是伦敦第一位售卖茶叶饮料的人。当时的海军军官Samuel Pepsy在日记里很得意地写道："今天喝了一种叫'茶'的饮料。"

托马斯·卡洛韦在对外宣传茶叶的时候称：来自中国的茶是一种具有医疗功效的饮品，其能够强身健体、延年益寿、医治百病。他出售的茶叶价格每磅6～10英镑。到18世纪初期，伦敦已有800多家咖啡屋在售卖咖啡的同时销售茶叶。

1864年，英国一家公司的工作人员在自己公司里用一间办公室作为茶室，这是一个开创性的举动。此后，越来越多的公司开办茶室，在茶室中除了提供茶饮，还会有许多甜点，同时也播放一些让人身心放松的音乐。时间到了20世纪，丘吉尔进行社会改革时，曾将职工应享有饮茶时间的权利列入改革的内容之中。至此，英国的企业里开始盛行"茶休时间"，在这个时间段里，大家可以在公司内或者去茶馆中自由享用茶饮，从而放松身心。

伴随着工业革命的到来，茶叶在英国的平民化脚步加快，英国家庭里出现了各式各样的饮茶用具，其中，"茶婆子"就是一种受欢迎的饮茶用具。20世纪初，为了喝早茶方便，英国的高步林公司发明了这种由闹钟、台灯、煮水装置结合起来的新型产品——Goblin teas made。有了这款产品，就可以在晚上睡觉之前，向茶壶里注入水，再将茶叶放进茶杯中，预定好时间。到了预定的时间，壶里的水就会自动煮开并倾斜倒入杯中，把茶叶泡开。泡好了茶，闹钟就会响起，台灯也亮了。于是，当你早上被闹钟叫醒的时候，立马就可以享用上一杯浓郁醇厚的茶。

英国的下午茶文化

福建红茶对西式"茶文化"的意义深远。曾有一首英国民谣这样唱诵道:

当时钟敲响四下时,世上的一切瞬间为茶而停。

英国下午茶文化发端于19世纪的维多利亚时代。这个时期的英国,因为一位女士的饮茶习惯,下午茶文化开始逐渐盛行。这位女士就是贝德福公爵的夫人安娜·玛丽亚。1840年的一天下午,安娜女士午觉睡醒之后,觉得生活无趣,希望在枯燥的生活里能够找寻一丝活力。四点钟左右,安娜女士让仆人到厨房给她找寻食物,仆人准备了甜点,同时沏了一壶红茶带给安娜女士,这样的搭配让安娜女士身心舒适、心满意足。不久后的一天,安娜女士的好友来到她家做客,她觉得应该让自己的闺蜜们一起享受这样的美味。于是,她就命仆人准备好甜点和红茶来招待闺蜜们,这些人对当天的午后时光大加赞赏。回到家后都开始邀请亲朋好友一起享受美好的下午茶时光。

这种饮茶方式很快就在贵族社交圈内成为时尚,并逐渐普及到平民,后来逐渐形成了英国独特的下午茶文化。英国的上流社会甚至还因此演变出高雅的

一壶红茶,美味的点心塔,一起雕刻下午茶的柔软时光

英国下午茶，除了茶，还有琳琅满目的茶点

饮茶仪式。茶壶、茶杯、糖罐、环境和布置等都十分讲究，这也成为一种新型的社交方式。就这样，英国的下午茶文化正式传播开来。

英式下午茶发展到成熟阶段之后还拥有了独特的下午茶礼仪，下午茶礼仪对着装、器具摆放等方面均有严格要求。正式的英式下午茶需要在下午四点钟举行，所有参加下午茶会的人都要着正装出席，男士着燕尾服、女士着白色洋装，且男女都要戴着帽子。同时，主人家会精心准备精美的茶具和可口的甜点。虽然这些要求烦琐，但体现出了英国人对下午茶的重视，也体现出了英国人对茶叶的喜爱和尊重。

英国的第一个茶园

由于温度和气候等因素，在英国的茶树很难生存下来，虽然英国并不缺少茶叶的货源，但是英国人总想着能够饮上一杯属于自己的茶。在300多年前就有人尝试栽培茶树，但是均没能获得成功。格雷伯爵的第八代曾孙现在隐居于英国的泰格斯南，这一家族对世界上的珍稀植物有着疯狂的喜爱，他们曾经耗费了难以想象的巨额财富去寻访全世界的珍稀植物，并把它们培育在泰格斯南庄园内。过去的700年里，这个庄园内一直缺少一种英国人渴求无比的植物——茶。

直到1996年，泰格斯南庄园的总园艺师乔纳森在庄园里惊喜地发现了一株野生的茶树，乔纳森认为，茶树和野生茶树同科，在这里，茶树也一定能够生存下来。虽有很多质疑的声音，但他顶着非议，在好友和专家们的帮助下开始尝试在英国的泰格斯南种植茶树。直到近十年之后，乔纳森才在茶园第一次收获了茶叶，即使产量很少，且知名度较低，但不可否认的是，泰格斯南庄园成了英国唯一的茶园。乔纳森终于让英国人喝上了属于英国自己的茶。

川宁的茶叶故事

川宁（TWININGS）是英国人托马斯·川宁于1706年创建的一个茶叶品牌，1837年，英国维多利亚女王颁布"皇室委任书"，指定川宁茶为皇室御用茶，这一殊荣一直沿袭至今。

川宁公司经营历史超过了300年，他们的茶叶最初为王室御用茶，随着历史的进程，川宁开始走向大众，它是第一家被获准出口茶叶的公司，川宁茶于2006年第一次进驻中国，受到国人的广泛欢迎。

川宁公司有一款产品风靡世界，名为格雷伯爵茶。这款茶的来历与一个人有关，这个人就是格雷伯爵，其曾在1806年担任英国海军大臣，任期内，前往中国的使节回国后赠予他从武夷山带回来的茶叶，也就是武夷山桐木关的正山小种红茶。格雷伯爵饮用正山小种红茶之后对其念念不忘，但是由于当时正山小种红茶产量低、成本高，格雷伯爵只有寻找茶商为他制作一款能够替代正山小种红茶的产品，这款产品就是格雷伯爵茶。据第六代格雷伯爵的留言，格雷伯爵茶是第二代格雷伯爵命川宁公司制作的。正山小种红茶具有松烟香和桂圆香等特点，但当时的川宁并不知道桂圆香是什么水果的香气。他只能靠着自己的知识，从众多水果中寻找，最后他发现了西西里岛的佛手柑。由于正山小种红茶稀少，于是川宁就用福建其他地区的红茶进行制作，将其与佛手柑结合制作成一款格雷伯爵红茶。

格雷伯爵红茶的成名使得英国诸多茶叶公司纷纷开始效仿川宁制作格雷伯

爵红茶。它们尝试各种办法，使用了各种原料，为的就是制作出一款能够替代福建正山小种的红茶。由此可见，闽茶文化对英国当时茶叶的文化和市场需求有多么令人惊讶的影响力。

波士顿倾茶事件

福建的红茶进入英国之后，英国开始将其推广向自己的殖民地。1773年，英国议会颁布"茶叶条例"，以帮助本国商人向北美倾销。这一法令的颁布要求美国殖民地将进口茶叶时所收取的税款全部退还给东印度公司，这使得英属东印度公司垄断了在美国的茶叶贸易。当时的美国虽为殖民地，但是美国人追求自由的想法越来越剧烈，他们不愿意看到垄断的局面，英属东印度公司打压了本土的茶叶销售，而导致很多走私和本地种植的茶叶商人无法生存，最终导致茶叶渠道完全落入英国东印度公司手中。那时，茶叶价格将会完全被英属东印度公司操纵，这违反了市场公平竞争。同时，这种退税的行为也是对美国自身利益的损害。并且，美国人认为东印度公司是英国扶植的，假如人们饮用东印度公司的茶叶，就等于他们还继续受英国殖民者的剥削。

由于诸多因素相结合，1773年12月16日，不满英国殖民统治的马萨诸塞州波士顿居民们开始反抗，当地居民塞缪尔·亚当斯率领60名自由之子化装成印第安人潜入商船，把船上价值约1.5万英镑的342箱（约为18000磅）茶叶全部倒入大海，以此来对抗英国国会，此举被认为是对殖民政府的挑衅，英国政府派兵镇压，终于导致1775年4月的第一声枪响。这标志着美国独立战争的开始。

饮茶大辩论

茶叶来自古老的东方古国，西方人起初对茶叶知之甚少。有的人认为其是能治病救人的神奇东方树叶，也有人认为茶叶是害人的毒药。就此，在1625年到1657年间，整个欧洲为来自中国的茶叶掀起了一场"饮茶大辩论"，辩论的双方都有医学界人士参加。

最早提出茶叶具有药效的欧洲人是荷兰医生尼古拉斯·德勒克斯，他认为茶叶对于结石和痛风病有治疗作用。法国神父亚历山大·罗德也认为茶叶具有一定疗效，他在《东京游记》中曾经提到：茶叶对于胃病是有治愈作用的，同

波士顿倾茶事件

打扮成印第安儿女的爱国者把茶倒进海里

波士顿倾茶事件旧址

时茶水能够使人更加清醒。路易十四的御医勒梅里（Lemery）赞成饮茶，因为他曾用茶治好了路易十四的头痛病。法国大主教玛萨琳（Cardinal Mazarin）用茶治愈了痛风病。M·克雷西是一位杰出的外科医生的儿子，他研究了茶叶对痛风的疗效以后，在医学院提出了一篇洋洋洒洒的论文，用了4个小时评述了他对茶叶积极效用的发现。此文遭到了医生吉伊·帕坦等人的反对，从而掀起了反对浪潮。部分人对茶叶的反对主要源于不知其好坏，但也有部分人是因为茶与自身利益相冲突从而进行污蔑。在茶进入英国之前，英国的国饮是啤酒，然而随着茶叶的风靡，英国啤酒党的利益受到侵害，所以他们在饮茶大辩论中反对茶叶的饮用和普及。

在双方争执不下的时候，有一位名叫约翰·科克利·莱特萨姆的医师通过自己的试验验证了武夷茶等茶叶的安全性，他采用武夷茶对牛肉进行腐败实验，用事实数据来告诉世人茶叶的功效。随着时间的推移，茶叶走向大众化，尝到茶叶甜头的民众认可了茶叶的功效，对茶叶的攻击逐渐减少，从而结束了这场饮茶大辩论。

浪漫法国的茶饮文化

法语中的"茶"字是"Thé"，其发音与福建闽南语"茶"的发音相同，从这一角度就可以看出，法国人的茶文化和对茶的认识深受中国福建的茶文化影响。

法国人起初喝茶是靠从荷兰购买的，直到1700年，一艘以古希腊海神波塞冬之妻阿穆芙莱特命名的船只前往中国，从中国带回了大量茶叶、丝绸等，标志着中法茶叶贸易正式拉开序幕。茶叶到达法国之后通常只有贵族才能够饮用。直到1789年法国大革命爆发之后，中国茶才进入普通法国民众的生活。在饮茶大辩论期间，茶叶起初在法国是被抵制的，但是由于茶叶治好了路易十四的头痛病，使法国人发现中国这种神奇的东方树叶具有药用价值。于是，法国人开始慢慢接受茶。

茶文化进入法国之后，给这浪漫之土带来了一股独特的风韵，法国的文豪们开拓思路，开始对这一新鲜物件进行文学创作。1709年，休式在巴黎发表其拉丁文诗章，以悲情的诗句刻画中国茶。1712年，法国文学家蒙式作《茶颂》，诗歌中充满了对茶叶的赞美之情。茶叶的出现也推动了法国的茶馆行业迅速发展，法国的茶馆数量远超英国，鼎盛时期法国茶馆的数量超过了餐馆的数量。法国人最喜欢的茶叶是红茶，他们饮用红茶的时候常将红茶与牛奶相结合，这种做法的创始者是德·拉·布利埃侯爵夫人，这种方式在法国广为流传。除此之外，法国人还将茶叶与本国的酒相结合，做成有茶叶风味的酒饮品，这种做法也大受欢迎。法国上流社会把中国茶视为拥有神奇保健效果的贵族饮品，这种以药用价值为目的消费茶的传统仍影响至今。

奥匈帝国的茶叶传说

奥地利和匈牙利人都喜欢饮茶，奥地利人更喜欢添加了花果的茶饮。在奥地利，针对不同的保健功效会有不同的花果茶饮料，而匈牙利人则将红茶看成是葡萄酒的替代品，因为红茶与葡萄酒颜色相近。两个国家都有下午茶的习俗。在这两个国家的茶叶史上有一个著名的人——茜茜公主，她在机缘巧合下将西方的酒和中国红茶相结合，在文化的交融里，一个新的茶叶产品出现了。

茜茜公主原名叫伊丽莎白·亚美莉·欧根妮，嫁给弗兰茨·约瑟夫成了奥地利兼匈牙利的王后。

据传，她有一次身患重病，静养了许久都不见好。直到有一天，一位仆人误将来自中国的红茶倒入了装有威士忌的酒杯内。茜茜公主将这杯"酒茶"一饮而尽后发现口感上佳，于是命仆人们每天都将威士忌兑入红茶内再给她饮用。就这样，多年之后，茜茜公主的重病竟然有所好转。于是，后人就将这种兑了威士忌的红茶称为茜茜公主茶，这种茶可以说是奥地利本土文化与中国红茶的结合。

俄罗斯的茶情结

俄罗斯人从第一次见到武夷茶至今已过去数百年，他们不断创新，将中国茶和中国茶文化融入自身。中国茶在18世纪之前就已经成为俄罗斯上层人士的地位象征。但直到19世纪之后，俄罗斯的普通民众才得以享受到茶带来的清新。中国茶在俄罗斯的普及化，使俄罗斯人开始拥有许多的茶俗、茶礼。俄罗斯的饮茶方式多种多样，近代的俄罗斯人喜欢在喝茶的时候加入糖，也有的人喜欢加入蜂蜜。人们会在喝茶前先吃进一口蜂蜜，然后端着茶碟大口吸吮茶汤。苏联时期，人们饮茶大致有两种方法，一些人喜欢将茶壶烧热，放入茶叶，最后再倒入热水，在冲入热水的时候烧热的壶底需要发出响声，这样泡出来的茶汤香气、滋味、汤色都上佳；而另一些人喜欢在煮茶的时候加入米面、奶和盐一起烹煮，这类似于我国古时契丹人煮茶粥的方式。由此可见，俄罗斯茶文化的来源与中国茶文化有莫大的关系。

茶叶进入俄罗斯之后，俄罗斯人也想拥有自己的茶叶，他们派人将茶籽带回种植。冬奥会举办地索契成为俄罗斯唯一产茶的地方。然而，俄罗斯茶叶产量和品质都不具优势，所以俄罗斯只能大量从国外进口茶叶。如今，除了武夷茶之外还有茉莉花茶和绿茶等茶类也相继从中国出口至俄罗斯。

近几年来，福建茶叶对俄罗斯出口迅速增长，至2005年，俄罗斯已成为福建茶叶的主要出口市场之一。福建茶企在对俄茶叶贸易中也开创了一条不同以往的贸易策略。一般认为，中国茶叶在海外市场销售，往往都会以低价面目示人，但福建茶企销往俄罗斯的茶叶却走了中高端路线。2012年初，厦门茶叶进出口有限公司出口的乌龙茶、红茶和绿茶等共3个货柜10吨左右的茶叶成功销往俄罗斯，茶叶出口价达每千克10美元以上，大大高于以往中国茶叶出口价格和俄罗斯进口茶叶的价格。2016年，一个整柜原产于安溪县龙涓乡举源茶叶专业合作社的定制乌龙茶顺利出口到俄罗斯东方港。这批乌龙茶共计4465千克、货值8.62万美元，不仅实现安溪县乌龙茶直接出口俄罗斯零的突破，而且单价每千克19.3美元，是我国出口乌龙茶均价的6倍。其单批出口量为2010年以来安溪批量乌龙茶走出国门以来最大。

2016年11月，中蒙博物馆共同收藏武夷山茶叶，再续"万里茶道"情缘。俄罗斯伊尔库茨克历史博物馆副馆长伊莉娜·乌尔巴诺维奇、蒙古国国家博物

馆副馆长照日格图将大红袍与正山小种红茶收藏进博物馆。这一创举对推动中蒙俄文化贸易交流产生了积极而深远的影响。

近年来，福建茶叶利用自身优势，以茶文化为媒，积极融入"一带一路"倡议，推动新时期万里茶道的复兴，推动福建茶走向世界。

万里茶道沿线各国政府非常重视对茶路文化遗产的保护和利用，俄罗斯有关部门特地设立了专门的基金支持这一文化传承行为的建设。2013年9月10日，第二届万里茶道与城市发展中蒙俄市长峰会在内蒙古二连浩特市落幕。中蒙俄三国共签署十余项协议，并共同发起申遗倡议。此届峰会上，来自中蒙俄万里茶道沿线31个城市的代表参加了市长圆桌会议，就城市发展、城市间相互合作、发展共赢等方面签署了《万里茶道沿线城市旅游合作协议》；同时，三国达成"万里茶道是珍贵的世界文化遗产"的共识，共同倡议申遗，并签署《万里茶道共同申遗倡议书》。中蒙俄三国未来在"万里茶道"相关产业上的发展将会越走越远，福建茶叶也将乘着"一带一路"的东风不断向前迈进。

中瑞茶文化交流的载体——"哥德堡"号

瑞典位于欧洲北部，是北欧国土面积最大的国家。历史上，中国也曾与瑞典进行大量的茶叶贸易往来。

茶叶刚进入瑞典的时候也引发了瑞典人的抵触，人们不知道茶叶是否真的可以饮用，怕饮用茶叶之后会对身体有害。坊间传闻，在争议期间发生了一个小故事。当时的瑞典国王斯塔夫三世为了验证来自中国的茶叶是否可以饮用，

下梅村

恰克图

找了一对双胞胎，国王让他们每天定时定量分别饮用茶叶和咖啡，以此来验证。验证的效果显示二人的生活和健康均没有受到影响。于是，茶叶才正式作为饮品，并被瑞典人广泛饮用。

中瑞茶叶贸易鼎盛时期的见证者之一就是瑞典东印度公司的"哥德堡"号，它可以说是中瑞茶叶文化交流的桥梁。福建的茶叶和茶文化也就是随着"哥德堡"号而前往瑞典。"哥德堡"号曾经三次从瑞典远航至中国，每次都带着大量的中国商品返航。1745年1月11日，"哥德堡"号从广州启程回国，这是"哥德堡"号最后一次远航。这时船上装载着数百吨的中国物品，包括茶叶、瓷器等，当时这批货物估值约两百多万瑞典银币。1745年9月12日，"哥德堡"号经历数月航行，船员们都已经可以用肉眼看到家乡时，商船不幸触礁沉没。大批商品无法及时抢救，随着"哥德堡"号沉入海底。随着现代科技的高速发展，瑞典人用先进的科技再次打捞"哥德堡"号沉船。打捞人员从海中打捞出了"哥德堡"号的残骸，与此同时，1000多千克由锡罐封装严密而未被氧化变质的茶叶也随之被打捞上岸。经专家测定，这些茶叶中有绿茶和乌龙茶之分，是清代乾隆时期的安徽松萝茶和福建武夷岩茶。

"哥德堡"号是中瑞两国茶叶友谊的桥梁，它将福建茶叶和茶文化带到了瑞典，让瑞典人民享受到了这个东方文明所结出的果实。

闽茶香飘乌克兰

乌克兰地处东欧，大部分区域属于温和的温带大陆性气候。历史上乌克兰不产茶，也不是一个以饮茶为生活习性的国家，这主要缘于以农业见长的乌克兰的农业人口更加青睐于糖水水果和其他水果型饮品，且乌克兰地处纬度较高的欧洲中部，既非茶叶原产地，距茶叶原产地也较远，不容易引种茶树。1679年，沙俄与中国签订了第一笔购茶合同，借此乌克兰引进了中国茶叶。乌克兰人喝的主要是蜂蜜水、草茶和格瓦斯等，但自从接触到茶叶之后，便再也离不开茶了。近些年来，随着大的茶叶贸易商进入乌克兰饮品市场并发起了积极的宣传推动攻势，乌克兰人在日常消费饮料方面的倾向性发生了变化，这可从茶叶销售数量的上升看出。

为庆祝中乌两国建交25周年，推进"一带一路"人心相通、文化交流工程，呼应"一带一路北京国际高峰论坛"，2017年4月，乌克兰首都基辅的乌克兰官举办了由丝绸之路城市联盟、中国中央美术学院、中央音乐学院、世界中医药学会联合会、乌克兰国立美术与建筑学院、乌克兰华人华侨协会共同举办的"一带一路中乌文化交流周"活动。福建福鼎白茶茶企代表前往乌克兰参加本次活动，共同推进"一带一路"建设。福建茶企定制的3千克福鼎白茶白毫银针大茶饼被摆在了醒目位置，乌克兰驻中国大使列兹尼克在了解完福鼎白茶的特性、文化、韵味后，也充分肯定中国茶文化对促进中乌友好发展的积极意义。福建福鼎白茶在此次的"一带一路中乌文化交流周"活动中绽放异彩，与乌克人民开展了友好互动，传播福鼎白茶文化，展示中国璀璨的茶道文化，共筑中乌情，促进了"一带一路"的建设。

六、阿非利加洲的茶香

中非友谊地久天长，茶叶是中非友谊的象征物之一。摩洛哥是中国茶叶最大进口国，肯尼亚的茶产业兴盛离不开中国茶叶的传播和发展，马里茶叶的出现要归功于林桂镗先生。代代中国茶人远赴非洲，将茶叶这一珍宝带给了非洲人民，茶叶的到来更联结了中非友谊。

摩洛哥的威士忌——薄荷茶

摩洛哥地处非洲大陆的西北部，由于非洲炎热的气候，摩洛哥人茶叶消费量大。2015年，中国向摩洛哥出口茶叶6.44万吨，总价值2.27亿美元，其成为中国茶叶最大的进口国。摩洛哥人宴请宾客一般要上茶三次，客人若谢绝，会被认为不礼貌。

薄荷茶是摩洛哥的国茶，薄荷茶贯穿着摩洛哥人的一年四季，他们笑称薄荷茶为"摩洛哥威士忌"。摩洛哥的饮茶历史悠久，可以追溯到19世纪。在摩洛哥，要想喝到好茶是需要耐心的，薄荷茶亦是如此，因为薄荷茶在饮用之前有相应的敬茶礼仪。薄荷茶可以归为绿茶，除了薄荷叶，还要加入糖和绿茶水。薄荷茶的冲泡与众不同：用热水冲泡绿茶后，将茶叶滤出，再放入新鲜的薄荷叶，将银质茶壶高高举起，茶水冲进玻璃杯里要泛起大量的白色泡沫才好。冲好的茶水兼具绿茶和薄荷的清香，味甜爽口。此外，还常常会加入玫瑰、丁香、茉莉等其他香料，以丰富口感。

马里茶叶的播种人——林桂镗

　　林桂镗是福建仙游县人，毕业于福建协和大学农学院农学系。他在福建省农科院茶科所工作期间曾三次援外，首次援外正是前往非洲马里。林桂镗在1961年12月至1964年9月期间前往马里，在他的辛勤努力下，中国茶籽播种在原被国外专家认定无法种茶的马里土地上，奇迹般地生根发芽。

　　马里的日常气温高于40℃，林桂镗跑遍马里，每天顶着烈日实地考察，终于在马里蒙卡省巴比寻找到一块适合茶树生长的地方。他从福建茶叶试验基地空运了15千克茶籽进行播种，精心照料。终于，幼苗破土而出。林桂镗在马里期间不仅使福建茶叶扎根马里，还通过绿肥遮阴和土农药的应用让茶树克服了马里的阳光、热风和病虫害。茶树长成后林桂镗精心制作，并将这批茶叶送至世界农业博览会参展，获得一等奖。

世界第二大红茶出口国——肯尼亚

肯尼亚位于非洲东部，茶产业是肯尼亚的支柱产业。肯尼亚的茶文化来源于中国，这一点可以从斯瓦希里语里找到证据，斯瓦希里语中茶的发音为"cha"。

肯尼亚在郑和下西洋时期就接触到了茶叶，但是肯尼亚人的茶树栽培是经历了由中国人传播到印度地区，再由欧洲人将印度的茶树栽培技术传播给肯尼亚人的曲折过程。1903年，肯尼亚首次出现茶树种植，据说是一位名叫凯恩的欧洲移民在利穆鲁地区种植的。至此，肯尼亚茶产业开始飞速发展，2005—2010年的5年中，肯尼亚的茶叶生产占了世界茶叶生产总量的9%，是继中国、印度之后的第三大茶叶生产国家。然而，茶叶出口量却占了世界茶叶总出口量的20%左右，居世界第一位。

茶叶在非洲最早的栖居地——南非

南非是中国茶叶在非洲最早的栖居地。有文献显示，早在1687年，南非开普敦就已经开始种植茶树，这是非洲栽培茶树的最早记录。南非的茶树栽培历史比肯尼亚早了200多年。到了19世纪，由于咖啡种植业走向衰落，南非纳塔尔种植协会从印度引种茶树，这可以看成是非洲茶叶的早期栽培。

南非人具有下午茶习俗，南非开普敦大学每当到达下午三点的休息时间时，教职工就纷纷到休息室饮茶。有的人和中国的饮茶风格类似，清茶一杯，有的人则在红茶里加入牛奶和糖调味。

说起南非茶，不得不提的是南非的"如意茶"，就是南非的民俗茶饮，又称为"博士茶"，属于非茶之茶。如意茶是南非的三宝之一，风靡全南非。如意茶汤色和滋味与红茶类似，且具有保健功效。目前，如意茶已出口至130多个国家，2004年开始进入中国市场。

第三章 浪漫红茶 风靡全球

常常，手握一杯温热的红茶时，杯中流溢的甜香，在充分调动嗅觉神经的同时，更会牵惹着蠢蠢欲动的味蕾。当唇舌触碰到温润的茶汤时，胸臆间便生发出一种酣畅淋漓之感。闭目凝神，静静享受它的芳香甜醇，时空仿佛也发生了转换。茶烟袅袅升起，飘飘荡荡……恍恍迷离中，心开始穿越，好像回到4个多世纪前的武夷山，静谧的山村里飘来一阵熟悉的香气，沁入心脾。这是一种曾让无数人为之倾倒的芳香。

这一枚小小的香叶，看似平凡，却又不平凡。传说，它的诞生纯粹是源于一个美丽的错误。武夷山民把它从茶树上采下，原本是要做成绿茶的，可是因故没有及时付制，芽叶全都发热变红，"变质"了！这可愁煞了山民们，无奈只好将错就错，并砍来松柴熏焙。这些"变质"的青叶做成茶后，乌黑的茶

红
茶

色看起来不甚美观，甚至还有些丑陋，与鲜翠的绿茶不可同日而语，但它却散发着一股浓郁的松香，而且尝起来隐约间有类似于桂圆汤的味道。这便是世界上第一泡红茶——正山小种。山民们顾不上多想，怀着忐忑不安的心，将茶拿到茶行去卖。他们原以为茶商在试过这种怪茶之后会拒绝收购，可万万没有想到，茶商竟奇迹般地照单全收。殊不知，在人们惊喜与讶异的背后，属于它的辉煌时代正在无声无息地酝酿着。

果不其然，在17世纪头一个十年的某一天，风鼓满帆的荷兰商船第一次带着它从中国漂洋过海，在欧洲大陆上了岸，欧罗巴人都称它为"武夷茶（Bohea）"。后来，它被装入葡萄牙公主凯瑟琳的妆奁中随着她的出嫁而走进了白金汉宫，以它与生俱来的非凡魅力征服了正在用铁蹄征服世界的英国人。当英国人正迷恋于扩张殖民地的时候，却发现自己已经无可救药地爱上了这种来自东方的琥珀色液体，上至皇亲国戚，下至布衣草民，几乎每天都在期待着大本钟在下午4点准时敲响，然后停下手中所有的工作，沏好一壶茶，拈起一枚点心，揉入一缕阳光，把午后时光雕刻。此外，"武夷茶"还通过万里茶路运往俄罗斯的莫斯科、圣彼得堡，让俄国人也钟情于它的芳泽。很快，喝武夷茶就成为欧洲大陆的一种流行风尚。

在中国，源于正山小种的红茶制作技术日臻成熟后，就像一根接力棒一样，在福建的闽北、闽东以及江西、安徽、湖北、湖南、浙江等茶区进行了"接力"，并融入了当地的风味特色与文化韵味，而它们在欧洲人心目中却都有一个共同的名字，那就是"Black Tea"。同时，由于英国人对红茶的嗜好越来越强烈，导致大量白银流向中国，产生了巨大的贸易逆差。为了扭转逆差，英国人开始向中国输出腐蚀中国人肉体与灵魂的鸦片，并由此引发了两次鸦片战争。然而，在19世纪中叶，武夷山的茶籽被英国一个所谓的植物学家偷偷带到印度播种，并从中国引进了制茶工人，印度从此出现并活跃在世界茶叶的舞台上。随后，斯里兰卡、印度尼西亚、肯尼亚等新兴红茶产茶国也相继走上了这个大舞台，中国红茶渐渐式微。

兴起于19世纪的"红茶风"，吹拂了100多年，还仍未停歇。英国"下午茶"、俄国的"茶炊"已成为世界茶文化百花园中的一朵奇葩。

这就是一枚小香叶与一个大世界之间的故事。

就这样，400多年的时光，如白驹过隙，转瞬即逝。当手中的红茶即将饮尽时，心又回归了现实，而杯底依然香如故。

一、从武夷山走向世界

小种红茶在桐木关问世后，最先是葡萄牙人发现了它的美，然后又于1610年，被荷兰人最先把它装进了商船输往欧洲，武夷红茶开始走出国门，走向世界。随后，在这近400年的历史长河中，武夷红茶的外销之路虽历经曲折，但是它那使人无法抵挡的魅力却感染了一个又一个国家，创造了一个又一个传奇，甚至影响了世界进程。

桐木关

漂洋过海

当欧洲人满怀好奇地试喝了这种"东方神饮"之后，如获至宝，他们的生活也悄悄在茶香中发生了改变。至17世纪30年代末，饮茶风气已经在欧罗巴蔓延开来，不少上流社会人士尤其是医学界人士对中国红茶推崇备至。1640年，荷兰自然学家威廉·瑞恩写下《茶的植物学方面的观察》一文。1641年，最早一部从医学角度来颂扬茶叶的著作《医学观察》问世。此外，荷兰还有不少医生、生理学家对茶也是赞不绝口，其中有个叫邦迪尔斯的名医，他劝告人们每天要饮茶8～10杯，即使是饮50～100杯甚至200杯也不会有问题，他也因此被誉为欧洲推广茶叶第一人。

这一时期，荷兰人又把红茶带进了英国，但由于茶叶价格高昂，都只是少量地流转于皇室、贵族等上层人物之间，其中最著名的当属葡萄牙公主凯瑟琳，她于1662年嫁给英国国王查理二世，她的嫁妆中就有221磅的中国红茶，

并高调地展示了红茶鲜艳亮丽的茶汤，令现场来宾大开眼界。鉴于凯瑟琳王后对茶的嗜好，1664年，英国东印度公司从荷兰人手中购得2磅2盎司红茶敬献给她。茶的珍贵程度可见一斑。

为了争夺茶叶丰厚的贸易利润，英、荷两国先后于1652—1654年和1665—1667年发生了大规模军事冲突，最终英国获胜，取得了茶叶贸易的优势，继而取代荷兰垄断了茶叶贸易权。英国东印度公司于1669年获得了英国政府授予的茶叶专卖权，一举成为当时世界上最大的茶叶专卖公司。1684年，清政府第一次解除海禁，允许对外贸易，东印度公司获得清政府的批准在广州开设商馆。然而，在此之前，武夷红茶要辗转多处才能到达欧洲，都是先通过水路从武夷山运至福州，接着再转运到厦门，然后从厦门运至印度尼西亚与荷兰商人贸易，再由荷兰商人运往欧洲。到了1689年，这条线路就被"精简"了——英国商船首次停靠厦门港，直接收购武夷红茶运回国。

此外，武夷茶于1650年借道荷兰进入德国，至1657年，茶已经成为德国市场上的主要商品，而奥斯托弗利斯伦特是德国最大的茶叶消费地区。当然，活跃的荷兰商人也把茶带到了斯堪的纳维亚半岛上的国家，1616年丹麦加入与印度开展贸易的行列后，茶在半岛上传播得更广泛。

万里茶道

自1684年清政府首度解除海禁以来，武夷茶几乎已经传遍了欧洲。然而，好景不长，至1752年，随着清政府二次海禁禁令的颁布，规定只开放广州对外通商，其他口岸全都关闭，茶的海上贸易开始萎缩。在这种情况下，陆上茶叶贸易的重要性就开始凸显了出来。

事实上，中俄茶叶贸易几乎与中英茶叶贸易同步，都是在1689年，只不过俄国商队被禁，较之英国晚了10年。1689年，中俄两国签订《尼布楚条约》划清了两国边界后，中俄商队的茶叶贸易也随之展开。1762年，清政府取消了俄国商队来华贸易的权利，陆路仅开放"买卖城"恰克图一地对俄贸易。这一政策的颁布和实施，在中俄两国之间开辟了一条与丝绸之路齐名、全程长达13000千米的万里茶道。

经营这条"茶叶之路"的中国商人均为山西商人，也称"晋商"，他们拥

有强大的经济实力，每逢春茶开采之季，便腰缠万贯来到武夷山，花重金收购武夷茶，然后在星村镇将茶叶集中并包装好后，就踏上了漫漫茶路，这一走就是一年。他们先是从武夷山下梅村出发，翻越武夷山入江西铅山，过河口镇，沿着信江下鄱阳湖。过九江口入长江而上，至武昌，转汉水至樊城（今湖北襄阳）起岸，经社旗至降州（今山西晋城），经潞安（今山西长治）、平遥、祁县、太谷、忻县、大同，至张家口，至归化（今内蒙古呼和浩特），再经戈壁沙漠到库伦（今蒙古乌兰巴托），最后到达恰克图与俄商交易，接着再由俄商从恰克图溯河北上，水陆交替去喀山，到达莫斯科后，再通往圣彼得堡。

这条从武夷山到圣彼得堡、横跨亚欧大陆的万里茶路，从春茶飘香的春天出发，历夏炎秋凉，在大雪纷飞的严冬到达，走过了四季，沿途的风景在不断地变换着，撒下驼铃声声……

清代万里茶路上茶叶商号店招

万里茶路终点恰克图

当年恰克图茶市的盛况

外语中的福建地方方言

"Tea"这个英文单词来源于福建闽南语口音"té（tay）"，其中，武夷茶（Bohea Tea）又是品质最优异红茶的别称，这早已是全球公认的事实。然而，正山小种的英文"Lapsang Souchong"或"LAPSANG BLACKTEA"，其发音却是源于福州话。

18世纪初，随着武夷红茶声名日隆，武夷山周边的邵武、江西广信等地也相继仿制桐木关的红茶，这种非原产地的武夷红茶被称之为"江西乌茶"。为了正本清源，区别"正版"与"山寨版"，"武夷红茶"这个名称便逐渐退出历史舞台，取而代之的是以"正山小种"来表示桐木关生产的红茶，始有"正山"与"外山"之别。

第一次鸦片战争后，战败的清政府被迫五口通商，正山小种的出口重心遂从广州北移到上海。茶在武夷山制好后，便运至江西河口，再由河口至鄱阳湖，然后过九江入长江转上海出口，或者从河口至玉山进常山，再沿钱塘江上游支流运往杭州，再由嘉兴内河运上海。

1853年春，上海爆发了小刀会起义，正山小种运往上海出口的茶路也因此受阻。于是，美国旗昌洋行便派人携款深入武夷茶区收购正山小种，然后用小

武夷山桐木关正山小种艳如琥珀的茶汤

船运输，沿闽江下福州，8～10天就可到达福州。从此以后，正山小种就全部由福州出口。1856年以后，福州茶叶出口量位居全国第二，1859年首度超越上海，成为全国茶叶出口量第一大港。1880年，福州港迎来了最鼎盛的时期，这一年从福州出口的茶叶高达74万担，其中武夷红茶和已出现的闽红工夫红茶共出口635072担，福州港一跃成为世界著名的茶叶贸易港。

由于正山小种的制作工艺特殊，萎凋和干燥都是用桐木关当地产的松柴进行熏焙，而在福州话中松明发"Le"的音，松柴熏焙则叫"Le Xun"，故正宗产于桐木关的正山小种称为"Lapsang Souchong"或"LAPSANG BLACKTEA"，"Lapsang"即脱胎于"Le Xun"的谐音，1878年，英国的《大不列颠百科全书》中也出现了这一英文词条，并一直沿用至今。

众所周知，"茶"的英语单词为"tea"，却鲜有人知，这一单词是从厦门话（闽南语系的代表）中来的。"tea"这个单词源于厦门话延伸的变音，早期写作"te"（另一说为"tay"）。

厦门是全国最早出口茶叶的口岸。1644年，英国东印度公司在厦门设立贸易办事处，从荷兰人手里转购武夷茶，在茶叶贸易上开始与荷兰人短兵相接。据萧致治、徐方平的《中英早期茶叶贸易》记载，1664—1684年，英国共进口武夷茶5697磅。1684年，清政府解除第一次海禁，设立闽、江、浙、粤海关，5年后，英国才首次从厦门直接进口武夷茶。

其实，英国人早在1615年时就知道了茶叶。不过，当时"Tea"这个英语单词还没造出来，而是借用中文的发音"Cha"，1625年出版的《潘起斯巡礼记》一书中则以"Chia"一词来表示茶。直到1644年，创办于1600年的英国东印度公司在福建厦门设立了代办处之后，取当地的闽南语口音"té（tay）"，拼写成"t—e—a"，其中最优质的红茶就叫"BOHEA TEA"。"BOHEA"即"武夷"的谐音，在英国《茶叶字典》中，关于"武夷"这一词条的注释为："武夷（BOHEA），中国福建省武夷山所产的茶；通常用于最好的中国红茶（CHINA BLACK TEA），以后用于较次中国红茶，现在用于含梗的粗老爪哇茶（JAVA TEA）。"

如今，英语、芬兰语、捷克语、匈牙利语称茶为"tea"，法语为"the"，荷兰语为"thee"，丹麦语、瑞典语、意大利语、西班牙语为"te"。

二、坦洋工夫，与世博同龄

1851年5月1日，伦敦海德公园里，万国彩旗飘扬，人流摩肩接踵。一座通体透明、庞大雄伟的建筑成为这个皇家公园的最新亮点，这是率先在欧洲完成工业革命的英国为首届万国工业博览会而专门设计建造的"水晶宫"。维多利亚女王等王室成员及随行人员踏着"哈利路亚"的乐曲声，缓缓进入"水晶宫"，拉开了世界上首个世博会的序幕。

《中国茶与巴那马太平洋博览会记实》

坦洋工夫外形、汤色

"水晶宫"中，展示了来自全球不同国家的最新发明与奇珍异宝，尤其是各式各样、正在轰鸣的机器，向游客炫耀着工业革命给人类生活带来的奇妙变化。当然，在这些炫人耳目的展品中，也有从中国广东收集来的白毫茶、工夫茶等，但其"微弱"的香气很快就被热腾腾的蒸汽所淹没了。当人们流连于千奇百怪的展品时，中国福建东北部一个叫坦洋的村子里飘出了一阵甜醇的香气，一个性格鲜明的工夫红茶——坦洋工夫诞生了……

坦洋村，渊默强音

　　若说茶园是涵养坦洋工夫的襁褓，那么，坦洋村则是哺育坦洋工夫的摇篮。坦洋工夫之为坦洋工夫，皆因坦洋村而闻名。这个村子并不大，但它的故事却是三天三夜也说不完的。坦洋村位于世界地质公园——白云山的东麓，周遭群山环抱，碧树环绕，清澈见底的小溪穿村而过。它因地处清溪入口处呈"船"形，"四山排闼，一水中流"的布局，使整个村子如同一块长形木板，所以当地人又称坦洋为"板洋"。虽然天气晴朗，但村子里却是雾

坦洋村村委会

昔
日
古
道

岚弥漫，覆着黑瓦的村落在一片朦胧中若隐若现。俨如仙境的村落，怎不让人心生流连之情呢？

　　坦洋工夫可考的历史可追溯到清咸丰同治年间（1851—1874）。有个自建宁来的茶客来坦洋村收购茶叶，将红茶的制造工艺从武夷山传入了坦洋。村民胡福四（又名胡进四），以当地的菜茶为原料，成功地试制了红茶，并冠以"坦洋工夫"的茶标，经广州运销国外。这是关于坦洋工夫创制的始末，其真实性还有待进一步考证，但坦洋工夫的兴旺与水路、陆路运输航线的开辟的的确确给坦洋村带来了空前的繁荣，像是投入清潭的一颗小石块，激起千层浪，让这个静谧的小山村顿时沸腾了起来。据说，每逢茶季时，坦洋村街上摩肩接踵，熙熙攘攘，刚刚从茶园里采摘的鲜叶被送到茶行加工，放眼望去，像一片绿色海洋。实际上，坦洋工夫的产区分布很广，以坦洋村为中心，遍及周边的柘荣、寿宁、周宁、霞浦、屏南等县。

坦洋工夫的鼎盛又与英国上流社会饮茶的风靡不期而遇。据史料记载，咸丰年间，"会英商购买华茶，以坦洋出产为最"。当英国的王公贵族品尝了坦洋工夫后，除了倾心于它的清甜醇美之外，也爱屋及乌地爱上了它的泡饮方式。据传，英国女王曾见到人们在泡坦洋工夫时喜欢以扇作屏风，于是就赐给坦洋茶商一把和扇，成就了"一扇屏风"的佳话。色艳香浓、鲜醇清甘的特质让坦洋工夫红茶博得了世人的赞誉，也成就了它的辉煌鼎盛。从1836—1881年的54多年里，福安每年出口茶叶500多吨，数量可观。1915年，它与贵州茅台酒一齐获得了巴拿马万国博览会金奖。1937年，茶界泰斗张天福在坦洋村首

1915年为纪念巴拿马运河开通，巴拿马万国博览会在美国旧金山召开，坦洋工夫获得金奖

巴拿马万国博览会金质奖章

昔日坦洋工夫茶生产情景

次引进日本机器制茶，大大提升了坦洋工夫的品质，使50千克的坦洋工夫飙升到历史最高价75银圆。

好景不长，热闹非凡的景象犹如昙花，美丽而短暂。清廷的腐朽、外夷的入侵、频仍的战乱和贪官污吏的横征暴敛，使坦洋工夫一度黯然失色，孕育坦洋工夫的坦洋村也因坦洋工夫的颓败而沉寂，昔日的鼎盛也如梦幻泡影，转瞬即逝。从此，小山村的一切又复归于静默，甚至在沐浴改革开放春风的大好时期，小山村还是继续选择了沉默。

直到如今展现在我们面前的依然是那个默默无语的小山村，除了那条涓涓的溪流和零星的几声鸡鸣以外，再也没有其他的声响。然而，这种沉默并不代表着死寂，而是蕴藏了强音的"希声"，是无法用耳朵听闻的天籁之音。因为，在这渊默之中，似乎有股蓄势待发的力量，如同萦绕在村落间的云雾一般，正在缓缓地从地面上升。

坦洋街，繁华一梦。当地有一首民谣是这样唱道的：

> 茶季到，千家闹，茶袋铺路当床倒。
> 街灯十里亮天光，戏班连台唱通宵。
> 上街过下街，新衣断线头。
> 白银用斗量，船泊清凤桥
> ……

这首民谣是对当时繁荣的坦洋街的真实写照。据《福安县志》记载，在坦洋工夫最隆盛的时期里，社溪两岸新屋林立，短短1千米的坦洋街上，竟有36家大茶行在此集结扎堆，收购周边地域的茶叶，畅销到世界20多个国家和地区，收益甚巨。据说，当时从国外寄到坦洋的信笺，无须写明省、地、县的详细名称，只要写个"中国坦洋"，就可以准确无误地送到收件人手中。

正是坦洋工夫缔造了坦洋村和坦洋街的奇迹。从前这里的茶行，临街是铺面，为了方便收购、精制和贮藏茶叶，茶商们将茶行修建成两层、三层楼高，最高甚至可以达到四层。底层用来收购茶叶用，二层用来放置各种制茶设备，作为精制的场所，三层用作仓库。在这条坦洋街上，吴氏家族的"元记茶行"最为有名，它以白云山下的岭下村为根据地，收购初制干茶，由三座房屋组成，共有铺面36间，雇工100余人，拣茶工200多人，一年能制作干茶2000多担（约20万斤）。这家茶行在每年发放"茶银"时，需要70多人，

中华人民共和国成立前坦洋同泰春茶庄发行的银票，银票中的建筑为英国议会大厦

挑着140多桶（每桶装1000块）银圆，一路逶迤，从坦洋村挑到岭下村，发放给当地农民。

从元记茶行往下数，依次是宜记茶行、福奎茶行、冠新春茶行、裕大丰茶行、占德发茶行、胜泰来茶行等等，最后是丰泰隆茶行。坦洋茶行的建筑，一律是通间木结构，三面土墙外敷三合土，一面店门板。为防贼盗，大门皆钉铁皮，内衬巴掌宽的竹叶（防火）。与简朴实用的茶行建筑相反，茶行老板们用经营茶叶赚来的巨资营建起来的住宅，却相当奢华。元记茶行背后的五座深宅大院至今保存完好，甚至可以说与大都市里的名门望族的深宅大院相比也毫不逊色。当地人称这些大宅为"六扇八廊庑"，每座均由六间堂屋和八个厢房组成，有宽敞的天井、回廊、鱼池、花坛。大厅雕梁画栋、古色古香，有的大门前还建有供达官贵人、富豪巨贾下马、下轿遮阳挡雨用的"门头亭"。

与茶行主街道平行，由三座拱桥连接起来的对岸商业街，开设有140多家店铺，有瑞记酱行、鱼货行……各种铺面，热闹非凡。戏园子、饭馆、旅店在这块狭窄而繁华的土地上亦触目可见。坦洋街区里有70多家财主，为了保护人丁和财产的安全，他们从上桥头入口处开始，绕过后门山，筑起了一道坚固厚实的围墙，街头、街中、街尾、后门山的每道栅栏门都建有四方形的炮楼。这一切，足见当年坦洋工夫给当地茶商带来的收益与荣耀！

真武桥，廊桥遗梦

坦洋村的村口，横跨着一座风格独特的廊桥，从来没有一座桥像它这样与茶有着如此千丝万缕的联系，也从来没有一种茶的丰歉与桥有着这般那般的关联，而真武桥和坦洋工夫之间的"瓜葛"便是这样的一种典型。真武桥横跨在福安通往寿宁的古道上，这是一座由杉木和花岗岩架设的拱桥，上面是翼角起翘的木质廊屋，底下是花岗岩桥基，远远地望去像一只匍匐着的螳螂虾，螳螂

100多年前，这里上演过坦洋工夫的奇迹

虾在当地方言中叫"虾姑"，因而坦洋人又称它为"虾姑桥"。

廊桥因供奉真武大帝而得名，然而它在初建之时并无名，当时只是坦洋茶农为了方便茶叶交易而建，它曾一度毁于火，一度圮于水。如今展现在我们眼前的真武桥是在清光绪二年（1876年）时，由武举人施光凌重建的。为了让村民免除水火之灾，施举人请来了掌管水火之神、手中握有龟蛇二将的真武大帝来坐镇，真武大帝成为乡民们尊奉的保护神。至今，真武大帝神位上的香火还相当旺盛，有几个满头花白的老人站在神龛前，低着头，紧闭双目，焚香燃烛，顶礼膜拜，口中还念念有词。在坦洋人眼里，真武大帝不仅是护佑一方平安和作物丰收的神灵，更多的是一种独具茶乡风情的原生态民间文化符号。

蛛网黏连的对花纹饰精美依然

　　廊桥通体包括里面的木柱、横梁和神龛都涂上了朱漆，由于刚修缮不久，在阳光的照耀下显得分外地簇新。但是，纵然新缮也无法掩盖时光之手留下的履痕，迈入廊桥，还是会感觉到时光无情摧残的蛛丝马迹。入口处立着两块大理石碑，碑上密密麻麻地镌刻着当年建桥的出资者姓名，虽历经风霜，字迹却依然清晰可辨。在廊庑每条横梁的两端都有一个刻着花草虫鱼雕饰的垂花，风雨的侵蚀使雕饰沿着垂花皴裂。桥的两侧都设有桥凳供行人歇脚，上面的红漆早已脱落，与木柱上的新漆相较显得十分苍白。这些朱红色的护栏和遮雨板组合在一起，俨然是一扇扇明窗，而透过"窗"便能欣赏到"小桥流水人家"的秀美景致。

坦洋街上淳朴的老人

　　桥下潺潺的社溪在不舍昼夜地流淌着，呜咽着流向远方，仿佛在低吟着那一段被遗留在历史长河中，又还时不时会被人们从尘封的记忆中提起的往事：在它全盛时期，一船一船的茶便是从这里运出坦洋远销欧洲的，而挑茶的挑夫们

也从这里进进出出，挑出的是黑油油的茶，挑回的是白花花的银子。时隔百年，真武桥上的鼎沸人声早已湮没，清溪上百舸千舟往来运茶的景象也荡然无存，而两岸的茶树依然青青可爱，远处峰峦叠翠，云蒸霞蔚，绿树掩映着袅袅的炊烟，宛然一幅恬然淡泊的田园山水画。桥的两边，一边竖立着一块刻有"坦洋"二字的石板，苍白无力地褪了色，而另一边则立着崭新的、由两位著名茶业专家题写的朱字石碑，这一新一旧之间铭刻的分明是坦洋工夫世事变迁的时代印记！

昔日的古道通衢，一边是坦洋，一边是寿宁；今天的它，依然是座桥梁，一边牵着昨天，一边连着未来。

三、白琳工夫，"秀丽皇后"

雨，淅沥沥，在古宅的粉墙灰瓦上交织成一条细密的雨帘。

庭院深深，落花簌簌。时光黯淡了曾经的雕缋满眼，也苍老了往日的荣光亮彩。每扇窗，每扇门，像极了一双双布满云翳的眼睛，带着淡淡的忧伤，诉说着渐行渐远的故人与故事。就是这座披风沥雨了两个多世纪的宅子——翠郊古宅，曾见证了白琳工夫从"养在深闺人未识"到中外闻名的"秀丽皇后"的华丽转变。

雨初霁，夕阳返照入天井，洒下零碎的光影，满地斑驳。往事亦如沉渣泛起，一点一滴地倒流，回到100多年前……

翠郊古宅全景图

083

翠郊往事

翠郊古宅位于福鼎市白琳镇12千米外的小乡村，始建于乾隆十年（1745年），是一幢有着250年历史的老宅第，它在青山碧水的环抱中，默默不语，娟娟静好。

它的建筑风格颇为混搭，既有皇家宫苑的磅礴气势，又兼具江南民居的温婉秀丽。建造这幢宅子用了13年时间，并靡费了64万两白银，仅用来支撑的木柱就有360根，动用了1000多人，围出24个天井、6个大厅、12个小厅和192个房间，总占地面积达13980平方米。屋顶则是动感十足且艺术性很强的飞檐翘角，如同一本摊开的书，书卷气十足。若从平面图上看，宅子纵横交错，且又横纵相连，脉络分明地犹如一块硕大的棋盘。其结构之复杂、布局之精细、雕工之精美，可谓是当年白琳镇乃至福鼎的第一豪宅。

宅子本来就是为茶而生，也因茶而荣。它的主人姓吴，就是靠白琳工夫生意发家而成为富甲一方的茶商巨子。而早在康熙年间，吴氏的先祖就以种茶为生。据传，一日吴氏挑着粪上山给茶树施肥，怎奈挂在扁担头的饭团不小心掉落粪桶。勤俭朴素的他，连忙将饭团捞起，也不顾污秽，拿去溪流中洗洗就吃了。头上三尺有神明。他的这一举动深深打动了老天爷，老天爷开口传授他致

翠郊旧宅

富之道："第一是改开荒种茶为开庄设行，第二是买田收租，第三是办学培育子孙。"吴氏连忙跪谢，并一一照办。由于他经营有方，再加上他勤勉刻苦，很快就成为当地的"首富"，并按照《易经·乾卦》中的"元、贞、利、亨"卦辞，为四个儿子各建立了一幢大宅院，分配到二儿子手上的就是这幢翠郊古宅，是四幢中最大的。

吴氏二公子很好地继承了家业，把茶叶生意做得红红火火的，而且他还以茶会友，以茶结缘，据说他曾与清代名臣刘墉结下了难解之缘。当年，刘墉随乾隆下江南微服私访时，曾到过白琳翠郊，并在吴家经营的一个茶楼与吴氏偶遇。吴氏虽为商人，但亦是饱学之士，不仅熟悉生意经，对"茶经""诗经"也是触类旁通。二人几乎是一见如故，在闲聊的过程中，刘墉发现彼此对茶道的看法不谋而合，大有相见恨晚之感。由此，他们便建立了深厚的友谊，持续多年保持书信往来，刘墉还亲笔题写了一副对联送给吴氏，联曰："学到会时忘粲可，诗留别后见羊何。"诗赠佳友，互相勉励，寄托友情。

或许，有人会说，传说不足为凭。然而，翠郊古宅就是一个最好的见证，还有宅旁那条四通八达的官道，曾是浙江到福州的必经之道，历历苔痕记录了白琳工夫的梦影星尘。

无心插柳"白"改"红"

最初，产于福鼎的工夫红茶是名不见经传的，而它的真正兴起则要到19世纪50年代前后。当时，在福鼎经营工夫红茶的闽、粤茶商，皆以白琳镇为集散地，设行广收福鼎以及与之接壤的浙江平阳、泰顺等地的红条茶，通过福安赛

木质揉捻机

岐码头、福鼎的沙埕港码头、福州马尾、广州等13个口岸，远销海外，白琳工夫才得以闻名遐迩。据传，英国女王喝了白琳工夫以后，赞不绝口，还曾特地寄了封信到白琳盛赞白琳工夫。究竟是英国的哪一位女王？何时寄的信？来信具体说了什么……这一连串疑问，都无稽可考，或许只是一个美丽的传闻罢了。不过，白琳工夫的兴盛与白毫银针——中国白茶的代表性品种有着莫大的关联。

20世纪30年代以前，白琳工夫是用当地的菜茶鲜叶制成的，而且茶商们普遍认为福鼎大白茶与菜茶不同，其叶厚且有茸毛，无法进行揉捻发酵，即使能制成红茶，价格也很难超过白毫银针。不过，这一观念很快就发生了转变。1930年，福州"高丰茶行"的经理吴少卿新购了一批祁门红茶，正打算开箱检验，恰巧福鼎"合茂智茶行"老板袁子卿也在场，便与他一起品鉴。品尝之后，袁子卿觉得祁红茶味醇香芬芳，色泽鲜红似橘，比家乡产制的白琳工夫要好不少。他认为，造成这样的差异应该是和品种、土壤、气候有关。也没多想，他就踏上了返乡的路。

回到福鼎，袁子卿遇到了一个叫吴德康的翠郊茶贩正沿街卖茶。经验丰富的袁子卿看出了吴德康所卖之茶的破绽：原来他收购来的用于制作白毫银针的茶青，因没有及时处理而导致发热变红，弃之可惜，于是想冒充红茶出售。袁子卿翻了翻茶青，只见其色泽与祁红相似，心想说不定能做出品质不亚于祁红的好茶。于是，他抱着试试看的态度，把所有红变的茶青全都买下，并将其中鲜嫩的原料拣出试制红茶。他先把茶青放在日光下晒到六七成干，并揉捻搓团，置于茶篓内，盖上布袋，发酵3小时后抖散晒干，精制出52箱工夫红茶，运到"高丰茶行"售卖。一位来华收茶的外商鉴别了此茶后，觉得这款红茶香气幽雅馥郁，滋味浓醇隽永，立即以高价收购。消息不胫而走，上海华茶公司于1934年也慕名派人来福鼎监制白琳工夫，并因其汤色如橘子般红艳明亮而定名为"橘红"，中外茶师亦谓之"秀丽皇后"，若与祁红拼配，则能大大提升祁红的品质。20世纪50年代，在全国工夫红茶评比中，白琳工夫以独秀外形、香高持久等特点，荣获季军。袁子卿的无心插柳之举，成就了白琳工夫的百年声名。

四、政和工夫，高山"紫罗兰"

在闽红三大工夫红茶中，政和工夫无疑是最有高山气质的，它的原料多来源于海拔在200～1000米的缓坡茶园，重峦叠嶂赋予了它肥壮重实的条索，云缠雾绕赋予了它若隐若现的紫罗兰之香，可谓是刚柔并济。

政和工夫还是一种充满传奇色彩的红茶。据说，它的创制是受到了仙人的指点，因而它又称"仙岩工夫"。而且，它与政和白茶，就如同白琳工夫与福鼎白茶一样，皆是"红白"飘香，是闽茶产区数一数二的"红白双星"。

政和工夫红茶

闽红三大工夫红茶茶汤对比

政和工夫原料产地

遂应仙岩

地处政和县与浙江庆元县交界的锦屏村是政和工夫的发源地，它在明清时称"遂应场"，亦是早在宋时就闻名天下的银山，留下了无数矿洞矿坑，为福建省内矿洞最多、保存最好的古矿遗址。政和工夫，不，应该是遂应场仙岩工夫的故事也是从这银山矿洞开始的。

自1164年北宋官府正式在遂应场开办官采银场以来，银矿已陆陆续续开采了359年。闪闪发亮的白银吸引了赣、浙等地矿工以及五湖四海的客商来到此地采银谋生、发财，人气的飙升使这个遮掩在崇山峻岭间的小山村热闹繁荣起来。白银虽可以与财富画等号，但与采矿工们却没有任何瓜葛，他们依然在官吏的剥削压榨下艰难地生存着。然而，日积月累的矛盾一旦被激化，就如洪水决堤，汹涌而来。终于，在明正统七年（1442年），遂应场便成了以叶宗留等人为首的银矿工人起义之策源地。起义军风起云涌，席卷闽浙赣三省，但不久即被朝廷镇压，遂应场人的生计亦随着矿场的衰败而一落千丈。

起义失败后，等待叶宗留的结果只有杀头。他的后人在遂应场隐姓埋名，虽逃过朝廷"斩草除根"的追杀，但因银矿的荒废而无法谋生。据传，有一天村里来了一位外乡人，看到山崖间长着几株高而茂盛的野茶树，便进村向叶氏讨碗茶喝，谁知叶氏竟端来白开水。外乡人本嗔怪其刻薄，后来才得知他们并不知情。于是，外乡人便将野茶的采制技术传授给叶氏。茶在叶氏手中试制成功后，外乡人却不见了影踪，他才幡然醒悟，原来是仙人暗中来指点了。由此，生长野茶树的山崖便被称为"仙岩山"，茶便被称为"仙岩茶"，而叶氏亦如茶一般在此落地生根，世世代代种茶制茶，成为遂应场的大户人家。

　　这样的诞生经过，无疑是被蒙上了浓厚的玄幻色彩，但仙岩工夫的的确确是叶氏在遂应场所创制的，只是有些不太光彩而已。18世纪中后期，已臻于成熟的正山小种红茶工艺流传到政和。1826年，叶氏以仙岩山的小叶种茶为原料，通过改进正山小种的烟熏工艺，制作了一种清香鲜甜的红茶，运往武夷山充当武夷红茶来卖。就这样，"山寨版"武夷红茶卖了近50年。1874年时，江西籍赵姓茶商在武夷山买了一批这样的茶，发现这种没有烟熏味的茶风味也蛮

仙岩茶王

政和大白茶

政和大白茶小乔木型单株形态

鲜叶萎凋

独特的，于是就顺藤摸瓜地找到了原产地遂应场，投资兴业，并正式取名为"遂应场仙岩工夫"，打自己的品牌。

需要特别指出的是，从仙岩工夫诞生之日起，制茶的原料都是小叶种。后来，到了1876年，政和铁山乡人魏春生发现了野生政和大白茶，并以压条法大量繁育，使政和茶树品种结构发生了变化，亦使茶叶品质得以提升。1879年，遂应场人叶滋翔以政和大白茶成功地试制出了红茶，成茶乃有白尾、上工夫、粗工夫之分，仙岩工夫遂"升级换代"成政和工夫。

一份打假声明

1874年，遂应场仙岩工夫凭借与生俱来的优异品质，迅速走红，畅销福州市场。相传，在政和工夫全盛时，福州茶行每年都要等仙岩工夫出产后才开市，凡是标有"遂应场仙岩工夫"者，便优先开盘，售价倍高。销售市场的打开刺激了茶产业的发展，昔日的银矿场变成了遍地"黑色黄金"的红茶村。据载，当时遂应场有20多家茶庄，各茶庄的茶主要通过两种渠道运销到海外：一是从水路运到福州，经由洋人设置的办事处或商行收购出口；另一个则是走陆路到福安赛岐港，通过海运到国外。据1919年版《政和县志》记载，政和县所产的茶有银针（大白茶芽）、红茶、绿茶、乌龙茶、白尾、小种、工夫这7种茶，经营茶叶的人都在政和设立了厂、户、行。陈椽在《福建政和之茶》（1943年）中也说："当时政和的茶很多，著名的首推工夫和银针，前者远销俄美，后者远销德国；次为白毛猴及莲心，专销安南（今越南）及汕头一带；再次为白牡丹，销售到香港、广州，还有销售到美国的小种红茶，每年出产总值以百万元计，实为政和经济之命脉。" 据统计，1933—1936年间，政和工夫的最高年产量达1万担。到1940年时，政和全县产茶18185箱（折合10940担），登记的外销茶号47家，仅次于安溪县，位居当时登记在册的20个县之首位。

在这20家茶庄中，有据可查的有12家，而且老板几乎都姓叶，其中"万先春"和"万瑞春"为叶滋芹、叶滋藻兄弟二人所办，以叶滋藻的"万瑞春"创办最早。兄弟二人分家后，叶滋芹分出"万先春"自立门户。有趣的是，政和工夫的声名鹊起，如同它创制之初冒充武夷红茶出售一样，也导致了"山寨版"政和工夫的大量涌现。英国茶商对这些仿冒品颇为担忧，于是就托人传信

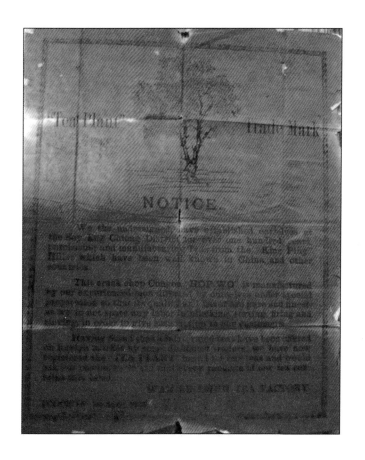

到遂应场，提醒各茶庄展开打假活动。叶滋芹获悉后，维权意识很强，为了捍卫政和工夫的声誉和自身的品牌形象，立刻着手注册厂名、商标，并于1926年印制了一份被后人称为"政和工夫打假声明"的海报，在外国茶商中广为传发，成为近代中国茶史上的美谈。

这张大红色海报上，正中印着一丛茶树，下面几段英文，包含了生产商的简介、政和工夫的采制过程以及指导消费者辨别真伪的方法等信息。这份海报的中文大意是：

我们WAN EU CHUN（万先春）茶厂已在遂应场建厂百余年，收购并加工从中外驰名的"锦屏仙岩山"采摘下来的茶叶。

这款一流的商标"HOP WO"的红茶是在特定的条件及我们的指导下，由经验丰富的工人师傅经过细致的采摘、分类、炒青及筛分等多道工序制作而成的，因此，其品质及风味都极其纯正精良，深得顾客满意。

听闻有不诚实的商人向国外市场供应假冒的茶叶产品，我厂现特为我们的茶叶产品注册了"茶厂"商标，现告知顾客，凡我厂所生产的茶叶，其包装上必有此商标。

五、"茶盗"福钧引种成功

今天的英国人、印度人乃至全世界喜欢喝印度红茶的人在优哉游哉地享受一杯阿萨姆红茶或是大吉岭红茶的时候，真的都要好好地感谢并缅怀"伟大"的"植物学家"——罗伯特·福钧的"丰功伟绩"，他简直就是英国人的"幸运星"和"财星"，因为他的名字就叫"Fortune"——中文的意思就是"财富""幸运"。他冒着生命危险，从中国偷来了茶籽和茶香之秘密，改变了世界茶叶产销的格局，让长期被中国红茶所"统治"的英国人终于不再受制于中国，而且还能从当时的英属印度殖民地喝到香浓的红茶，并从中攫取巨大的利润。

罗伯特·福钧和家人

在茶叶贸易中赚得盆满钵满的东印度公司让英国的茶叶批发商和零售商眼红不已，他们不断地群起反对东印度公司牟取暴利的特权。终于，随着1833年中国茶叶专卖权期满，东印度公司于1834年被迫放弃了茶叶专卖权，东印度公司的"好日子"走到了头。但是，在金钱的巨大诱惑面前，东印度公司又怎会善罢甘休。于是，这个贸易巨头开始萌生出了自己种茶产茶的想法。

其实，早在1788年，英国植物学家班克斯（Joseph Banks）就曾向东印度公司报告说："在印度东北的英国属地之中的气候，非常适合茶叶的种植。"不过，他的意见才刚提出就石沉大海。1823年，英国少校罗伯特·布鲁斯（Robert Bruce）在印度东北部阿萨姆地区发现了野生茶树，并和他供职于东印度公司的弟弟查尔斯（Charles Bruce）把印度本地的茶籽和茶苗，毕恭毕敬地呈献给在加尔各答新成立的植物园，怎奈正忙于在中国茶叶贸易中大肆吸金的东印度公司根本不领情，兄弟俩只得悻悻作罢。

鸦片战争后，英国人虽然轰开了中国的大门，但是中国红茶仍然"殖民"着他们的嗜好，这就更加坚定了英国人彻底改变贸易现状的决心，一个卑鄙且邪恶的念头浮现在了眼前，那就是去中国偷茶籽，然后种在印度。然而，谁又能完成这项艰巨的秘密任务呢？很快，他们就把眼光定格在英国皇家园艺学会"中国委员会"成员之一、绅士罗伯特·福钧身上。这位老兄可算得上是一个"中国通"，他曾于1842—1845年作为"中国委员会"的领导人在中国生活过一段时间。旅居中国期间，他一边学中文，研究中国的风土人情，甚至学会了如何用筷子，一边又忙着干一些偷鸡摸狗的勾当：公开地搜集植物标本，并偷走了中国制茶技术的资料。从"简历"来看，福钧无疑是派往中国的最佳人选了。于是，东印度公司便以每年550英镑的高薪收买了这位"植物学家"。钱是好东西，福钧自然欣然接受了这项几近于"玩命"的任务，因为在大清王朝，茶是一种对国民经济有重要影响的商品，茶树与茶种不在贸易范畴之内，若走私茶树茶种，一旦被抓住，只有死路一条。

1848年6月20日，福钧从南安普敦出发前往香港。13天后，他接到英国驻印度总督达尔豪西侯爵发来的命令："你必须从中国盛产茶叶的地区挑选出最好的茶树和茶树种子，然后由你负责将茶树和茶树种子从中国运送到加尔各答，再从加尔各答运到喜马拉雅山。你还必须尽一切努力招聘一些有经验的种茶人和茶叶加工者，没有他们，我们将无法发展在喜马拉雅山的茶叶生产。"福钧义不容辞，怀着"视死如归"的心情一路向北。

9月，福钧抵达冒险家的乐园——上海，开展他的第一步计划：乔装打扮。作为一个专业化的商业间谍，他非常敬业。他先是找来中国人常穿的长袍马褂，剃了个中国人的发型，在后脑勺加上了一条长辫子，这一身"原汁原味"的打扮几乎蒙骗了所有人的眼睛，而且他还花高价雇了两个随从，一个男仆，一个苦力，他们除了干活，就是帮他隐瞒身份。同时，再加上他学过一些汉语，且对中国风俗有一定的了解，这一切使他可以在中国茶区内顺利地浑水摸鱼，他第一站就选择了以盛产绿茶著称的黄山。

尽管在装束上福钧已经大大弱化了欧洲人的特征，但是他的旅途依然危险重重。暂撇开被清兵发现不说，通往茶区的路多是崎岖险峻的山路，迷路是常有的事，而且还有急流险滩与强盗山贼，更有可能因为水土不服或是环境不适应而引起疾病。总之，凡是能想到的危情都有可能在他身上发生。不过，他的身体素质和心理素质还算过硬，尤其是沿途的奇花异树和郁郁葱葱的茶树让他兴奋不已，早就忘记了前途的险恶。他一边走，一边随手记下他的所见所闻，获得了不少第一手资料，仅存在英国图书馆的旅行手记就有14本之多。譬如，在黄山茶区跋山涉水的过程中，他发现这里云雾缭绕，土壤肥沃，富含铁元素，由此他获知了关于植茶的适宜气候与土壤条件。他还了解到一个重要的秘密，那就是红茶与绿茶之间的区别并不在于茶树，茶树都一样，而是加工方式导致了两者的不同。后来，他又去了浙江宁波茶区，采集到了许多茶种，而且他出手大方，表现得体，茶区的茶作坊主人常常拿出自己珍藏的好茶款待他，以示友好。

在绿茶产区考察了3个多月后，也就是12月15日，福钧在信中颇有些得意地向达尔豪西侯爵炫耀了自己的业绩："我高兴地向您报告，我已弄到了大量茶种和茶树苗，我希望能将其完好地送到您手中。在最近两个月里，我已将我收集的很大一部分茶种播种于院子里，目的是不久以后将茶树苗送到印度去。"他的意思是说他已经在英国驻当地领事馆的院子以及一些英国商人住所的院子里进行了初步的播种试验，然后将每批茶苗分3艘船装运发往加尔各答，以最大限度地减少损失，这是福钧在中国获得的第一批"战果"。

转眼到了1849年的2月12日，他途经香港时，又致函达尔豪西侯爵，表示

想去著名的武夷茶（BOHEA）产区武夷山转转，顺便再偷点东西。获批后，对于偷茶种已经轻车熟路的他又再次成功地潜入了武夷山。他在当地的寺庙、道观里落脚，甚至还去了桐木关，从和尚、道士以及教徒口中打探到一些关于泡茶择水的知识，并乔装学界名流，观看了正山小种红茶的制作以及如何使绿茶变成乌龙茶的过程，由此他获取了制造红茶的核心技术机密——发酵工艺。

准备回印度时，他感觉这些日子来所学到的知识还不够，制茶功夫也是三脚猫，而只有中国的茶农茶师才能真正把种茶与制茶技术教授给印度同行。因此，在返程前，他根据一些英国商人的建议，在福建武夷山地区招聘了6名种茶制茶工人与2名茶罐制作工人，聘期为3年，于1851年3月16日乘坐一艘满载茶种与茶苗的船从厦门出发，前往加尔各答。茶种茶苗随着他们的上岸，在喜马拉雅山一个支脉的山坡上落地生根，生发出了2万多株茶树。3年后，福钧完全掌握了红茶种、采、制技术，俨然也成为一名种茶制茶高手，并把这些知识和技术传授给印度人。他还"趁热打铁"，于1853—1856年在福建福州"潜伏"了3年，进一步了解了红茶与茉莉花茶的制作工艺，并招聘更多的中国茶师去印度工作，帮助东印度公司更好地敛财。

顺利完成任务的福钧回到英国后，"和谐"掉了旅行手记中如何当间谍、如何偷茶种等无耻的细节，出版了著述，获利不菲。然而，这位"传播"中国红茶制茶技术、让全球茶消费达9000亿杯之多的"大功臣"并没有获得英国女王的嘉奖，也没有从英国茶叶的巨额利润中分得一分一厘，可他的下半生却过得非常滋润，而且他还拥有了让所有英国人、印度人、中国人乃至全世界人都永远铭记的"荣誉"——在伦敦吉尔斯东大街9号墙上的一块蓝色牌子上"永垂不朽"地刻着这样歌功颂德的字句："植物学家福钧1880年逝世于此。你是否觉得此人是一个陌生的名人，不仅你有如此感觉，在这个70%的居民都养成每天下午喝一杯茶习惯的国家里，很少有人知道此人的冒险经历。福钧曾在19世纪中叶潜入中国，在中国人鼻子底下窃取中国茶叶机密。"

六、印度：红茶的重要产区

当代，印度与斯里兰卡、肯尼亚的红茶产量之和占据了世界红茶总产量的65%，而仅印度就占了30%。也就是说，全世界所喝的红茶中，每3杯中就有1杯是来自印度。这足以让印度人感到自豪。

然而，福钧的"创举"固然不能片面地看成是印度茶业的"奠基人"，因为在福钧之前，英国政府就有意在其殖民地内种茶。1825年，英国技术协会公开设奖，奖励在印度或英国其他殖民地种茶最多和茶质最好的业主。然而，印度本地土茶品种不断地被发现亦是印度茶业创始与发展的动力。

印度红茶有今天的成就，首先应归功于来自苏格兰的布鲁斯兄弟。

关于印度野生茶，最早见诸记载的是在1815年驻印英军上校拉第尔的报告中。他声称，在阿萨姆邦新福山中的土著，习惯采集一种野生茶，加工制作成饮料，也和缅甸人一样加油、蒜等佐料食用。

1823年，阿萨姆的野生茶树首次被英军少校布鲁斯发现，并引起了他的浓厚兴趣。于是，他便同其弟查尔斯开展了相关研究。1834年1月，英国驻印度总督正式批准成立"印度茶叶委员会"，专门负责印度引种中国茶树的研究，查尔斯便被委以培育茶树幼苗的重任。

1823年，罗伯特·布鲁斯少校借商务公干的机会，穿过英属印度的东部边境，来到当时还属于缅甸的阿萨姆邦一个叫伦蒲尔（今西沃萨古尔）的地方。

在同当地酋长比萨·卡姆做生意之余，向来痴迷于研究植物的他就顺带考察了当地的植物。

凭借敏锐的观察力，他在当地发现了野生茶树，并与酋长约定，等到下次再来时，准备一些茶籽给他。然而，第二次来伦蒲尔的并不是罗伯特，而是他同为军人的弟弟查尔斯。1825年，查尔斯把酋长给的茶籽分别种在高哈蒂和萨蒂亚的私人花园中，全都生根发芽了。

尽管加尔各答植物园的瓦立池博士认定这些野生茶树并非真正的茶树，但查尔斯仍然坚持试种茶树。此后两年间，他在120个地方试种了茶树，堪称印度植茶的开拓者。1836年，布鲁斯在萨地亚建立了一个专门种植野生茶树的茶

园。1837年，他在萨地亚附近的马坦克又发现几处野生茶产地；1839年，他进一步在那加山、梯旁和古勃伦山一带，新找到了120处野生茶产地。经过深入而广泛的调查，布鲁斯总结道：缅甸和印度的野生茶产区，"自伊洛瓦底江至阿萨姆以东的中国边境，绵亘不绝"。

此际，由安娜·玛利亚倡导的下午茶之风已是风靡英国，仅靠中国红茶根本无法满足越来越大的市场需求。1834年2月，印度总督威廉姆·本廷克创立了印度茶业委员会，制定了在印度栽培茶树的计划。

对于东印度公司来说，此举无疑会损害到它的利益。但是，东印度公司并没有反对，因为由鸦片问题导致的冲突与摩擦使中英茶叶贸易经常受到波动。

茶业委员会成立后不久，就着手广泛散发通告，宣传适宜种植茶树的立地条件，并先后两次派书记官詹姆斯·高登（George James Gordon）赴中国学习制茶技术。高登不负众望，不但带回了制茶师，而且还带回了茶苗和茶籽，分种在了阿萨姆北部、库门、台拉屯和南部的尼尔吉里。不幸的是，除了大吉岭，其他地区引种的中国茶苗无一存活。这一结果让委员会大为光火，有人认为这是中国人搞的鬼："中国人为了阻止茶树在中国以外的地区栽培，在出售茶籽之前，已经把茶籽煮过了。"

经过反复试验，1838年11月，阿萨姆终于诞生了第一批印度红茶。这批红茶重约350磅，共分作8箱运往英国。其中，有3箱是小种红茶，5箱是白毫。1839年1月10日，这8箱茶出现在伦敦明星巷拍卖市场里。经过多轮竞拍，均被一个叫皮丁格的上尉以高价拍得。

皮丁格斥重金买下这8箱印度首制的红茶并不是因为其品质有多好，而是出于一片爱国之心。此后，1839年底运来的95箱阿萨姆红茶，品质则有了极大提升，也卖出了不错的价格。同年，印度首个茶企阿萨姆茶叶公司成立，印度茶业由此拉开序幕。此后，随着福钧在中国窃取商业机密的成功，茶树种植与红茶加工技术很快便从阿萨姆邦"复制"到西孟加拉邦的大吉岭一带，后来又推广到南部的尼尔吉里山区。至1860年，阿萨姆地区至少已经有50家茶园。

英国老牌茶商川宁公司从这批茶中看到了印度红茶的未来，大胆地断言道："将来随着阿萨姆茶在栽培与制造方面的经验日渐丰富，品质逐步改善，有朝一日必能与中国茶并驾齐驱。"

　　这一预言很快就应验了。较之柔和的中国红茶，精简了工序的阿萨姆红茶口感更浓烈，更适合加奶调饮，从而逐渐取代了中国红茶。直到今天，阿萨姆红茶仍然是最受英国人欢迎的茶品之一。

　　19世纪中叶以后，印度茶业虽因盲目投资而陷入严重危机，但经过不懈努力，最终还是摆脱了困境。规模化的栽植，科学化的管理，机械化的制茶，推动了印度茶业的稳步发展，而在中国，茶业依然是分散的小农经济，而且品质参差不齐。慢慢地，中国红茶开始式微。20世纪初，印度茶叶年产量达到了10万吨以上，从中国那里夺走了"世界第一产茶大国"的桂冠。然而，在往后的十余载中，印度茶叶发展缓慢，1938年，茶叶产量才突破20万吨大关。从1955年开始，印度茶叶产量的增长渐趋于平稳，至1998年，达87.41万吨，创历史最高纪录。进入21世纪后，印度茶叶产量基本维持在80万吨以上。

　　如今，印度茶产区分布范围很广，基本形成南、北两大产茶区，覆盖了全国22个邦，茶叶品种结构比较单一，90%以上是红茶。产量以北部为主，约占35%，南部占25%，阿萨姆地区是全印度最大茶区，产量占印度茶叶总产量的50%以上。北部的阿萨姆和大吉岭以及南部的尼尔吉里等地区出产的茶以质优闻名于世，阿萨姆红茶和大吉岭红茶占据了世界"四大高香红茶"的两席。此外，值得一提的是，印度茶叶的贸易方式也十分特别，主要通过拍卖进行交易。印度政府规定，75%左右的茶园所产之茶必须通过拍卖进入市场。事实上，早在19世纪中叶以后，印度政府就陆续设立了几个产地茶叶拍卖中心，现已增加到7个，分别是加尔各答、古瓦哈蒂、斯里古里、柯钦、古诺尔、科因巴托尔和姆利则。

七、斯里兰卡：令人回味的锡兰红茶

斯里兰卡这座印度洋上的热带岛屿，曾是咖啡树的天堂，是世界上优质咖啡豆的著名产地之一。然而，19世纪60年代末，一场突如其来的、几近毁灭性的灾害粉碎了斯里兰卡成为"咖啡王国"的梦想，一种叫"咖啡锈病"的咖啡树病害导致大多数咖啡树纷纷死亡。

也许，这是天意，上帝为斯里兰卡人关上了发展咖啡的大门，却为他们打开了走向"产茶大国"的另一扇门。

1815年，锡兰全岛成为英国亚洲殖民版图中的一部分。这里有着明媚的阳光和丰沛的地形雨，且昼夜温差大，让英国人相信这会是一个颇为理想的种茶地。于是，1824年，英国人就将中国的茶籽引入岛内，在中央省康提附近的皇家植物园——佩拉德尼亚植物园播撒下第一批种子。

约1839年，英国东印度公司把印度阿萨姆邦及加尔各答的茶种引入锡兰中部高地的波拉登尼亚进行试种，但只是在咖啡园的角落里或是在山上划出一小块丛林来种茶。锡兰真正开始有规模地产制红茶则要到1867年，也就是咖啡树遭遇树叶病的灭顶之灾后。

来自苏格兰的詹姆斯·泰勒是锡兰茶业的奠基人。1852年，年仅17岁的泰勒应受雇于锡兰咖啡园的堂兄之邀，同十多个苏格兰人一起登上开往锡兰的帆船，漂洋过海。这一去就是一辈子。在康提，他受聘于当地最大的咖啡园纳拉

荷纳庄园，年薪是100英镑。

1867年，咖啡树叶病席卷了锡兰全岛的咖啡园，泰勒分管的咖啡园——距离康提数十千米的鲁尔康特拉庄园也没能幸免。

转眼间，成片绿油油的咖啡园相继凋敝，惨不忍睹。有的人甚至剥去咖啡树的树皮，砍去枝条，当作木材卖到英国用来制作茶桌的桌腿！

灾后，望着咖啡叶上星星点点的褐色病斑，庄园主们心痛不已，而此时已是茶园主管的泰勒则积极寻找补救的方法：除了种咖啡，还应该种些其他的作物，这样才能避免全军覆没。这时，纳拉荷纳咖啡园主恰好将他们刚弄到手的印度阿萨姆茶树交给了泰勒，让他在咖啡园里试种。正是这次尝试，开启了锡兰的茶叶时代。

他在咖啡园中开垦了20英亩地来种茶，他在种植方面有着惊人的天赋，再加上他的精心照料，这些小茶苗长得枝繁叶茂。

1872年，泰勒开办了一家设备齐全的制茶厂，运用从印度北部大吉岭学来的制茶方法，结合自己的经验不断地改良制茶技术。经过反复研究和试验，他成功创制了锡兰红茶，并在康提卖出了好价格，这成为锡兰历史上首次茶树大规模商业种植的典范，而鲁尔康特拉也因此成为锡兰红茶的发源地。

斯里兰卡Haputale茶园

锡兰百年蓝田茶厂

锡兰茶的LOGO

1873年，23磅凝结着泰勒多年心血的锡兰红茶被送回英国老家，亦是好评如潮，詹姆斯·泰勒这个名字也随茶香在伦敦流传开来。

1880年，在伦敦茶叶商店里，"泰勒茶"与中国红茶、印度大吉岭红茶一起摆在柜台最显眼的位置。

1893年，100万包锡兰红茶在美国芝加哥世界博览会上被抢购一空，并在同年举行的伦敦茶叶拍卖会上以每磅36.15英镑的高价而名声大噪。

就这样，锡兰成为英国殖民者继印度之后取代中国红茶的第二张"王牌"，属于锡兰红茶的时代来了！

140多年过去了，目前斯里兰卡已经形成了乌瓦、乌达普沙拉瓦、努沃勒艾利耶、卢哈纳、康提和汀布拉等6大主产区。30万吨左右年产量，分得了全球茶叶总产量1/10的份额。

茶，拯救了锡兰，也成就了锡兰。

第四章　武夷茶走向世界

　　闽北植茶是什么时候开始的，怎样开始的，迄今难以考证了。著名茶学家陈椽先生的观点是自浙江的台州—处州的庆元—福建的松溪政和—建州。不管是否确实，历史上两地茶叶有密切的渊源倒是不假。

　　唐时，闽北就普遍种植茶叶了。陆羽《茶经·八之出》云："岭南，生福州、建州、韶州、象州。"贞元（785—805）时期，常衮被贬建州，在刺史任上，他"蒸焙而研之"，推出研膏茶。那一年是804年，与陆羽辞世是同一年。最早的研膏茶属蒸青末茶，后来又蒸、榨、研、造，折腾出蜡面茶。唐末，昭宗乾宁进士徐夤归隐闽中，与王审知、王延彬父子过从甚密，曾得蜡面茶，故有武夷茶史上著名的《谢尚书惠蜡面茶》一诗。

　　不过，那只是闽北茶叶的序曲，精彩的大幕随即拉开。

武夷山风光

一、建茶天下绝

宋大中祥符（1008—1016）初，周绛知建州，深为建州茶叶之奇而感触良多，但又为陆羽《茶经》不载建州茶事而遗憾，遂提笔撰《补茶经》。原书已佚失，只留下了一句话：

> 天下之茶建为最，建之北苑又为最。

龙团凤饼

没有哪个行业能像农业那样与气候殊为密切。气象史显示，公元10—12世纪气候寒冷。也就是北宋时期，天气渐渐变冷，太湖区域昔日的贡茶园不能在清明前按期发芽了。但皇家的胃口不能不满足，于是贡茶基地南移，最终落户建安。从此，这个起源于五代闽国龙启元年（933年）的北苑御茶园开创了中国茶史上的一个辉煌时代。历经四朝，至明洪武二十四年（1391年）罢造。中国贡茶在此驻留，凡458年，留下了一篮子文化奇迹。

北苑茶事碑

蔡襄

　　闽国龙启年间，建瓯人张廷晖将其住地北苑（今建瓯市东峰镇凤山茶场一带）茶园献给官府。官府设官焙，制贡品，建溪流域茶叶生产迅速兴起。至南唐末，北苑已成为南方乃至全国著名的茶叶产区。到宋太平兴国二年（977年），朝廷遣使北苑，扩建龙焙32处，置龙凤模，造团茶，生产北苑龙凤茶。

　　建瓯市东峰镇裴桥村山坡上的北宋庆历八年（1048年）柯适记的《北苑茶事摩崖石刻》详细地记载了当时产茶地域和制作贡茶情况：

　　　　建州东凤皇山，厥植宜茶惟北苑，太平兴国初始为御焙，岁贡龙凤
　　　　上。东东宫、西幽湖、南新会、北溪属三十二焙。有署暨亭榭，中曰：御
　　　　茶堂，佔坎泉甘，宇之曰御泉。前引二泉，曰龙凤池。

　　从各类记载可以看出，北苑仿照宫廷布局，殿宇楼阁，水榭亭台一个不落，一副皇家范儿。

　　北苑茶园的管理机构归属于福建转运使。这个任上，有两个人屡屡被后世提及，即所谓的"前丁后蔡"。丁谓、蔡襄在任上时勤政有加，不断改进制茶技艺，通过洗涤鲜叶、压榨去汁以制饼。工序增加为六道，蒸茶、炒干、研茶、造茶、过黄、烘茶，不加香料而能使茶叶的苦涩味降低，所以名茶迭出。

丁谓推出大团茶，一斤8饼；蔡襄更上一层楼，小龙团一斤28饼。后继者锦上添花，陆续推出以自然茶香为主的神品，光名称就眼花缭乱，什么密云龙、瑞云翔龙、龙团胜雪等等，不胜枚举。即便是长着一双最挑剔的眼睛的宋徽宗赵佶，面对龙团凤饼也显得江郎才尽，只留下4个字：名冠天下。

不知是不是因为皇室特别注重食品安全，北苑转运使任上的官，好像都配置得特别精干，特别尽责？

丁谓诗、画、棋、音律样样精通，官至宰相，荣登晋国公。

蔡襄更厉害，但历史对蔡襄似乎有些不公，仅以书法名世。其实，蔡襄在茶史上的位置一直被茶圣陆羽掩盖着。中国古代茶书或涉茶图书中出现频率第二高的人物，就是蔡襄。亚军与冠军差距些微，效应却大大不同，甚至有天壤之别。

建茶名重天下，蔡襄当记首功。庆历（1041—1048）时，蔡襄出任福建路转运使，研制出茶史上的小龙团。小龙团有多珍贵呢？用他的同榜进士欧阳修的话来说："茶之品莫贵于龙凤，谓之小团。凡二十八片，重一斤，其价值金二两，然金可有，而茶不可得，尝南郊致斋，两府共分一饼，四人分之。"

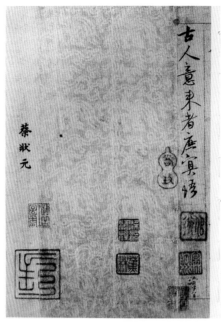

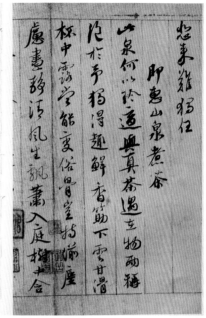

什么意思呢？就是说某年的冬至日，皇帝在南郊的圜丘举行祭天仪式，心情愉悦，遂赏赐群臣，欧阳修幸得四分之一饼。于是，在家中珍之、藏之，朋友来了赏之。可以想见，没有口福的低品级官员，大概只能从圆似三秋皓月、香胜九畹芳兰的太平嘉瑞、龙苑报春、乙夜清供等一个个曼妙的名字中去想象两腋清风了。

苏东坡虽诟病蔡襄制作龙团凤饼扰民，但后世为其辩护者也不乏其人，如董其昌赞许蔡襄没有"以贡茶干宠"，与丁谓媚上不同，乃太平世界的一段清事。从蔡襄生平看，玄宰先生的赞誉是站得住脚的。蔡襄身后谥"忠惠"，按古代谥则，廉公方正曰忠，遗爱在民曰惠。朝廷对蔡襄人品、官德及其业绩的盖棺定论经得起后世检验。

蔡襄任职同事修起居注期间，常与仁宗皇帝议茶，深以陆羽《茶经》不载建安茶事、丁谓《茶图》拘囿于采制之论为憾，遂著《茶录》。其最显著的贡献，就是奠定了艺术化的饮茶体系。著述完成后，除了上贡皇帝鉴赏外，还勒石以传后世，结果拓者不绝。用现在的眼光看，蔡襄是典型的"学者型官员"，也是一个敬业、乐业、爱业的楷模，值得当今茶人奉为榜样。

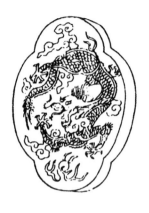

右图为宜年宝玉银模银圈，直长三寸
左图为瑞雪翔龙银模铜圈，径二寸五分

右图为金钱银模银圈，径一寸五分
左图为南山应瑞银模银圈，方一寸八分

　　至于茶事，蔡襄是无所不通。当时的鉴茶者在蔡襄面前是气短的。《墨客挥犀》载，曾有同僚请蔡襄品小龙团，蔡襄觉得味道有异，指出掺杂了大龙团。同僚吃惊，忙把茶童叫来质询，茶童如实说，本来正碾两人的分量，因有不速之客，怕碾造来不及，就掺杂以大龙团。

　　建安能仁寺有块石隙狭地，产一种珍品，叫石岩白。寺僧共造了8饼，送给蔡襄4饼，另4饼派人送往京城高官王禹玉。这年末，蔡襄奉旨还京，顺便走访王，禹玉从藏茶中精挑细选，碾茶招待蔡襄。蔡襄捧杯还未品尝，便问："能仁寺的石岩白，你怎么得来的？"

　　王禹玉听后大惊，急忙查阅单据，结果无话可说。

　　范仲淹有诗云："黄金碾畔绿尘飞，碧玉瓯中翠涛起。"蔡襄纠正道，茶之绝品色贵白，翠绿实际上是下等茶。希文先生闻之甚惊。蔡襄建议将诗句改为"玉尘飞、素涛起"。范仲淹心服口服。

蔡襄精于茶艺，专于茶艺，而王安石就不讲究了。一次，王安石拜访蔡襄，蔡襄拿出珍藏的绝品，亲自洗涤茶器，煮水烹点。王安石啧啧称叹之余，可能那几天消化不良，就将随身携带的消食散一并倒入茶瓯，蔡襄吃惊之余也只能叹荆公率真了。

蔡襄心直，鬼点子少，斗茶往往落败。一次与苏东坡遭遇，苏东坡自知茶比不上蔡襄，只好用水取胜，结果苏东坡用天台泉的竹沥水终于战胜了蔡襄的惠山泉。

迄至晚年多病而不能饮茶，蔡襄仍烹而不辍，年老弥甚，仅仅是为引发客人一娱。近千载以来，同好者不知还有几人？

不论哪个朝代，贡茶总代表着最高的制作水准。"龙团凤饼，冠绝天下，其采择之精，制作之工，品第之胜，烹点之妙，莫不胜造其极"。典型的阳春白雪，典型的中国茶美学的集大成者。北苑时期，中国的贡茶生产进入专门化与制度化，贡茶文化与传统的祥瑞心理完美结合亦达到新的高度。

徽宗一朝，烹茶品饮之风，一如宋之工笔，细腻讲究，亦如汝官哥钧定之瓷，精致至极，乃至于盛极而衰，成为历史的绝唱。

在教科书里，宋徽宗赵佶是对琴棋书画识别度极高的艺术皇帝，必然会被泡进历史的茶杯。不错，他的一部《大观茶论》也向世人宣告：朕也是个茶人。艺术皇帝文采飞扬，才气恣意，论茶文之工可与之比肩者的确不多。可惜，《大观茶论》自娱自乐，浮光掠影味道太足。阳崖阴林，多承袭前人。与陆羽《茶经》详细描写制作技艺之精、标准之细不可同日而语。采摘制作，徽宗先天不足，极其外行与浅肤。如果说《茶经》是科技著述，《大观茶论》只能算一篇优美的茶散文。"伊公羹，陆氏茶"，陆羽以所煮之茶与伊尹负鼎煮羹相媲美，其匡时济世之抱负恰与徽宗瞎折腾势同霄壤。

笔者始终觉得，茶史给他的地位太高了。试想想，赵姓皇帝身居幽宫，奢华靡费、歌舞升平、舞文弄墨、骑马蹴鞠，哪来的精力钻研茶学呢？况且北苑御茶园在建安，非亲历岂能详尽论述采摘时机掌控、制作火候拿捏、工艺与成品茶品质的微妙关系？茶事是实践性很强的活，未涉茶事的官员墨客们留下

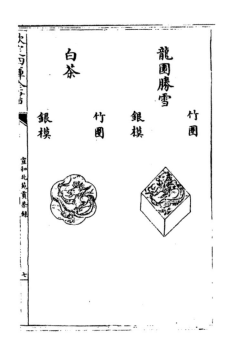

美妙的诗篇不是问题，但推出专业性的著述绝无可能。像前面提到的范仲淹，诗文漂亮，但经不起蔡襄挑硬伤。宋代几部重要的茶书作者，或在建安主政，或者如宋子安、黄儒、熊蕃父子索性都是建安人，一出娘胎就在品茶鉴水中浸泡。遍览徽宗本纪，未有稼穑之迹。涉茶之事，只是蔡京《延福宫曲宴记》中记载说，宣和二年（1120年），徽宗延臣赐宴，表演分茶之事。这就是说，点茶之技，徽宗是有实际操作经验的，所以也就有自己的独到见解，不拘泥于前贤之论，更多的是采取实用主义，如最重要的水，中泠、惠山虽好，可除了周边之人谁又能轻易得之呢？只要"清轻甘洁"即为美。徽宗的务实还体现在用茶具上，在崇金尚银的宫廷，为什么选用一个民间的肥厚粗粝的建盏呢？说得明白，就是效果，就是极致。即便亡国，他也把玩物丧志、纵欲败度推向晋惠之愚、孙皓之暴、曹马之篡难以企及的地步。

宋词流韵

只要帝王与文豪雅士准星一致，共同推崇的对象绝对登峰造极。龙团凤饼不是孤例，明代的鸡缸杯，也是一器难求。

北苑茶香，首先抓住了诗人的味蕾，吸引了诗人的目光，所以中国的诗歌在此久久驻留。诗人赞美茶时竭尽自己的才华，穷极汉语最靓丽之字词，乃至于臻至无以复加之境。茶文化与诗文化、禅文化充分渗透交融，诗歌的国度迸发出一朵朵茶诗奇葩。或情趣盎然，超然出尘，或娴适洒脱，清悠远极。茶叶茶人、茶品茶事、茶德茶情、茶理茶趣、茶礼茶道统统诗化了。千载儒释道，万古山水茶。宋时的茶诗数量之众空前绝后，尤以武夷茶诗最具亮色。

后世钦羡北宋，愿意穿越到北宋呼吸自在的空气，但北宋的文人们未必就这么看。在朋党之争的钟摆上颠簸绝对是晕头涨脑的事，类似苏东坡这样永远在罢黜与返朝路上忙碌与折腾的，难免会发出"乳瓯十分满，人世真局促"的人生之叹。真是人不如茶啊！

武夷山茶区

　　林逋、杨亿、范仲淹、晏殊、梅尧臣、欧阳修、曾巩、苏颂、王安石、苏氏兄弟、黄庭坚、秦观、李清照、陆游、周必大、杨万里、朱熹、陈与义，他们都无一例外地选择了以茶来破解孤闷，抒发情怀。尤其是武夷茶，延至元之耶律楚材、萨都剌。即使明初团茶废，散茶兴，但后世凭吊的余韵依旧绕梁。

　　此时，诗与禅充分联姻，以禅喻诗、以禅论诗，并诞生了一个"诗禅论"。以禅思、禅境、禅趣论诗思、诗境、诗趣。学诗浑似学参禅。以禅喻诗、以禅论诗，宋代的文人们是集大成者。

　　范仲淹爱茶，且精于鉴评。一首《和章岷从事斗茶歌》脍炙人口。许多人把它同唐代卢仝的名篇《走笔谢孟谏议寄新茶》相媲美。

　　　　北苑将期献天子，林下雄豪先斗美。

鼎磨云外首山铜，瓶携江上中泠水。

黄金碾畔绿尘飞，碧玉瓯中翠涛起。

斗茶味兮轻醍醐，斗茶香兮薄兰芷。

其间品第胡能欺，十目视而十手指。

胜若登仙不可攀，输同降将无穷耻。

典型的一个武夷茶农的丰收节与狂欢节！

唐诗热肠醉侠士，宋词流韵颂佳人。哲宗元祐五年（1090年）春，福建壑源山上的新茶面市，转运使曹辅给远在杭州任太守的老朋友苏东坡寄送了一些，并依照文人圈的惯例，同时呈上自己所写的一首七律。自视鉴茶水准很高的苏东坡喜不自胜，品饮后和诗答谢。于是，《次韵曹辅寄壑源试焙新芽》一纸风行，千年不朽。

仙山灵草湿行云，洗遍香肌粉未匀。

明月来投玉川子，清风吹破武林春。

要知玉雪心肠好，不是膏油首面新。

戏作小诗君勿笑，从来佳茗似佳人。

佳茗佳人，佳人佳茗，浑然一体，相映成趣，都贵在本真而无雕饰。那一刻，苏东坡的眼前一定呈现出一幅美丽的采茶图。春日茶季，花香鸟语，和风煦日，一群姑娘，手挽竹篮，点缀在一片绿海之中。红颜绿叶，相互映衬，一双玉手，迅疾翻飞，鲜嫩欲滴的茶尖儿随着笑声和歌声飞进竹篮。

以佳人喻茶，后世新颖迭出，但与苏东坡相比却逊色太多。林语堂深受闽南功夫茶熏陶，品茶时常有妙论："茶在第二泡时为最妙。第一泡犹如一个十二三岁的幼女，第二泡为年龄恰当的十六岁女郎，而第三泡则是少妇了。"

陆游曾任福建、江西提举常平茶盐事等职，前后十载。其平生嗜茶，在存世的九千余首诗歌中不少是茶诗。作为一个茶迷，陆游对建茶向往已久。偶获些许，自然喜出望外，马上拿出精美红丝纹茶碾，呼朋唤友提起风炉到清幽的竹林里去，一同烹煎品尝，居然尽日舌根留甘，齿颊添香，精神抖擞，睡意全消，直发"建溪官茶天下绝"之慨。

文人善于发现茶叶之美，更擅长构建茶叶美学的标准。文人的偏好，将茶叶从饮料推向文化审美，从"器"走向"道"。名茶名山名人遂珠璧交映，照灼千年。

茶著辉煌

北苑贡茶在创造辉煌，茶学亦不甘落后。宋代茶论著作繁多，相比前朝来说是一个跃升。现存代表作有蔡襄的《茶录》、宋子安的《东溪试茶录》、赵汝砺的《北苑别录》、审安老人的《茶具图赞》、宋徽宗的《大观茶论》、黄儒的《品茶要录》、熊藩熊克父子的《宣和北苑贡茶录》等20多种。散佚者就更多了，诸如丁谓的《北苑茶录》、刘异的《北苑拾遗录》、周绛的《补茶经》等。

这些茶论的论述主题几乎是单一的北苑贡茶，这在中国古代茶文献史上亦是独一无二的奇观。这也说明，将宋代茶与北苑茶画等号，大抵是不会错的。

从这些茶论不难看出，宋代对茶树的种性特征、采摘时机等的认识较陆羽时代深刻得多了。宋子安的《东溪试茶录》中就能分清茶树品种资源类别了，诸如白叶茶、细叶茶、柑叶茶等。树形、叶片发芽迟早与制茶品质的关系是科学的。至于地势、土质、日照、气温、湿度、朝向等与茶品质的关系至今还在

左图为武夷岩茶成品
右图为武夷岩茶茶汤

生产中应用着。茶园管理在宋代已经很完善了，除草、施肥、庇荫、间种等在《北苑别录》以及后世茶书如《茶解》中记载得很详细。

蔡襄《茶录》，半论茶焙、茶笼、砧椎、茶铃、茶碾、茶盏、茶匙、汤瓶。最为别致的是，审安老人的《茶具图赞》之论茶具，竟以人的官职为比喻，茶罗、茶碾、茶磨等十二种茶具，被称作"十二先生"，一一对应，有名、有字、有号、有图示、有赞辞，赋予茶具以无限的生命力。

熊蕃熊克父子的《宣和北苑贡茶录》，专门论述北宋宣和年间福建北苑贡茶产生发展的历史过程与贡茶龙团的制作情况，并且附之以北苑贡茶精美别致的茶饼图录。团茶成品设计制作的形态之美，与表面雕龙绘凤的图案花纹之美，是历代茶叶形态美学与制作工艺美学中的妙品，令人叹为观止。

茶法谨严

宋承唐制，在淮南、江南、两浙、荆湖等产茶之地设山场，种茶制茶者统称"园户"。园户纳租后，还要把多余茶叶卖给山场，"官悉市而敛之"。商人贩卖，必须先到京师榷茶务，缴纳现金或金帛实物，换取用于提货的凭证——茶引和笼篰，相当于今天的许可证。然后凭茶引到山场换取茶叶。茶引分长短两种，持长引者被准许至外地贩茶，期限一年；持短引者只能在本地，期限一季。笼篰，也就是一种竹编的篓子。官方通过掌控茶引以实现专卖之鹄的，所以，程序是相当严密的。

茶引由太府寺印造，都茶务发卖，最高权力中枢监管。

交易过程中，官方统一称量、点检、封记，标注日期、商人姓名、销往何处、品质、字号等。

经销商到指定的贩卖地，当地官方再次检证，方能启封，购买者在茶引上签署购买数量。

销售完毕，限期交回茶引、笼篰。

从整个交易过程不难看出，官府就是个典型的中间商。低价购进，高价卖出。以福建路的建州片茶为例，头金、蜡茶、头骨、山茶购进价分别为135、120、90、13文/斤，而在海州、真州的售价则是500、415、355、80文/斤，官府没收的私茶价最低，只有48文/斤。一般价差几倍至十几倍。官府垄断经营的弊端也是显而易见的。官员贪腐、掺杂使假，乃至于连王安石都叹息官茶粗

母树大红袍

恶不可食，时间一长，积压的茶索性一把火烧了或直接扔进河里。后来只好向通商法过渡。

"村墟卖茶已成市。"市，也就是唐宋时著名的与茶叶交易密不可分的草市镇。经集市交易贩运至城镇。唐代茶商群体渐渐从传统农业中析出，但朝廷高度控制。至宋时，茶商的专门组织茶行即已出现了。

自唐代茶专卖以来，禁止、惩处私卖茶叶等条例等渐成体系。宋之茶业禁律亦承袭了前朝，私自藏匿、贩卖茶叶，毁坏茶树，贩卖假茶等，一旦发现，按数量论罪，轻者黥面、流放，重者杀头。

茶政法典的出炉虽在大名鼎鼎的科学家沈括手上，后陆师闵、沈立都对茶法有所建树，但集大成者是蔡京。在蔡京手上，出台了《崇宁茶引法》《崇宁茶法条贯》《崇宁福建路茶法》等，包括水磨茶法、园户茶商自相交易法、茶商持引贩卖法、长短引法、茶价确定法、蜡茶通商法、笼箬法，以及赏罚则例等。

宋代习惯上把官府直接参与茶叶买卖并独占某一环节称为禁榷，而将允许商人与园户直接交易的茶法称为通商法。崇宁元年（1102年），蔡京废除了通行40年的通商法，恢复官购商销的禁榷制。随后政策变得宽松了，淮南地区时断时续实行过贴射法，即茶户可与商人直接交易。此后，又在1102—1117年间三次变更茶法，最后确定了以加强国家管理为主要内容的"政和茶法"。官府不再直接参与茶的生产过程了，不干涉茶农与商贩之间的交换，而是从宏观层面进行茶户、商贩监控，如产量、质量、包装标准登记等。总而言之，从流通环节确保朝廷利益最大化。

今天来评价蔡京的茶法，也是挺矛盾纠结的。一方面，政和茶法自南宋乃至后世得以继承，并跨越元代，沿袭至朱明引榷之制，为府库赢得较为稳定的税利来源。显然，其茶法是比较完善可行的，否则不可能萧规曹随。宋时茶业，远非大唐可比。从茶课数量即可见一斑。至道（997年）末285万贯；景德（1004—1107）时达360万贯；大中祥符七年（1014年）390万贯，以后虽有波动但至少是唐代的10倍以上。另一方面，其茶法（包括盐法、钞法等）被抨击为苛政，形象点说，蔡京理政就像拿个大耙子，好处尽往朝廷搂，不知不觉竟把根基掏空了。北方游牧民族的马蹄声响起，宋廷迅疾崩溃。

建盏之旅

有人说，产茶的地方多有瓷器。这话大抵不错，如浮梁茶之于景德镇，武夷茶之于建盏，安溪茶之于德化白。

品茶的器具众多，程式繁杂。这是茶与其他饮料最显著的区别，这一点恰恰也是茶可为"道"的依据。

宋代人品茶与我们今天是完全不同的。比如，品饮龙凤团茶，须先将茶饼捣碎，放在小碾子里碾成粉末，再用极细的丝罗筛过。将筛好的细茶叶粉挑进茶盏，先倒少许沸水，调制成膏状，然后才能冲泡。冲泡时须一边慢慢注水，一边用特制的细棒均匀搅拌成茶汤。饮用时连汤带茶，一点不漏。因为这种茶汤经过注水搅拌，面上会有一层极细腻的白色泡沫，时人以茶汤色白程度来品定茶质优劣。

茶色白，宜黑盏。所谓"取白注黑乖所宜"。为了能更好地分辨茶色，黑瓷就成了当然选择。因为只有在黑色茶器中，白色茶汤才能达到最大的辨识度。

"建安所造者，绀黑，纹如兔毫，其坯微厚，熁之久热难冷，最为要用。出他处者，或薄或色紫，皆不及也。"这是最著名的北苑贡茶生产监造者蔡襄的观点。而最具艺术鉴赏力的贡茶消费者宋徽宗赵佶也有相似结论。两个人的人生没有交集，但君臣对茶艺的认识与追求高度契合。

兔毫盏因产于建州，故又称"建盏"，是宋代常见的黑釉茶具。其状如倒扣的竹斗笠，敞口，小圆底，内胎较一般陶瓷为厚，又有砂眼透气，有利于保温，厚重粗朴。黑釉表面分布着雨丝般条纹状的析晶斑纹，类似兔毛者，称兔毫盏。此外，主打产品还有鹧鸪斑等。

而在民间，斗茶之风甚盛。福建人称斗茶为"茗战"。建安北苑是制造御茶的中心，"茗战"更成为定期举行的品评茶叶质地的锦标赛。制茶的艰辛与享受茶之快乐就在一次次酣畅淋漓的斗茶中得到宣泄。也正是在一次次最富趣味的斗茶中，茶人的创造力得到迸发。闽北出现的茶百戏不就是斗茶斗出来的吗？

茶百戏，即用汤水注茶，使茶乳幻化为图形或字迹等。也称分茶、茶戏等。建安的斗茶之风不断升华，最终定格为大宋流行的泡茶习惯——点茶法。

"造极赵宋"一代，文化领域似乎什么都在争先恐后地演绎着辉煌。南方山坳里的那片普通树叶自然也被推崇到登峰造极的地步。

笔者一直觉得，中国茶叶走出去了，但茶文化却大多留在了境内，反而怀疑域外将中国茶体系改得面目全非？实在要寻找一个成功的例外，可能是建盏。至少，建盏在域外荡出了大宋茶文化的涟漪与余韵。

为什么是建盏？"茗战"的喧嚣早已沉寂，但后世茶文化学者似乎没有冷静思考过。诸多解读实在经不起推敲。有人赞赏建盏崇尚自然、含蓄、平淡、质朴的美学思想。可细究起来，宋代也是中国瓷器史上的巅峰时代，宋官窑有汝、官、哥、钧、定五大名窑，民窑有八大系统。有宋一代，陶瓷造型上追求大方简洁，质朴无华，反对过多装饰雕琢，在釉色装饰上偏重淡雅、安静、典

建盏「碗中宇宙」

雅的色泽，讲究"自然天成"和"天人合一"的审美情趣。为何唯独建盏划出了一条横跨大洋的美丽弧线。像冰裂纹的问世，仅仅是历史的偶然吗？中外的茶人、僧侣究竟在哪寻找到了共同点？

斗茶不仅中国人喜欢，日本僧人南浦绍明等把这一套茶礼搬到日本后，据说，其炽热程度不亚于大宋。不少建盏精品也就漂洋过海到了日本，并拥有了一个新的名字：天目碗。接下来的轨迹就是：追捧，被书院茶道指定为唯一名贵茶碗，鉴赏，收藏，一时价值倾城，甚至成为引发战争的导火索。日本的一本有关中国美术的文献《君台观左右帐记》记载，建盏之"曜变"，世上罕见，值万匹绢。"油滴"次之，亦为重宝，值五千匹绢。"兔毫"值三千匹绢。这些重器至今无一例外成为日本国宝。尤其是那个陈列在东京静嘉堂的"碗中宇宙"曜变天目还有更好的文字描述其玄奥吗？

其实，早在南宋嘉定（1208—1224）年间，日本人加藤四郎、左卫门景正等就随通元禅师来到中国，并在福建深山里学习制造黑釉瓷器之技，回国后即在尾张、濑户等地仿造，开日本制瓷之先河。

学佛习茶的僧人把建盏带到日本，不经意的一个举动，创造了一段值得今天书写的历史。按照今天日本学者的说法，这是奠定了日本茶道文化的主基调。几百年来，日本茶人魂牵梦绕，深深沉醉，为之倾倒。

从镰仓时代末期到室町时代初期，在武士和上流社会时兴以喝茶为中心的"茶寄合"，用的就是天目茶碗沏茶。

室町时代日本"闲侘茶"的创始人村田珠光，把禅意和茶道结合，使用建盏。

1472年，当时的幕府将军足利义政把将军之位让给儿子，自己去京都东山隐居，在隐居的地方建立了被称为"书院茶"茶道形式的茶室，常聚集好友品鉴中国茶器。

丰臣秀吉执政时期，三个天目碗中，有两个在他手里，一个在著名茶人武野绍鸥手里。

日本的著述，如《尺素往来》更是对使用日本茶碗行茶道进行了批判。

直到进入明治时代，参与茶道普及的庶民们所使用的茶器才越来越宽泛和自由。

文化走出去，寻找共同点很重要。和汉的审美情趣很不一致，其至截然相反。中国歌颂名山大川，日本赞赏涓涓细流。日本在色彩、音乐、文学等领域皆以素净、简约、纤细、寂静为最高准则。建盏在日本受到追捧，是否与禅宗文化在日本的勃兴有关？南宋乃至于元代，中国禅僧陆续赴日，他们带去了系统的禅宗文化，也带去了大量的图书、绘画、陶瓷。显然，禅宗的审美观在日本找到了落地的土壤，找到了共同语言，甚至直接影响着镰仓时代以后的思想、文化及艺术。日本的茶道师们，基本上都是禅僧，在这种审美观的指导下，他们创出了日本茶道中最基本的观念——"闲侘"。而建盏，以自然厚重的质地、幽深的颜色、钝黯的光泽、冷寂的触感，承载了他们的美学理想。大概正如中国文人雅士钟情于紫砂壶吧！

二、御茶园里石乳香

中国茶业在元代拐了个弯。

蒙古人的饮茶习俗与我们截然不同，他们习惯奶茶，就是往茶里加牛奶、面粉之类的东西一起煮。

「岩韵」石刻

元代的统治者治国理政的理念远远不像他们觊觎领土那样永不知足。总体看，社会简单粗糙，茶业领域也乏善可陈。比如，茶著述几为空白。若不是杨维桢的《煮茶梦记》《清苦先生传》等几篇小文遮羞，中国茶文化在此有断崖之嫌。

好在90余年的历史中，茶叶产量总体平稳，榷茶制渐渐过渡至引票制。饮茶习惯渐渐由抹茶法改为全叶冲泡。这一习惯衰弱了建茶，却兴起了不讲究焙法的武夷茶，福建制茶中心渐渐移至武夷山，开创了福建茶史上又一段辉煌。

元大德五年（1301年），朝廷在九曲溪的四曲溪南畔兴建了皇家御茶园，专制贡茶，武夷茶正式成为御用品。每年惊蛰日时，崇安县县令率御茶园官员、场工举行"喊山"祭茶仪式，愿茶树快快发芽。

北苑贡茶制作方法虽比唐朝大有改变，但制作仍费工耗时，而武夷茶盛时，茶户制作，逐渐采用蒸后不揉不压，直接烘干的方法，即将蒸青团茶改为蒸青散茶。据王祯的《农书》载，程序大致是：以甑微蒸，掌握好生熟火候，过生，则味涩；过熟，则味淡。蒸好后，摊晾，乘湿稍微揉捻，然后匀火慢焙。

这实际上是武夷山民将蒸青改为炒青，逐步摸索出一种"三红七绿"的炒青制作工艺技术。

所制作的品质逐渐压倒了北苑巅峰状态时期的建茶，开启了茶史上的武夷茶时代。

赵孟頫在《御茶园记》的开篇就写道："武夷，仙山也。岩壑奇秀，灵芽苗焉。世称石乳，厥品不在北苑下。"张涣身为武夷贡茶督造官，感受就更深刻了，在其所作的《重修茶场记》写道："建州贡茶，先是犹称北苑龙团，居上品，而武夷石乳，湮岩谷间，风味惟野人专……然灵芽含石姿而锋劲，带云气而粟腴，色碧而莹，味饴而芳。采撷清明旬日间，驰驿进第一春，谓之五马荐新茶，视龙团凤饼在下矣。"意思很明白，北苑的"龙团凤饼"当红的时候，武夷山的"石乳"还藏在深闺，属于茶人眼中的土茶、粗茶，专属当地乡

"御茶园"石刻

野之人劳作之余临风自啜而已，与王侯第宅斗绝品不可同日而语。然而，武夷山的茶芽如精灵一般，吸吮岩石之精华，浸沾朝露之高洁，劲道十足。茶叶饱满，汤色翠碧、晶莹剔透，香高醇厚，回甘持久。清明前后采摘，制作好后，一骑绝尘，奔驰进京，上贡头春，称为"五马荐新茶"。其实，就是直接把北苑的龙团凤饼赶下了神坛。

武夷茶生高岩石壁间，日照短，昼夜温差大，终年溪泉临幸，云滋岚润，特有的自然环境幻化出武夷岩茶清香甘活的特有岩韵。如今，石乳是武夷岩茶的一个品种。时人的大量笔墨，也多渲染武夷山御茶园沟壑纵横、烟霞蒸腾、泉眼细柔之景，万斛之产量，蓓蕾之品质。邑吏林锡翁赞曰："武夷真是神仙境，已产灵芝又产茶。"

三、 创物从来因智者

明洪武二十四年（1391年）九月，中国制茶史上出现了一次重大变革。朱元璋鉴于北苑饼茶制法费民力，遂下令"罢造龙团，惟茶芽以进"。也就是说，饼茶被画上句号，散茶正式登上历史舞台。

当然，后世茶人读到这里常有误解，即散茶是在朱明时代才出现的。错了，北宋时期市场上就有散茶，只是到朱元璋手上正式颁布条例禁绝贡饼茶。至于民间饼茶仍大量流行，整个明代都没有断绝。文徵明笔下有"茶烟初透龙团美"诗句，与他同时代的状元杨慎曾极为虔诚地以兰薪桂火亲自烹团茶，看汤如松风翻雪，诗情性起，直抵碧霄。

　　这一革命性的变革，显而易见的是，制茶工艺简化了，制茶成本降低了。散茶更好地保留了茶叶原有的色、香、味。饮茶习俗更趋于民间与大众化。品茶趣味与艺术更多元化了。在散茶基础上，创新与发展的空间更广阔了。红茶、乌龙茶的创制在武夷山开始萌芽。

　　朱明茶业的大变革，也为福建茶带来新气象，最典型的表现就是创制出了新茶类。继宋代贡茶之后，福建茶又一次迎来了辉煌。

　　"半岩结屋还依树，疏竹围园尽种茶。"

　　明代，福建先后以福州、建州为主的茶区，逐渐扩展成为闽北、闽南、闽东同时并进的局面。产量当然大大增加，接近全国的60%。福建贡茶一度也曾占全国的60%。记载明代福建产茶的文献比比皆是。

岩茶摇青工艺

武夷山老茶树

武夷茶园

　　一个春日的雨后正午，谢肇淛与周千秋等文友相约，在一位姓徐的友人书斋里烹茗论茶。鼓山的石鼓茶、武夷山的水帘茶、太姥山的龙墩茶、支提山的鹤岭茶以及清源山的茶一一展陈品鉴。席间免不了宏阔高论，口无遮拦，指点《茶经》，调侃玉川不过七碗。当然，品鉴结果，鼓山茶、武夷茶香气不见高下，太姥茶、支提茶汤色难分伯仲。究竟谁占鳌头，他们都没有点明，只是说五峰之茶如院中新篁、池里绿荷，难以辨识差异，只是都把当时的名茶安徽休

老茶园

宁的松萝、浙江长兴的顾渚山茶甩在后面了。其实，谢肇淛极力推崇福州鼓山半岩茶，多次说过其色香风味当为闽第一。

福建的制茶技术更是出现了革命性的飞跃。最重要的标志，其一是炒青技术的出现。与之前的蒸青方法相比，炒青最主要的优点是释放了茶叶的香气，茶叶的鲜嫩也充分保留。其二就更了不起了，茶农的智慧不断丰富制茶工艺，掌握了半发酵、全发酵技术，这就出现了青茶（也称乌龙茶）以及红茶两个大类。

乌龙茶与红茶是福建的茶农先后创研成功的，之后逐步向省内外乃至海外

成品红茶

茶汤

传播。乌龙茶、红茶制作方式与当时流行的阳羡芥片只蒸不炒、焙火即成和松萝、龙井皆炒而不焙工艺不同之处在于"炒焙兼施"。这种制茶原则持续到现在。当时，武夷山第九曲处有星村镇，是个茶市，茶商茶农会聚，行家里手不少，周边所产之茶都在这里销售。世界上首款红茶小种红茶自在星村出现后，又逐渐演变产生了工夫红茶。福建有闽红三大工夫之说，即坦洋工夫、白琳工夫、政和工夫。

红茶的颜色，绚丽丰富，简直是上天遗留给人间的调色盘，大概再细腻的文字也无法描绘。红茶温润，味道醇厚，或如桂圆，或如香草，或如蜜枣，不一而足，至柔至滑至美至爽。红茶深邃包容，能与牛奶、柠檬、奶酪等调和相处，这恐怕是令其他茶类嫉妒的。红茶与女性的故事总是被人不厌其烦地提起，尽管其中有不少错误，但笔者也不忍纠正。成品干红茶一般条索紧结，色泽乌润，制作工艺主要是萎凋、揉捻、发酵、干燥等。发酵至关重要，因为红茶是全发酵茶。

"创物从来因智者，世间何事不由机？"新品种在武夷山的创制成功，与当地制茶技术的交融、茶人孜孜以求的精神分不开。在武夷山的桐木村，有一段童谣："七岁进茶丛，萎凋十年功。发酵二十载，三十见锅红。熏焙学一世，才能做小种。"一泡好茶，岂止是制作出来的，而是茶人经验、智慧乃至于毕生心血煎熬出来的。茶中新贵金骏眉等的诞生也如出一辙。

四、茶到欧洲

当茶香向西弥漫之时，欧洲人也开始向东而来。

与日本、高丽僧侣矢志渡海学法不同，初来东方的葡萄牙人、荷兰人习惯了武力开路，只要发现了可贸易的良港，便强行占领，筑堡设防，据为己有。要赶他走，好，用大炮来说话。英国人的商船也是带铁甲的。当然，历史上的著名商路，往往都是以武力或国家政权为后盾的。

显然，尽管追本溯源，各国的茶树种子、茶叶都是直接或间接来自中国，但渠道千差万别，寺院的禅味与武装商船的硝烟味竟殊途同归。

其实，在荷兰人1610年首次将茶叶带至欧洲之前，欧罗巴已经闻到了茶的气息。

早在中世纪，到中国的西方旅行者们，就已经注意到中国的饮茶习俗。

1559年，在威尼斯，一位叫拉姆修的地理学家出版了一本书，名叫《航海与旅行》，其中提到中国茶的故事。相传，欧洲最初关于茶叶的知识，就是他的贡献。不管是否真实，拉姆修的《航海与旅行》是欧洲各种文字中最早记载中国茶叶的。

16世纪，世界发生了重大变化，这就是前文提到的新航路的发现和大航海时代的来临，欧洲商人、旅行家以及基督教修士纷纷东来。有些传教士直接受雇于中国的朝廷，对中国的茶叶与饮茶习俗自然不会陌生。各种文献中的这类记载特别多。意大利传教士路易斯·阿尔梅达、帕得·李希，葡萄牙传教士克鲁士，西班牙传教士拉达等等，在其著述中详尽地展示了中国的饮茶方式，包括饮茶时所使用的精美茶具。

中国茶香一度让传教士们沉醉，沉醉于饮茶的治病、保健和养生方面的功能，乃至于没有想到第一时间把这种神奇的灵草带回去，让欧洲的家人一起分享。

茶到欧洲，首先得到药理学家的关照。最初，茶不是被当作饮料，而是被视为药物放在药店出售，药师会在茶叶中加上珍贵药材。荷兰的尼古拉斯·迪尔浦博士从医学角度极力推荐茶，并针对当时流行的疾病，推出宣传茶叶功效的小册子。"茶叶医生"考内里斯·旁地古则将茶的药效宣传发挥到极致，乃至于中国人都觉得"过誉了"。而反对者的论据今天看起来异常滑稽，有位德国天主教徒指出，"看看中国人个个面黄肌瘦，能说茶叶有功效吗？"但不管怎么说，一些荷兰人真真切切看到了茶的功效。1664年1月17日，荷兰贵族康斯坦丁·惠更斯给其兄数学家克里斯蒂安·惠更斯的信中说，寄上了茶叶并建议每天晚餐后喝点。自此神奇效果出现了，其兄的牙疾不治而愈。这些都大大推动了茶叶在荷兰的普及。其次是作为在上流社会馈赠的礼品，在艺术界流行开来。尽管那个时期的争论波及面广，持续时间长，但最终肯定派占了上风，1685年，文学圈已经出现赞美茶的作品了。

终于，一位荷兰人让欧洲人的梦想成真。他就是荷兰航海家杨·胡伊根·范林思索顿，著名的《茶叶全书》中有他的一席之地。不过，中译名字是让·雨果·林舒腾。从留存下来的图片看，他是那个时代一个典型的航海家，具备果敢坚毅的性格。他在《旅行杂谈》一书中详细地描述了在中国和日本见到的茶，由此激发了人们将茶叶运输到欧洲的想法，揭开了持续3个多世纪的大规模茶叶贸易的序幕。

1596年，荷兰人开始在爪哇开展贸易，大约在1606年，第一批茶叶运到荷兰。这被认为是茶叶第一次作为商品进口到欧洲。随之，一发不可收拾。当时，茶叶的海路传播，主要是从福建出发，通过南海，沿中南半岛，穿过马六甲海峡，通过印度洋、波斯湾、地中海，到达欧洲。

1637年1月2日，东印度公司的17个主管写给殖民地总督一封信，信中称："因为茶开始被一些人所接受，我们所有的船舰都期待着某些中国的茶叶能和日本的一样好销。"在此后的近一个世纪，荷兰几乎独占欧洲国家的茶叶贸易。茶叶贸易规模不断扩大，贸易渠道也由中国—巴达维亚—荷兰的间接贸易形式过渡到荷兰—中国的直接贸易形式。阿姆斯特丹也自然成为欧洲的茶叶交易中心。茶叶拍卖活动异常活跃，1714年的数字是36766磅。1728年12月初，东印度公司的"科斯霍恩"号直航广州，1730年返航时，共运回茶叶27万磅。

通过交易，中国茶叶逐渐进入欧洲其他国家和北美殖民地。

1650年，茶叶传到德国，之前就已经进入法国。

1666年，伦敦市场上出现茶叶交易现象，开先河者自然获得可观的利润。据说，当时阿姆斯特丹每磅茶叶售价为3先令4便士，而伦敦则高达2英镑18先令4便士。这一时期，茶在欧洲国家逐渐流行开来。法国的路易十四从1665年开始喝茶。1682年，荷兰的玛丽女王为了"一瓶一磅重的茶叶"，支付了80个金币和6个碎币。

茶向俄国的流播起先走的是陆路。明万历四十六年（1618年），中国就曾馈赠俄国沙皇几箱茶叶。1638年，俄国派驻蒙古的使节，也曾携带茶叶返回俄国，以后饮茶就在俄国流行起来。后世更演绎出"伟大的中俄万里茶路"，起点就是武夷山。其实，在两国漫长的交往中，茶叶一直是两国贸易

俄罗斯油画作品中饮茶场景

的主要商品之一。通过俄国中转，中国茶叶到了土耳其等周边地区。迄今，土耳其是人均茶叶消费量最大的国家。其独具特色的双层茶壶堪与俄罗斯的茶炊媲美。

其实，大规模的茶叶贸易，正是以欧洲普遍流行饮茶为基础的。

提到英国人饮茶，很多人马上会想到葡萄牙公主凯瑟琳嫁给英王查理二世的故事：因为她嗜好茶，提倡英国王室饮茶，从而全国竞相仿效，饮茶成风……

可惜，错了！茶史给她的定位仅仅是"英国第一位饮茶的王后"。这位王后的贡献也只能停留在"英国流行饮茶与凯瑟琳王妃有很大关系"这样朦胧的表述上。

凯瑟琳的故事，多半是后世演绎的一个美丽的营销故事。

当然，这个美丽的误解情有可原，毕竟英国王室的爱情故事总是让人有太多的期许与联想，如同后世"不爱江山爱美人"的温莎公爵夫妇、查尔斯王子与戴安娜王妃、威廉王子与凯特王妃等等，总让人有太多的话题。每个人都在渲染，乃至于离真实越来越远。

确实，英国茶史上大量的"第一"与凯瑟琳王后无关，毕竟她的故事发生迟了点，在1662年。

早在1615年，英国就有了茶叶的记录。1631年，一个名叫威忒的英国船长就首次从中国直接运去大量茶叶。

英国最早的茶叶零售是在咖啡馆里进行的。1657年，伦敦有一家叫Thomas Garway的咖啡馆开始卖茶，这家咖啡馆还推出了英国历史上的第一张卖茶海报，高度赞赏了茶叶有益于延年益寿的功效。

1658年9月23日，世界上第一则茶叶广告诞生。那份报纸也被后世的茶志牢牢锁定，它就是伦敦的《政治快报》。我们来看看它当时的内容：

> 为所有医师所认可的极佳的中国饮品。中国人称之茶，而其他国家的人则称之Tay或者Tee。位于伦敦皇家交易所附近的斯维汀斯—润茨街上的"苏丹王妃"咖啡馆有售。

下列一组数据更确凿地证实了凯瑟琳王后的故事只是个美丽的传说。

1669年英国进口茶叶数量是143磅8盎司。数量是很少的。

1670年是79磅6盎司。

1671年是266磅10盎司。

1675—1677年没有进口，因为出现库存积压。

1678年的进口量一下子跳跃到了4717磅，但价格也随之大跌。

1679年的进口量又锐减，只有197磅。

1683—1684年没有进口，市场要消化存货。

1689年又大幅增加，达到25300磅，但积货又重现。

不断积压，正好说明了茶商对当时的市场需求把握不准，具有尝试性的意味。

应该说，经过近半个世纪的磨合，茶叶才适应了英国人的舌尖。这个时候，用"茶叶风靡英伦"才比较合适。据说1700年的时候，伦敦就有超过500家的咖啡店卖茶。而在18世纪上半叶，伦敦大约有2500家咖啡馆卖茶和提供饮茶服务。1706年，在伦敦建立了首家红茶专卖店"汤姆咖啡馆"。除此之外，伦敦的药房也贩卖茶叶，作为治疗伤风感冒的新药。谁也没想到，茶叶生意竟出奇地好，玻璃行、绸缎店、陶瓷商、杂货店也都开始眼红，纷纷兼营茶叶。1717年，伦敦出现了第一家茶室，名字叫金狮。它的前身就是1706年成立的汤姆咖啡馆；它的后世来头可就大了，即川宁。到了18世纪中叶茶叶专卖店就问世了。

1721年，英国对中国茶叶的进口量首次突破了百万磅。

1732—1742年间，年消耗量增加到120万磅。因高关税而出现的走私数量肯定无法统计在内。

至此，茶叶成为英国全民共饮的大众饮料。一场饮料革命就这样在英国完成了——"下午茶"从此进入英国人的生活，不论是贵族、文人，还是普通百姓。

我们先看看英国人是怎么说的。18世纪20年代，弗里德里克·莫顿·伊登为写《穷人的状况》而作实地调查时，发现很多穷人都定期购买茶叶和食糖，他们主要的饮食结构是"面包+茶叶+奶酪"，其目的是尽快恢复体力，毕竟工业化时期，对体力是一个考验。乃至于后来有学者指出，"英国工人饮用热茶是一个具有划时代意义的历史事件，因为它预示着整个社会的转变以及经济与社会基础的重建。"其言下之意是，茶叶在人类历史进程中扮演了一个非常重要的角色。重要到什么地步，借用一句话就明了了："茶叶在英国的作用如同蒸汽机一样重要，它帮助英国人度过危机并创造了一个新世界。"

恩格斯对19世纪初英国工人阶级的饮茶习惯观察得很仔细："一般都喝点淡茶，茶里面有时放一点糖、牛奶或烧酒。在英国，甚至在爱尔兰，茶被看作一种极其重要的和必不可少的饮料，就像咖啡在德国一样。喝不起茶的，总是极端贫苦的人家。"

一位法国作家也见证了这一场景，他到英国旅行后写道："饮茶之风在整个英国大地颇为盛行……贵族之家借茶壶、茶杯等茶具展示他们的财富及地位，因为他们所使用的茶具精美绝伦，属于上等佳品。"

英国人接受了茶，茶也融入英国人的口味、习惯与生活方式。与中国人不同的是，英国人从一开始就养成了在茶中加糖的习惯，据说是为了补充能量。最初流入英国市场的是绿茶，到18世纪末，红茶的销量超过了绿茶。英国人似乎更能从红茶中找到快乐。当饮茶成为一种时尚的时候，茶具自然也水涨船高，中国瓷器也随之成为时尚的符号。

英国学者艾伦·麦克法兰在其《绿色黄金：茶叶帝国》中也作了注脚，英国下午茶发展成为一种类似日本茶道的仪式，并成为本民族的生活习惯和文化的不可分割的一部分。对茶叶的礼赞怎么高也不过分，甚至可以说："茶叶改变了一切。"

数百年后，我们再回味茶叶之所以能"改变一切"的缘由，不外乎有特定的时代背景，如对茶叶神奇功效的朦胧认知、新航路的开辟、全球化贸易时代的来临、茶贸易的巨额财富等，当然，其中也折射出当时中国社会的经济总量远远高于世界其他国家。这有经济史家的数据为证。

东印度公司存在的理由

溯古观今，旁考中外，有多少公司默默如尘埃，飘散到历史的星河中，估计谁也说不清。但有一个公司可能永远被人们反复提起，这就是我们在历史教科书中已经熟知的东印度公司。

其实，准确点说，"东印度公司"是要加前缀的，比如英国东印度公司、荷兰东印度公司，因为当时在印度设立东印度公司的有英国、荷兰、法国、丹麦、奥地利、西班牙和瑞典等16家，其中英国的东印度公司是最有名的，全名是"伦敦商人在东印度贸易的公司"。其他东印度公司谁也无法与其抗衡。拿破仑当年兵败滑铁卢，被流放到一个偏远的大西洋岛屿，沦为一名囚徒。严格说来，就是东印度公司的囚徒，因为圣赫勒拿岛正是东印度公司众多补给站中的一个。

早在葡萄牙和西班牙殖民扩张时，为处理他们在东印度地区的一些事务，成立了东印度公司。但是，后来这些公司都变成了殖民者在殖民地的统治机构。劫掠当地财富，种植与贩卖鸦片，开展奴隶贸易，东印度公司的"业务范围"可能让今天的CEO们惊诧。其实，更准确点说，它们"无所不能"，有铸币权，有炮舰，英国东印度公司干脆就履行管理印度的政府职能。

从事茶叶贸易最突出的是英国的东印度公司。

尽管英国东印度公司涉茶的最早记载是1615年，但相当长一段时间他们并没有从茶中看到商机。1637年，英国东印度公司的战船第一次远航至广州时，也只购买茶叶1223磅，显然只能说是象征性的。此后由于明清鼎革与海禁等原因，茶叶贸易数额极其有限。

真正意义上的中英茶叶直接贸易，始于1689年东印度公司从厦门港载走茶叶。当然，这一切并没能妨碍它们从18世纪开始支配世界茶叶贸易。英国人饮茶习俗的普及东印度公司功不可没。我们可以看看英国东印度公司全盛时期做的那些事：

掌握着中国茶叶贸易的专卖权，操纵着茶叶买卖，建立了世界上最大的茶叶专卖制度；

掌控茶叶输入英国的数量以及定价权；

在伦敦的交易方式是定期拍卖，每年3、6、9、12月各举行一次。

实际上，更重要的是垄断了茶叶的国际市场。下面来看一则数据：

18世纪70年代，英国东印度公司运销的中国茶叶占广州全部外销茶的33%。

18世纪80年代增至54%，90年代激增至74%，19世纪初达到80%。

经营茶叶的利润率，从现存的一份资料看，1775—1795年的20年内平均为31%。

因此，当时就有人夸张道："茶叶收入几乎是东印度公司的全部利润，甚至成为东印度公司存在的理由。"

也就是说，东印度公司的历史离不开茶，茶史也绕不开东印度公司。

英国政府通过高额的茶叶进口税为国库的充盈增添了一个重要砝码。据说，茶税平均每年达到330万镑，占国库总收入的十分之一左右，难怪茶叶被称为"绿金"。

在18世纪上半叶，西欧各国对华贸易形成了以茶叶为大宗进口商品的结构。在茶叶的巨额利润面前，欧洲人对茶的争论终于平息了。历史学家普里查德说："茶叶是上帝，在它面前其他东西都可以牺牲。"历史给予的评价就更高了：这是欧亚贸易的"茶叶世纪"。

其实，英国东印度公司与中国的接触并不顺畅。英国东印度公司成立于1600年，此时，大明王朝风雨飘摇，自顾不暇，加之葡萄牙人的阻挠，直到1664年英国人才在澳门设立了办事处，1678年才经常性地开展贸易。1715年英国货船才被许可驶入黄埔港与广州通商。

此时，距离茶叶打动英国人的味蕾已经一百年了。

欧美庞大的茶叶消费需求促发了中国茶叶的出口，这一数字不仅十分巨大，而且处于不断增长的趋势。据东印度公司载，1817—1833年广州口岸出口的茶叶占出口总货值的60%左右。直到19世纪中后期，茶叶一直在中国出口商品中居首位，有些年份甚至占中国总出口值的80%以上。有学者估计，晚清时期涉茶人数不低于1300万，这还不包括间接从业人员。

茶叶同样是英国殖民地的一块馅饼，乃至于他们自己都始料未及。茶叶进入美洲是荷兰人的功劳，但英国东印度公司后来居上，利用垄断贸易控制北美十三州的茶叶供给，肆意抬高价格。经过7年的英法争夺海外殖民地战争，英国政府财力捉襟见肘，眼光早已盯在茶叶这一块肥肉上，也借机利用茶叶剥削殖民地。

1767年6月，"托时德财政法案"通过，决定向英国转口美国的茶叶等物品征收高关税，但遭到殖民地的强烈反对。

1769年5月，英国决定废除"托时德财政法案"关于其他物品的关税，但价值不菲的茶税除外，使得美国茶叶的价格居然高出英国本土一倍。这样一来，便为其他国家的茶叶走私者提供了契机。

1773年英国颁布《茶叶法案》，但意想不到的结果发生了。在波士顿，愤怒的殖民地民众把东印度公司342箱价值10994英镑的茶叶倾倒在海湾中。进

波士顿倾茶事件纪念碑文

而，反抗茶税的集会遍布费城、纽约等地，最终殖民地拿起武器，再接着就是人们所熟知的美国独立战争。

1773年12月16日，三艘载着茶叶的货船停泊在狮鹫码头。为了抗议乔治国王的苛税，19名波士顿市民化装成印第安人，把342箱茶叶扔进大海。让波士顿茶党闻名世界。

英国丢了一块殖民地，但东印度公司丝毫未受到影响。直到1858年，存活了258年的英国东印度公司才谢幕。当时的《泰晤士报》就评价，东印度公司成就的事业"在人类贸易史上前无古人，后无来者"。

此话不假，在资本主义原始积累中的作用，东印度公司的确如此，但殖民掠夺的后果他们不会考虑的。

鸦片，本不是茶叶的故事

海上丝绸之路的漫漫历程，在18世纪20年代迎来了又一个转折点，那就是茶叶取代丝绸成为中国第一大出口商品。

严格来讲，从那以后，海上丝绸之路"名不副实"了；从那以后，世界重大事件直接或间接与茶叶有关了。

有资料证实那几年的贸易状况：1704年，英船"根特"号在广州购买470担茶叶，价值1.4万两白银，只占其船货价值的11%，而所载丝绸则价值8万两。1715年，英船"达特莫斯"号前往广州，所携资本52069镑，仅5000镑用于茶叶购买。

仅仅两年后，1717年，在英国对华贸易中茶已开始代替丝绸成为主要货品。一场贸易史上的改朝换代就这样静悄悄地完成了，正像当年香料与丝绸的易位。在商品生命周期面前，人力是多么渺小与无奈。

1722年，英国东印度公司从中国进口的总货值中，茶叶比例已达56％。1761年，这一数字是92％。之后的几十年里，不少年头的这一数字超过了90％。丰盈的厚利甚至迫使东印度公司调整了经营策略，转而集中经营茶叶。英国如此，荷兰亦如此，欧亚贸易的"茶叶世纪"就这样来临了。英国进口的茶叶主要是红茶，包括Bohea（武夷茶）、Congou（工夫）、Souchong（小种）。

丝茶易位的原因，一方面是因为清廷对丝绸出口的数量有限制，而对茶叶出口是敞开国门的。另一个原因，显然是最主要的，就是因为英国的需求，英国成了一个饮茶的国度，并创设了一种生活方式。更深层次的社会原因，据说与英国的清教运动有关，因圣公会提倡以茶代酒，或许还与不列颠的民族禀性有关，这是一个不紧不慢按部就班有规有矩的民族，似乎与《茶经》倡导的精行俭德品行颇为吻合。

广州外销画中反映茶叶装箱外销的场面

丝茶易位的伟大意义，以今天的眼光来看，远远突破了国际贸易的范畴。在人类贸易史上，囿于生产力水平、航海技术的限制，以及货物的稀缺，最早享受丝绸贸易红利的首先是皇家贵胄富商巨户，而茶贸易的服务对象进入了社会大众领域，更多的利润为规模化生产奠定了基础，更在不知不觉中为十五六世纪的商业革命向后来的资本主义原始积累做了准备。

茶贸易时代，欧洲各国需要大量的茶叶，一个问题马上就摆在他们面前：用什么来支付茶叶费用？须知，当时的中外贸易状况与今天有天壤之别，欧洲产品几乎在中国找不到销售市场，直到18世纪后期，英国人运往中国的产于印度的棉花才在中国市场上有一定销路。因为中国传统的自给自足的经济状态形成了一个完整的封闭的运行体系，生产者需要的原料在市场上都能买到，产品也不愁没有市场，似乎什么都不缺。

但实际上并不是这样，例如白银。中国传统的作为主要通货的铜钱越来越不能适应市场交易的需要，而欧洲人对茶叶的需求也仅能用白银支付。这样，大规模的中西贸易就找到了衔接点。

18世纪60年代以后，英国成为最大的茶叶买主。18世纪末，美国成为第二大茶叶买主。从18世纪20年代至鸦片战争前，流入中国的白银绝大多数由英、美输入，主要用于购买茶叶。有一则数据，1760—1823年英国东印度公司对华白银输出总计33121032两。但欧洲本土并不产白银，大量的白银源自西班牙的美洲属地。茶叶输出，银圆流入；银圆流入，茶叶流出。不知不觉，银圆也改变了中国，传统的充当支付手段的银块在沿海地区逐渐式微。广州的商务交易就主要用西班牙银圆结算。茶叶年年生，一年一轮回，但美洲白银会枯竭。从1790年以后，美洲白银产量开始下降。1811年，西属美洲爆发独立革命战争。这场持续15年的革命战争摧毁了很多银矿，美洲的白银产量大为减少。

18世纪60年代以后，英国对华进口贸易迅速扩大，贸易逆差也日趋严重，长此以往，支付就成了问题。1785年，英国东印度公司在广州的财库就出现了222766两的赤字。1786年，赤字攀升至864307两。1787年，更达904308两。

为平衡茶叶贸易造成的巨额逆差，东印度公司不惜采取恶劣、卑鄙的手段向中国走私鸦片。当然，最初向中国走私鸦片的不是英国人，而是葡萄牙人。

但英国人的鸦片贸易，不仅扭曲了中英贸易的正常轨迹，是中国近代屈辱的始作俑者，更改变了中国后世的历史进程。

一天，英国东印度公司一位叫华生的上校向加尔各答董事会提交了一份从英属孟加拉运送鸦片到中国的计划。公司董事会成员惠勒极力支持。该计划的初衷原为增加税收以弥补英属印度政府的财政收入。由于公司的广州财库捉襟见肘，公司驻广州监理委员会要求英属印度总督给予财政援助。其具体做法是：英属印度政府将鸦片批发给有鸦片特许经营权的散商，这些散商在广州出售鸦片后将收入纳入公司的广州财库，广州财库支付散商伦敦汇票，后者可于英国将汇票兑换成现金。英属印度总督和公司董事会接受了这个计划，东印度公司专门成立鸦片事务局，垄断印度鸦片生产和出口。

从此，输往中国的鸦片一发不可收。18世纪最后10年，每年从印度销往中国的鸦片约为2000箱。

1800年以后，约4000箱。

1822年以后，英国加速对华鸦片输出，当年输华鸦片7773箱。

1832年达21605箱，到1838年更高达40000箱。

虽然美国商人在世界各个角落寻求能在中国销售的产品，然而，一旦窥得

清代武夷茶茶章（武夷山瑶珍号藏）

鸦片贸易的巨额利润后，同样不择手段地与英国人竞相向中国输入鸦片。1805年，三艘美国商船从士麦那携带120箱鸦片前往中国。

鸦片输出使他们平衡了50多年以来持续的对华贸易逆差，1823年以后，英国人已无须再运白银前往中国了。相反，还有大量盈余可换成白银运出中国。当时就引得美国商人极为羡慕。

当清廷厉行禁烟的措施使以鸦片为中心的中英贸易结构面临崩溃危险时，英国政府立即诉之于战争。

鸦片战争是个永远也说不完的话题，对中国如此，对世界亦然。

美国汉学家费正清说："这是一场根源于中西方间不同的经济形态、政治制度与国际秩序观念的文化冲突。"

这是学者的见解，那么政治人物怎么看呢？

美国历史上的首对父子总统就很睿智。第六任总统昆西·亚当斯说："战争的原因是磕头，是中国妄自尊大的主张。它不肯在相互平等的条件下而要以君主与藩属关系的、侮辱人格的贬低他人身份的方式同人类其余部分通商。"他还说过，"将中英战争归因于鸦片无异于将美国独立战争归因于茶。"

昆西·亚当斯之父美国第二任总统约翰·亚当斯则有政治家的预见。当时还是商人的约翰·亚当斯在1773年12月17日的日记中已经洞见了波士顿倾茶事件的划时代意义。

尽管中国的学者对此不以为然，但不得不说，鸦片战争时，中国和西方的商业观念已同霄壤。对茶叶贸易的认识中英是完全不一样的，英国在利用茶叶做生意，而清廷认为这是天朝上国对蛮夷小邦的一种恩赐，用茶叶可对英国进行制裁。

观念的差异，行为自然就不同。早在乾隆时期，随着英国茶叶需求数量的增大，英国政府越来越觉得应与中国缔结条约，以保证茶叶贸易的安全。1793年7月，英国政府派出乔治·马戛尔尼使团抵达中国来完成这一使命。

然而，当时的中国奉行的是朝贡体系。原来，中国传统的贸易模式是中原王朝与周边国家通过朝贡和册封形成了一个宗主国和属国的政治经济关系体系。属国的君主向中国定期地派遣朝贡使节，献纳朝贡品。中国皇帝回赐朝贡国君主中国的物产，同时允许朝贡国与中国进行一定的民间贸易。

"一口通商"制相当于在海上筑起万里长城，防范西方国家商业的渗透，至清亡都没有改变。朝堂上下朝贡贸易的僵尸思维怎能理解亚当·斯密倡导的自由贸易的准则？双方根本就不在一个层次上。

马戛尔尼出使中国时，英国外交大臣在给他的训令中明确指示："如果中方要求禁止出口鸦片，接受中国的要求，但是必须开拓在其他地区的鸦片贩卖市场。"显然，英国为了确保茶叶贸易的稳定已经做出了停止向中国走私鸦片的让步，当然，这并不意味着英国愿意放弃鸦片贸易所带来的利益。但遗憾的是，中国执拗地要求马戛尔尼向乾隆皇帝行"三跪九叩"之礼，茶叶贸易的主题倒被搁置一边了。在皇家看来，皇家的面子比什么都重要。

马戛尔尼的这次中国之行，没有闻到几缕茶香，倒是嗅到了大清帝国衰朽的气味。

战场上失败了，商场也失败了，两者何其相似。中国茶叶输出，基本上是提供茶叶初级原料。茶叶种植面积不断扩大，国际市场一有风吹草动，中国茶农往往首当其冲。1863年的美国内战，中国绿茶出口就受很大影响。

中国自古是以农立国的国家，茶叶是农业的一部分，农业社会在工业革命时代显得处处被动挨打。工业革命后的英国，凭借先进的通信、交通技术左右着产业链。国家发展的分野也就不可避免了。英国人突然喜欢上茶叶，带来工业革命的新气象，而中国人突然被鸦片迷幻得神魂颠倒，带来的是国家、社会、民族的深重灾难。鸦片贸易比奴隶贸易还要罪恶深重，正如马克思所言，造成身体与精神的双重腐化。"精枯骨立，无复人形"的鸦片鬼形象我们并不陌生。

与茶叶完全不同路子的鸦片被引进中国，使中国成为最大的牺牲品。

1858年《通商章程善后条约》中，清廷承认鸦片贸易合法化，正式将鸦片作为商品征税，鸦片遂成为清廷一项最重要的海关税。一个国家将腐蚀人肉体与麻醉人精神的鸦片作为一个产业，实际上标志着清廷走上了饮鸩止渴的路子，灭亡是迟早的事情了。

最让人苦笑的是，原本不产鸦片的中国成了世界上鸦片产量与消费量最大的国家，从黄河流域到西南的旮旯角落，都布满罂粟，而原本不产茶叶的印度成了世界上茶叶种植面积最大的国家。从受辱到自取其辱，上演了一场史无前例的乾坤大挪移！

五、从一口通商到五口通商

十三行里的伍秉鉴

1686年春，广东巡抚李士祯颁布了一则类似今天的招标公告，宣布凡是身家殷实之人，只要每年缴纳一定的白银，就可以作为"官商"包揽对外贸易。告示很快见效，最终有13家实力不俗的行商入围。他们享有的权利就是可与洋船上的外商做生意，并代海关征缴关税。就这样，大名鼎鼎的"广州十三行"诞生了。

起初，西方和中国的茶叶贸易，清廷只准外商和广州官商开的茶行经营。西方国家船只，一律要停泊在广州外的黄埔。后来，由于收货、分装都在船上进行，交易实在不方便，加之各国商人积极争取，终于得到准许在官商商行附近集中租赁一小块土地，建房设栈，这就形成了后来所说的广州"夷馆区"。这些夷馆，全都临珠江而建。每个商馆都有码头、库房、办公场所和居室。据载，鸦片战争前夷馆区的夷馆，从西向东为丹麦、西班牙、法国、美国、奥地利、瑞典、英国及荷兰。贸易管理、外商居住、贸易场所等夷务就归十三行管理。具有官府的部分职能，这大概也是十三行光鲜的原因之一吧！

18世纪，随着饮茶之风在欧洲盛行，十三行成为当时最大的茶叶集散地，其中有很大一部分茶是武夷茶。图为十三行某商行场景复原，货架上可见各地出产的名茶

十三行的权力结构，最高层是两广总督与广东巡抚，十三行居中，其下是东印度公司管货人委员会，负责管理外国商人。很明显，这是清廷完全操控的贸易制度，运作过程中，清廷的影子无处不在。

比如，皇宫采办的任务，随时置办皇室所需的域外洋货都是十三行的事。十三行每年为宫廷输送洋货，时称"采办官物"，其中多为紫檀木、香料、象牙、珐琅、鼻烟、钟表、玻璃器、金银器、毛织品及宠物等等。雍正七年（1729年），十三行奉命觅购内廷配药所需的40斤稀有伽楠香，承办者战战兢兢，一个月后才终于交差。乾隆三十年（1765年），军机大臣传来谕旨，十三行要为宫廷内务府进口紫檀木7万斤。为皇帝大婚筹办皇后妆奁也是十三行的任务。说白了，十三行简直就是一个"帝室财政"。

广州素称"金山珠海，天子南库"。正如民谣唱道："洋船争出是官商，十字门开向二洋；五丝八丝广缎好，银钱堆满十三行。"一口通商时期，广州出口茶叶占出口总值的63%，其余的大宗是丝织品与土布。加上万里茶道对俄出口，茶叶出口占全国出口商品总值80%。甚至可以说，茶叶是清代经济社会的晴雨表。

十三行钱多，十三行的老板也不简单。首先是老板不好当，别看在外人面前风风光光的，可在官府面前是战战兢兢的。动辄挨官府的鞭子算轻的了，没被没收财产、发配边疆已经很幸运了。其次是退出不容易，要花银子的。伍秉鉴花了50万两银子退位，但朝廷选的接班人竟然是他的儿子。

许多人听说"伍秉鉴"这三个字，大概是2001年美国《华尔街日报》（亚洲版）评出的既往千年最富有的50个人。其中，有6位华人入选，分别是成吉思汗、忽必烈、和珅、刘瑾、宋子文和伍秉鉴。从此，有关伍秉鉴的信息多了起来。有一堆数字来说明他的富有；有一座花园堪比《红楼梦》里的大观园；有一幅油画来定格他的形象。

十三行的早期首领是潘振承。他白手起家、闯荡南洋、搏击风浪而成为18世纪"世界首富"的故事，想必伍秉鉴听说过。何况他们还有渊源，这就是伍国莹，即伍秉鉴的父亲，曾在潘家做账房先生。1783年，伍国莹瞅准时机创立了"怡和行"（注意，与我们熟知的"怡和洋行"不是一回事）。怡和行最初的主打产品就是武夷茶。伍家世代以在武夷山种茶为业，康熙初年从福建泉州迁移到广东。

　　时间很快到了1801年，伍秉鉴接替哥哥伍秉钧成为怡和行的掌门人。这个不苟言笑的新掌门能撑起怡和行的未来吗？起初，伍秉鉴不被看好，但很快人们就发现自己错了。

　　看不到伍秉鉴大刀阔斧的举措，但轻灵圆活、松柔慢匀的招数如一个修为深厚的太极高手，绵里藏针，一下子就紧紧抓住洋人这个客户，取得洋商信赖，大大减少了沟通的成本。洋商也被他诚实亲切、细心周到、慷慨大气的品质折服，包括东印度公司这样的大客户。

　　有清一代，中国出口贸易的最大宗商品就是茶叶，十三行的行商半数以上都以经营茶叶为主。其时，伍家所供应的茶叶经受住了欧洲人的挑剔，被东印度公司鉴定为最好的茶叶。以怡和行号为商标的箱装茶叶，遂畅销伦敦、阿姆斯特丹、纽约等地，自然价格亦不菲、利润不薄。

1813年，怡和行取代同文行成为广州十三行的领头人——总商。

当时的茶叶贸易，其实挺烦琐与颇费周折的。货源主要来自以武夷山为主的闽北、皖南以及江西婺源一带。其中，武夷山茶叶最多。运输的线路一般是先走山路，翻越武夷山脉，到达江西的河口镇。从河口镇开始走水路，沿信江到鄱阳湖，再到南昌。经南昌如果沿长江而上，那是万里茶道的线路，是由晋商主导的。而十三行经营的茶叶是经南昌，逆赣江而上，到达源头大余县的南安镇。行到水穷处，接着又要走山路了。这段主要是挑夫来挑，一直挑过赣粤交界的南岭山脉，经过浈江梅关，然后到南雄。从南雄沿浈江走水路，至曲江，小船换成大船，大船再从北江一路直下广州黄埔港。最终由十三行的商人卖给西方国家。整个交易流程中山水交织、人手繁杂，时空跨度大，怎么保证质量，怎么保障安全？囿于资料，我们今天只能想象了。反正怡和行是做到了。

怡和行的最大客户是英国东印度公司，尤其是伍秉鉴当了总商以后，他在东印度公司与中国商家的交易份额中是最高的。1830年，怡和行卖出了5万余箱茶叶，占东印度公司在中国购买茶叶的18.6%，价值127万余两白银。不难估算，如果加上其他洋商的业务，怡和行每年卖茶叶的营业额就达数百万两白银。

一个古老的农业国，从茶杯里泡出了世界首富，这在今天看来是挺难想象的。除了特定时代的"一口通商"背景外，伍秉鉴肯定有其过人之处。商人躬身于商畴，如人行于世，不一样的眼光，带来不一样的结果，最终臻于不一样的境界。你仔细琢磨，当下中国成功的企业家，背后都有一个眼光的元素在支撑着，远不是教科书上说的冒险、创新所能涵盖的。眼光有多远，企业才能做多大；企业生死彭殇首先系于企业家的眼光。伍秉鉴也是这样，他一抬头，就看到了整个世界。同时代的商人，估计难以望其项背。他在美国就有保险业、铁路投资。他受够了官府的窝囊气，曾打算移民美国。畸形的经济结构下，竟然扭曲出一批"开眼看世界的人"。

十三行依靠官府给予的特权，垄断着广州的对外贸易，逐渐形成了一个"公行"这样的行会团体。1720年11月26日，公行众商歃血盟誓，并订下行规十三条。今天来看，这个行规是颇为有水准的、公平的。公平的规则保证了交易的顺畅。华夷商民，一视同仁，团结一致，对外共同掌握定价权，违者受罚。一旦议价成功，必须保证货物质量，掺杂使假，欺瞒夷商者，应受处罚。对外交易，做好账册，故意规避或手续不清者应受惩罚。其中一条是针对茶叶交易的，"绿茶净量应从实呈报，违者处罚"。

仔细品读公行规则，颇有耐人寻味之处。一是十三行处于卖方市场，且有经济制裁手段。"夷船卸货及缔订装货合同时，均须先期交款，以后须将余款交清，违者处罚。"看看，鼻孔里哼出的气都是粗的。二是利益共同体，有生意大家一起做。"夷船欲专择某商交易时，该商得承受此船货物之一半，但其他一半须归本行同仁摊分之，有独揽全船货物者处罚。"

但鸦片战争一声炮响，一切都改变了。

《南京条约》的签订，一口通商被废止，五口通商取而代之。英国人可以跟中国任何商人做生意了，十三行商人的垄断权到此终止。鸦片战争赔款600万两，以伍秉鉴为商总的广州十三行出100万两，伍秉鉴家再出100万两。

鸦片战争期间，伍秉鉴卷入其中，还差点被钦差大人以勾结鸦片贩子的罪名而砍了头。好歹命是保住了，但怡和行从此伤了元气。《南京条约》签订后，他给美国朋友罗伯特·福布斯写信："如果我现在是青年，我将认真地考虑乘船往美国，在你附近的某处定居。"

这个梦想自然无法实现，半年后，他去世了。与那个时代的同行差不多，伍秉鉴的一生充满悲情。

第二次鸦片战争，一把大火，更是把十三行化为灰烬。从此，十三行长存历史的记忆中了，成为中国商业的历史与文化符号。

伍秉鉴的衣钵由其子伍崇曜接替。与乃父相同的是，伍崇曜的身份基本没有变，只是由封建兼买办性官商转化为买办商人，依然游走于官府与洋商之间。一度还曾企图恢复乃父的荣光，但因洋商反对而作罢。不同的是，伍崇曜喜好舞文弄墨，著有《茶村诗话》《粤雅堂诗钞》等。世代弥漫着茶香的伍家，氤氲开了翰墨香。尤其是刊行的《粤雅堂丛书》3编30集，收书100多种，历时25年，是清后期大型综合性丛书之一，颇具文化积累价值。

但遗憾的是，伍家终究没能实现一个商业之家向书香之家的转变，依然没走出富不过三代的命运。

伍秉鉴有个干儿子叫福布斯，就是后来的美国铁路大王。在伍秉鉴手下的福布斯看到商机，要回美国发展，伍秉鉴扶持他，出手就是50万美金。这样，伍秉鉴也就把生意做到美国去了，投资铁路、矿产、金融、保险，成为跨国集团公司。当时，有一条美国船下水，船号居然是"浩官"，浩官是伍秉鉴家族的商号。马克思的著作也曾提到伍浩官。后来，在欧洲找到很多伍秉鉴的画像。为什么伍秉鉴在欧美影响如此之大？墙里开花墙外香？反过来说，"一口通商""广州十三行"是清朝实行海禁出现的一个怪胎。欧美已经进入工业时代，世界首富却出在落后的中国，这本身也就是一个怪胎。清廷把对外贸易和海关税收都交给民间的广州十三行，以示天朝上国凌驾在一切之上，洋人没有资格和它的官员直接对话。但钱还是要的，清廷实行保商制度，外商都必须有一家行商作保，称"以官制商，以商制夷"。实际上，十三行就是清廷腐朽落伍的一个典型写照。

福州开埠

乾隆二十二年（1757年），清廷推出海禁政策，规定只留粤海关一家对外贸易，也就是前面提到的广州为对外通商的唯一港口。但鸦片战争的炮火摧垮了"一口通商"的顽固堡垒。接着是《南京条约》的签订，赔款，五口通商。福州是其中之一。

许多人头脑中的福州港，来自教科书，那是因为近代中国洋务运动中的马尾船政以及后来的马江海战的缘由。实际上，这有点掐头去尾之嫌，没讲清楚正是因为福州开埠，茶港兴盛，财源滚滚，公帑充盈，闽江上才响起了机器轰鸣声。

原来，鸦片战争后的中英《南京条约》谈判时，英方强烈要求加上福州，因为他们早就调查好了，目的是为采购武夷山的红茶提供便利。当时从崇安运茶叶至广州需要一两个月，到上海28天，而沿着闽江溪流而下快则4天，慢也不过七八天，运输成本大大下降不说，关键是时间大大缩短了。这在运输速度决定利润的年代是茶商首先考虑的因素。

福州成为五口之一之后，英国商人急不可耐地来到福州寻求贸易，但困难重重。开埠遭到上自官员下至百姓的坚决抵制，明里暗里设置种种障碍，英国商人想从福州运走茶叶颇为艰难。1845年，英商纪连在福州开设了一家洋行，但经营不顺利，还被揍了一通，最后仓皇离去，发誓再也不踏上福州这块土地。

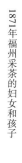
1871年福州采茶的妇女和孩子

　　有人去了，有人来了，来了的又去了……就在这往往返返近乎绝望中，奇迹出现了。

　　由于太平天国运动，原从武夷山输往广州、上海的茶路被阻隔，外商也急于寻找新的茶叶贸易渠道。1853年，福建巡抚王懿德瞅准时机，上奏朝廷在福州开茶市。毕竟从武夷山沿闽江顺流而下到福州时间大大缩短了，而原来运至"一口通商"时代的广州，人挑畜驮船运，时间长不说，一路关卡林立，防潮防盗等运输成本是很高的。

　　捷足先登的是美国的旗昌洋行，并很快取得成功，遂引发怡和等洋行竞相效仿。这样，序幕刚一拉开，疾风骤雨的高潮便来了。1856—1865年，英国、澳大利亚、美国从福州港运出的茶叶总量从26.5万担邅增到49.2万担。

　　姚贤镐的《中国近代对外贸易史资料》为我们存留了一组数据：1867年为55万担，1868年为60万担，1875年是72万担，1880年创下纪录80万担，之后整个19世纪80年代虽有下滑，但没有低于50万担。 从此以后，武夷山的茶基本由福州出口。1856年以后，福州茶叶出口量位居全国第二，1859年首度超越上海，成为全国茶叶出口量第一大港。1880年，福州港迎来了最鼎盛的时期，一跃成为世界著名的茶叶贸易港。正山小种红茶的英文发音"Lapsang Souchong"或"LAPSANG BLACKTEA"，即脱胎于福州方言。世界各国的茶都是直接或间接从中国输入的，包括"茶"字的读音，基本是源自广东话cha与厦门话te。最早引入"茶"字的是日本，那是早在1191年的事了。日本一位叫长永齐的和尚推出了一部《种茶法》的书。按照京都人的说法，1191年是日本宇治茶的开始。

实际上，福州港在出口茶叶方面始终没有一枝独秀过，这可能是后世茶人误会的地方。此时，与福州相颉颃的是上海，稍后还有汉口，它们并列为当时中国的三大茶港。年出口量基本占中国茶叶出口总量的70%。

其他茶叶出口大港还有几个，比如厦门，闽南、闽西、台湾以及武夷山的一部分茶叶大多经厦门出口，所谓"雨前雨后到南台，厦广潮汕一道开"。其中，武夷茶与安溪茶占80%，其余有漳平茶、宁洋茶、长泰茶等。

福州茶港的辉煌遮掩了厦门港的风头。厦门港与福州不同的是主要输出乌龙茶，输出目的地是美国，每年也有七八万担。不大为人知的是台湾茶的出口也是经厦门港走向世界的，因为台湾没有大的港口。19世纪70年代之前，乌龙茶在台湾培植成功，1870年，厦门海关就留下了台湾茶叶经厦门出口6561担的记录，此后逐年增加，多数情况下超过厦门本地茶叶出口量。1880年从厦门出口的136533担茶叶中，台湾茶87737担。福州港衰落下去后，厦门港并没有一同折戟，相反，利用台湾商品的转口贸易，在甲午战争前后出口额已经超越福州港。光绪二十八年（1902年），朱正元的《福建沿海图说》载，那年，厦门

1903年7月，经上海港装运出口的茶叶。出口的茶叶被打包装箱整齐地码放着，装卸工人正在清点数量，准备将茶叶搬运装船运往国外

港拥有大中小商船1000余艘，大商船就不下30艘，所以市面极其繁盛，华商洋商杂处。但之后没几年，由于日本人开发台湾基隆港，转口厦门港出口台湾茶贸易一落千丈，盛世不再。

台湾茶源于福建。连横的《台湾通史》载，嘉庆时，有姓柯名朝者从武夷山弄来茶苗，在桀鱼坑一带种植，没想到收成颇丰，遂扩大播种面积。台北多雨，适宜茶树生长。道光间台湾茶叶即运往福州销售。但由于福州每担要收取2银圆入口税，而厦门便宜得多，所以台湾茶多在厦门上岸。同治时期就有外商设德记洋行经营，自此制茶业成为台湾的支柱产业之一。刘铭传抚台期间，奖励植茶。厦门、汕头的商人也到台湾设茶行，做茶的茶工多为安溪人，有制茶工、采茶女、鉴定师、书记等分工。台湾著名的包种茶就是由安溪人创制的。如今的台湾茶管理精细，产量高品质好，冻顶乌龙、文山包种、东方美人等都比较受市场欢迎。台湾茶在深加工、营销等方面也有许多可取之处。

此时，俄国人也来了。鸦片战争后，俄罗斯在中国得到了许多贸易特权，他们之所以来，是由于1864年俄国政府出台了禁止从西部边境进口茶叶的法令。次年，俄商即迅疾在汉口设立砖茶厂。所产砖茶从汉口走水路，经上海，至天津，然后走陆路运往恰克图。1872年，新泰洋行设立了福州第一家砖茶

福建小茶船

厂，并引发了福州历史上第一次外商投资热潮。砖茶每筐64饼，约一担重。至1986年，福建境内建宁、延平府有9家砖茶厂，年产5万余担。此外，欧洲太平洋航线与中国直接通航后，俄罗斯敖德萨、海参崴港与中国上海、天津、汉口和福州等航路畅通，俄罗斯商船队相当活跃。此后，俄罗斯又增设了几条陆路运输线，加速了茶叶的运销。直到1917年的十月革命，新生的政权视茶叶为奢侈品，严格限制进口与消费，中俄茶叶贸易戛然而止。

俄罗斯是中国茶叶的三大需求大户之一，为了在茶叶贸易中争得主动地位，它采取的是控制中国茶业产业链的做法，不像英国，直接在殖民地培植新的茶叶供给地。俄罗斯气候寒冷，也没有殖民地，所以走的是一条完全有别于英国的做法。

第二次鸦片战争后，欧美对茶需求很大，助推福州茶港时代的来临。每年农历四月，福州茶市最旺时期，周边以及省外的茶商、洋商云集南台岛，运茶船在闽江来往穿梭，"千箱万箱日纷至"。

一时间，大量资金流入福州。福州不仅成为中国最大的茶叶市场，福州经济也在晚清出现一阵繁荣。现今很难找到类似GDP这样的数字来一目了然地说明当时的经济状况，但有一个事实足够有说服力，那就是马尾船政实际上就是靠茶税来支撑的。

福州茶港兴盛时，福建的"种茶热"也被推进到了一个新的高度，乃至于走向负面。由于茶农漫山遍野植茶，闽江上游的植被遭到破坏，常常引发洪涝，甚至殃及下游的福州。

福州茶市出现人来货往、商行林立的盛况，福州人好像始料未及，洋行动作明显快，1869年就有英国商行15家、美国3家、德国2家以及银行、货栈、印刷局等。本地商号也迅速兴起，按照经营性质分，有采办、运销、门市三类行当。以采办绿茶为主的称为茅茶帮，以采办红茶为主的称为箱茶帮；运销茶行有京东帮、天津帮、洋行帮之分。像欧阳康家族"生顺茶行"就属于茅茶帮。不过，这些大商行也做运销生意。

从福州茶市的经营模式看，商业资本控制着茶叶生产的产业链，洋行预付资本给茶庄茶农，茶农必须将茶叶销售给茶庄。"销售唯视泰西人，一语不合夷人嗔"，定价权掌握在洋行手中。

经洋商出口的茶绝大多数为红茶，其次有少量的白茶与绿茶。洋行向茶栈购茶，另行焙火，重新包装，贴上洋行商标销至海外。洋行的内部组织，层级分明，责任明确。最上层是总经理，俗称大班，其下是茶师与总账房，均为老外。接下来是买办，多为广东人，职责是业务往来与人员管理，庞杂与繁多。买办之下是账房主管，主管之下又分过秤员、专门负责茶样的及栈司、翻译、书记员等。

当时的茶市竞争空前激烈，中外茶商绞尽脑汁。洋行频频利用资本与国际行情信息优势，诱使华商做出错误判断，从而渔利。毕竟洋商是以世界眼光，在世界市场逐鹿，而中国茶商依旧停留于一域一技，难免处处被动。左宗棠督政闽浙时，看到每年春茶上市，洋商在福州茶市高价收购，待大量茶船拥

图为慈善者在路旁设茶桶，向路人免费供应茶水

至，则价格顿减，茶商因此亏了血本。原因何在？左大人深有感触，浙江、广东、九江、汉口各处"洋商茶栈林立，轮船信息最速，何处便宜，即向何处售买"。华商也有应对之策，只是也不怎么正当，即晚清普遍存在的新旧茶混杂，以次充好、假茶充斥的现象。

中国茶遇到西方的机器

19世纪60年代，俄国商人在汉口开设砖茶厂，起初完全是按中国传统工艺和设备设计的。但俄国人很快就发现，我国原来生产砖茶的流程效率太低，遂把他们的蒸汽压力机移用到砖茶生产，从而开始了我国机器制茶的先河。1878年，福州等地的俄国砖茶厂在蒸汽压力机基础上又引进了更先进的水压机。

机器制茶，显然不仅是效率提高了，更重要的是生产性质变了，亦即再加工的特征异常明显。产品丰富了，产业链条拉长了，市场广阔了，所以有中国茶史专家将其升格为中国近代茶叶运输、贸易和科技的竞争范畴。

洋商已经兵临城下，可华商为何依然故我？其实，前面的文字已经给了很好的答案。鸦片战争以前，茶叶海上贸易集中在广州，由十三行办理。鸦片战争以后，福州等地开埠，我国茶叶出口和生产迅猛发展，并不断刷新纪录。其时，英国、荷兰在东南亚、南亚引种茶，不时从我国购买茶种和延聘茶叶技工去指导。在这样景气的氛围中，中国传统茶业是不会有危机感的，更甭提技术革新了。我们熟知的后世不少老字号就是在这种背景下开张的。当西方国家茶叶生产方式和茶叶科技体系建立起来后，我国传统以出口初级原料为主的茶业模式与其一碰撞，就迅即崩塌。

其实，清末的中国社会要求变革，学习西方文化、技能的呼声非常高涨。对社会改革和发展最有影响的，首推洋务派和维新派，尤以洋务派为最。历朝历代社会巨变时期，那些具有爱国情怀的有识之士，总能起到非常关键的作用。中国是否采用机器制茶就是当时的一个热门话题。

湖广总督张之洞对机器制茶就特别上心。这位洋务派重臣与茶是很有缘分的，尤其是与湖北茶。张之洞在湖北近二十年，着实为湖北茶叶的改革与振兴办了不少实事。

早在1894年，张之洞为减少两湖茶商亏损，就直接进行过运输红茶至俄国试销的努力。

1898年，张之洞在《饬江汉关税务司设立厂所整顿茶务札》中提出，要整顿茶务，挽回茶利，关键是要抓住"栽种必明化学，焙制又须机器"这两点。说做就做，他主张在汉口或产茶地方设立厂所，责成江汉关税务司寻访有眼光的茶商，集资入股，购置机器，聘请洋人，以制作上等好茶。这还不够，并明确表示，如有困难，他一定竭力扶持，倘若商人集资不顺利，他还会酌情动用官府资金相助。张总督还于1899年开办了农务学堂，开启了中国茶叶高等教育的先河。

　　再看一例。户部员外郎陈炽，在1895年的"条陈茶政"的奏折中就提出中国茶务"参用机器"的主张。他指出，中国茶务"昔盛今衰"的三大原因，一是印度、日本仿种太多，二是洋商之抑勒太甚，三是山户和商人互相抬价。明眼人看得出，陈炽的见解仅停留于表象。但其提出的"补救"之道却入木三分。第一条就是"参用机器"，克服人工炒焙不匀的缺点；第二条是解决茶叶快速运输问题，"准设小轮"；第三条是设立公栈，茶货联合，提高与外商的议价能力；第四条是减税。

　　当时普遍流行一种看法，认为印度、锡兰之茶胜于中国是由于机器，只要我国茶业采用机器，即可恢复功力，收复失地。两江总督刘坤一就持这种观点。

　　这时期，福州与汉口、温州、皖南等地都兴起了机器制茶。当时的西洋机器，主要是烘干机、揉捻机。而机器制茶的领先者当为福州。1896年，福州成立了一家新法制茶公司，焙火等机器从英国购买，技师也聘请老外，产品质量较传统的制法大大提高。这是近代福州民族资本兴起的表现。

　　百年后比勘前贤的论述会觉得肤浅，但如果放在当时的情境下绝对是超前的了。如今回望那段历史，教科书是这样表述的：在19世纪中后期，以电力技术和内燃机的发明为主要标志的第三次科技革命，带动了钢铁、石化、汽车、飞机等行业的快速发展。

　　其时的中国茶商，他们已经目睹与感受了这样的场景：看到以蒸汽机为动力的轮船开始在浩瀚无垠的大洋穿梭，一直靠帆船出口茶叶的中国茶商惊呆了，千辛万苦采制的产品，经过几个月的运输，结果到了目的地发现那里遍地都是同类产品。所有的劣势还在叠加，运输周期长、茶叶失鲜甚至发霉、自然损耗大等等，最终是市场越来越小，乃至于亏损。更憋屈与弄不懂的是，洋人早玩起了金融手段，操纵着汇率，本来出口茶叶亏本就损失了一笔，回国换汇又被宰了一刀。更具杀伤力的接踵而至，茶商与国内的商行、钱庄形成了呆坏账，资金链顿时紧张起来。这时，洋行现身了，他们不断收缩贷款，甚至不给中国茶商放贷。中国茶商万般无奈，只好苦苦哀求，洋行看目的达到了，迅疾抛出高息贷款。不少茶商、钱庄就是这样在高利贷、资金链断裂下破产的。茶叶贸易的恶化，动摇了清廷的经济支柱。国家层面看，银子只出不进，铸钱就越来越不值钱，通货膨胀越来越厉害，经济基础被掏空，清廷只能在风雨中任飘摇了。

大逆转

福州茶港繁荣的时光很快就到了1880年。每触及此，总感觉一瞬间历史翻过许多页码。

那是福州茶港分水岭的一年。统计数字告诉人们，那一年出口量虽达到了80.2万担的历史峰值，但出口额却减少了122万海关两。不祥的数据很快发酵，次年，大量资本退出福州茶市。茶叶出口开始直线下滑，到1890年只有39万担。海关税收减少，官府厘金锐减，茶行破家败产，损失最大的当然是处于产业链末端的茶农。

那更是中国茶业走向衰败的分水岭。

福州港无意中见证了中国传统茶产业落日时段最绚烂的余晖。落日总是短暂的，茶港飘香的日子就这样收场了。

发生在1884年8月夏日的那场马江海战，福建水师全军覆亡。福州茶业也连带遭无妄之灾，有几条运茶船毁于炮火。运往欧洲的茶叶质量下降了，英商趁机挑刺。

1889年，中国茶叶对英出口首次被印度超越。

次年，立顿，也就是目前世界上最具品牌价值的茶企问世。托马斯·立顿是个经营天才，"从茶园到茶杯"的经营模式就是他提出来的。立顿的营销思维深入骨髓，没多久，市场就将红茶与立顿画等号了，正像当年将茶与武夷茶画等号一样。百年后的1992年，立顿进入中国市场，袋泡茶的中国市场占有率第一。

晚清是中国历史的转折，历史潮流如洪水裹挟，谁也难以置身事外，茶业亦然。中国茶叶在辉煌了一千多年，自我感觉良好中神不知鬼不觉地走向衰落，这显然是茶人不愿看到的。但正如商业商品都有自己的生命周期一样，竞争规律使然，如山上坠落巨石，只有自身的力量销蚀殆尽才能停歇下来，个人徒呼奈何！

中国茶业走向衰败的原因，经济史家好像没有太多的歧义。无序竞争、以次充好、茶叶品质下降是内在因素。而同期，在亚洲的南部，悄悄崛起了两个强大的竞争对手，正伺机待出。这就是印度与锡兰。其发展模式与中国传统的小农作坊式的运营完全不一样，从栽培到制作的科技因素、精心管理、资本运作、现代流通方式等是中国茶商很陌生的。在现代工业生产方式面前，传统的小农作坊岂有不败之理。

当然，以现在的眼光看，前辈学者的视野还是狭窄了。为什么我们前面反复提到1500年，就是因为中国茶叶的大规模商业化贸易是在全球化进程中进行的，只是我们浑然不觉。等到我们懵懵懂懂时，世界分工已经完成，我们的购买商不是简单购买茶叶了，而是在工业化进程中高速飞奔了。洋商是以世界眼光，在世界市场逐鹿。而中国茶商依旧停留于一域一技，难免处处被动。

其实，鸦片战争的惨败，就意味着中国传统发展模式的落伍。蒸汽机、纺织机在西方国家的发明，机器作业代替手工劳动，推动着世界上第一次产业革命。人类渐渐走向工业文明；经济发展成果超越过去世纪的总和；各地区之间的差距迅速扩大。为什么会扩大？技术进步了，市场出现了。率先走上市场化道路的国家都位居世界的前列。

站在十字路口的中国茶业，是在哀叹声中沉沦，还是知耻后勇，救亡图存，把外来的冲击当作改变自身的契机，吸收外来营养以求涅槃重生？痛定思痛，我国茶业勇于剖析自身封闭保守、制茶理念与技术的因循守旧，走上了改革与学习西方之路。中国传统的制茶体系中要融入西方的工业元素了。

知耻而后勇，同样值得尊敬，也是复兴的一种希望。

开风气之先的福州茶商，率先至印度学习，归来后用机器焙制，1897年出口4万箱，获利甚厚。

1905年，清廷首次派官员向印度、锡兰取经……

1905年，清廷南洋大臣、两江总督周馥，派江苏道员郑世璜赴印度、锡兰考察茶业。郑世璜也就成了官方出洋考察茶业第一人。

民国时期军阀混战，经济凋敝，兵痞敲诈勒索，土匪骚扰，茶业亦一蹶不振，但福建茶业管理当局并不是坐以待毙，而是积极适应社会环境变化，政府曾派员到海内外考察，在福安创办农业学校和茶业改良场。1938年10月，原先设在福安的福建省茶业改良场为躲避日寇的侵扰，迁往崇安县的赤石，更名为"福建示范茶厂"，由张天福任厂长。

1942年7月，崇安示范茶厂被国民政府财政部贸易委员会接管，改名为"财政部贸易委员会茶叶研究所"，吴觉农任所长。抗日战争期间，吴觉农负责国民政府贸易委员会的茶叶产销工作，努力开拓茶叶对外贸易，特别是对苏易货贸易，取得较大成绩。

吴觉农主政的茶叶研究所在极其困难的情况下，积极开展茶树育种，进行品种观察、单本选择、武夷名丛观察、土质调查分析等研究。为避免茶园荒芜、救济茶农生活，也为战后茶业复兴积蓄元气，吴觉农高瞻远瞩，提出"幼树留蓄，壮树继续采制，老树则彻底更新"的"茶树更新运动"。茶农更新的经济损失，由中茶公司出资补贴，具体组织、办理，由崇安茶研所和茶树更新运动指导处负责。从1942年春天开始，至1944年底结束，3年中共维护了十余万亩茶园，更新了一千多万的茶丛。为搞清武夷岩茶品质优异的原因，吴觉农组织土壤专家王泽农对武夷岩茶产区土壤进行调查分析。至今，王泽农的《武夷茶岩土壤》中弥足珍贵的数据、资料无人能企及；林馥泉的《武夷茶叶之生产制造及运销》一书，至今仍被视为研究武夷岩茶的经典。此外，廖存仁的《武夷岩茶》，陈舜年、徐锡堃等人的《武夷山的茶与风景》以及吴觉农亲自撰就的《整理武夷茶区计划书》等对振兴武夷茶极有价值。

六、万里茶道

鸦片战争前，武夷茶的外销渠道主要有两个，一是经广州口岸销往英美等国；二是经恰克图口岸对俄国输出。后者，就是我们现在讲的万里茶道。

但一个世纪的尘封，万里茶道在很多人的印象中接近于零。而再次进入人们的视野，是在2013年3月22日。习近平主席在对俄罗斯访问的演讲中特别提及万里茶道，也就是俄国人所称的"伟大的中俄茶叶之路"，并把它与当今"世纪动脉"并列。

尘封的记忆倏然被打开。我们发现，万里茶道并没有远去，她是在陆上丝绸之路衰落后，东亚大陆上兴起的又一条国际商路。或者说，她是丝绸之路的接续。

学界很快给出了概念上的界定：始于17世纪，由晋商开拓的茶叶贸易路线，分北路和西路两条。北路自产茶地经八省，穿蒙古至恰克图，由俄国远销欧洲地区。西路又分大西路和小西路两条线路，途经中部五省，西延至内蒙古、陕西、甘肃、新疆，到达俄国境内，全长1.3万千米。通过这条商路，中国外销茶叶源源不断输往欧洲。

进一步观察，学界发现万里茶道的经济意义与文化价值极其巨大，我们现今远远评估不足。

茶叶贸易使茶叶生产不断规模化、专业化、产业化，使得官方与民间，手工业与农业，城市与农村，商人与农民，南方与北方，水运与陆运，生产者与经营者，集团经营与个体经营，乃至中国与外国这样无数生产要素，在茶叶贸易这个产业链中，紧密地结合成一个整体，构成了现代意义上的经济一体化雏形。这在中国历史上都是鲜见的，可谓经典范例。

万里茶道催生了一批城市（镇）。从国内看，从武夷山到二连浩特，与茶

黄岗山峡谷

路贸易有关或茶路催生的地市级城市就有25个，旗、县一级就更多了，典型的如社旗。在境外，除了蒙古国的乌兰巴托，俄罗斯从恰克图到圣彼得堡，茶路经过或与茶路关联的城市就有40多个。

万里茶道创造了巨大的物质财富，更造就了众多的经济人才和商业文明。虽然那些用白银堆积的历史和财富，都已经变成文字与数据符号而看不到了，但可以从今天遗存的会馆、寺庙、晋商大院等建筑中找到。下梅村建筑精美的邹氏家祠，社旗美轮美奂的山陕会馆，规模宏大的大院庄园，耳熟能详的店铺字号，无不与一个个显赫的人名相关，而这一个个人名又与万里茶道相关的商务活动相联系。茶路兴盛的大气候，传诵至今永不过时的商业道德和商业文明，很多都被永远镌刻在万里茶道的功德碑上。山西不产茶，但晋商用双脚踏出了辉煌两百余年的万里茶道，其足履灼沙、顶风斗尘、马矢代薪、炊灶作食的精神，向生命极限挑战的勇气与信念，是当今茶人最该汲取的商业精髓。

在万里茶道，烈日灼人与寒风浸骨贯通了，江南软风与塞外冰雪交融了，云深林密的武夷山与苍茫辽阔的草原无缝对接了。晋商吃苦耐劳的精神与武夷茶人的匠心在悠悠茶香中共同流淌了两个世纪。

万里茶道，一线牵出中俄文明碰撞的靓丽火花。

万里茶道作为中华民族宝贵的文化遗产，其现实价值不容忽视。万里茶道见证了晋商的兴衰荣辱，见证了古代茶农的日出而作日落而息，见证了大半个中国从封闭落后走向自强开放的历程，见证了中华民族在传统农业文明与近代工业文明之间的挣扎与转变。

鉴于茶道所承载的独特的历史文化价值，中蒙俄三国在充分交流后，联合申报世界文化遗产。2014年10月，《中俄万里茶道申请世界文化遗产武汉共识》签订，正式将茶道的申遗工作提到了国家层面。2019年3月，国家文物局正式将万里茶道列入《中国世界文化遗产预备名单》。

中俄之间极有茶缘。据载，早在明崇祯（1628—1644）年间，中国茶叶就被运往俄国。当茶叶作为礼物被沙皇使者带回时，沙皇命仆人沏茶与众大臣共享。清幽淡雅的茶香顿时令众人惊异不已。从此，俄国人开始了漫长的饮茶史。寒冷漫长的冬日，草木歇息，有一杯茶是多么惬意暖心的事。

康熙二十八年（1689年），中俄签订《尼布楚条约》，两国贸易正式开始。中国茶叶、棉织品以及少量的绢、白砂糖卖给俄商，以换取俄国的毛皮，

中俄贸易"彼以皮来，我以茶往"的传统也由此形成。

雍正五年（1727年），中俄签订《恰克图条约》，确定恰克图为中俄互市地点。中俄边境贸易有了更多的政策与法规保障，商队贸易与边境贸易并起，极大地促进了中俄贸易的发展。中国商人开辟了多条自南方茶叶产地至俄内陆腹地的茶叶贸易路线。这其中最突出的是晋商。

山西气候条件恶劣，天寒地瘠，生物鲜少，人稠地狭，岁岁年入，不过秫麦谷豆。家常需要之物，皆从远省贩运而至。所以，山西的经商传统悠久。朱明时期，借助为边防提供运粮盐等后勤服务，晋商积累了雄厚的资金，清代更以经营票号等崛起为中国第一大商帮，纵横商海500年。

近水楼台先得月。长期做宫廷生意的晋商率先嗅到了商机，不远万里到武夷山，贩运武夷茶。从武夷山出发，途经江西、湖北、河南、山西、河北、蒙古，以挑夫、舟船、马帮、驼队相继接力，水浮陆转，运到恰克图交易；再由俄罗斯商人运往莫斯科、彼得堡，进入欧洲。一季茶道折腾下来，约莫一年。其中的辛酸，南方的汛期与烈日，北方的风沙与苦寒，路途的疾病、匪患与孤寂，无不考验着一个人的体魄与毅力。但晋商挺过来了，终成一番大业。

　　万里茶道的起点为什么是武夷山，因为武夷山的茶叶多。从乾隆（1736—1795）年间开始，大量的武夷茶就从下梅的当溪运出，至赤石，入崇阳溪后逆流北上崇安。然后，沿着山间小道，翻越武夷山脉，用人力挑、独轮车推，至江西省的铅山县河口镇。明代时，河口镇已是著名的茶市了，河口红茶的知名度也很高。清代恰克图开市后，武夷山茶叶大量北运，江西、福建、晋陕商人纷纷来到河口采购、加工茶叶。当时河口镇制茶技术享誉甚高，武夷山的不少制茶师傅就来自河口。河口是一个重要的茶叶集散地，因此有"装不完的河口"之说。

　　如今的河口镇，明清古街依旧完整，青石板路早已被岁月打磨得光可鉴人。前临街后临河的一排排木屋已呈深褐色，斑驳沧桑，像个布满皱纹的老人在夕阳下打量着过往的面容。昔日的风情和岁月，已随一箱箱茶叶沿信江飘向远方。

汉口码头

汉口书信局发行的相关茶叶邮票

　　从武夷山采购的茶沿着信江顺流而下经鄱阳湖，然后到达九江。襟江带湖的九江，处于长江黄金水道与鄱阳湖交汇的位置，自古就是"万商往来之区"。在清代江南运输主要靠水路的情况下，九江把江西、福建和安徽的著名产茶区连接到一起，成为长江中下游重要的茶叶集散地。

　　从九江逆长江而上，至九省通衢的汉口。明清之际，汉口镇为湖北之要冲，商贾毕集，帆樯满江。早在汉口开埠前的道光三十年（1850年），就有晋商在两湖地区收购茶叶运往俄国。汉口开埠后，茶叶成为其第一大经销商品，故有"卸不完的汉口"之说。

　　汉口既是晋商运转茶叶的中心，也是晋商在华夏腹地的金融中心。分布广泛的晋商票号大大方便了大宗商品交易，为晋商垄断万里茶道奠定了基础。

　　鸦片战争后，晋商在茶叶贸易中的垄断地位被英俄茶商冲击。汉口作为重要的茶叶集散中心，亦成为英俄竞争的焦点。最终，英商在汉口茶叶商战中落败，俄商控制了汉口茶市。在沙皇的鼓励下，俄国贵族与财阀纷纷奔赴汉口，开办制茶厂与茶叶贸易公司。俄国砖茶最大的加工集散地就是汉口。著名的俄砖茶厂新泰砖茶厂位于汉口合作路当年的俄租界内，旧址保留有古老的砖墙、门洞、木梁等。

　　随着机器生产与商业资本的介入，中俄茶叶贸易竞争迅速白热化。俄商兵临城下，晋商腹背受敌。但久经商场、意志顽强的晋商没有乱了阵脚，而是祭出老祖宗的智慧，以其人之道还治其人之身，把茶号开到俄罗斯去。自同治六年（1867年）提出构想，仅仅过了两年，晋商即向俄罗斯输出茶叶11万担。晋商茶号更是以惊人的速度遍布伊尔库茨克、赤塔、比思克、秋明、莫斯科、彼得堡等城市。

在国内市场上，晋商自武夷山往北的运茶路上，逢关纳税，遇卡征厘，茶叶收购价格和运输成本大大提高，开辟新的茶源地已经成为晋商的当务之急。加之太平天国运动爆发，咸丰三年（1853年），战火影响到福建、江西等地。晋商又发现了适宜植茶而又交通便捷的湖南安化、湖北鄂南茶区，于是携带资金，来到羊楼洞等地指导当地人制作红茶，从源头上控制茶叶生产。

在汉口，晋商更是与俄商硬碰硬地较量。俄商有机器，晋商立马进口英国的烘干机，使用气压机与水压机制茶，所制作的砖茶一点不比俄国的差。俄商走水路，快捷而成本又低；晋商依然坚持走传统的线路，凭借一套完备的管理经验，比如驼队掌控等，以超强的意志、韧性、牺牲精神与俄商抗衡了数十年。直到1905年西伯利亚大铁路开通，晋商传统的运输方式才被淘汰。没几年，随着辛亥革命与俄国十月革命的爆发，中俄贸易在纷飞的战火中逐渐衰落，这条兴盛两百年的万里茶道也黯然退出历史舞台。

汉口是万里茶道上最大的水上中转站，沿着汉水逆流而上二十天左右，即抵达襄阳。襄阳号称"水陆要冲，七省通衢"，在湖北是仅次于汉口的茶路商埠，是晋商茶路的重要码头之一。当时，晋商的各路茶庄都在襄阳开设分号和船帮代理，拥有众多的货栈。襄阳的钱庄票号、典当行均为晋商控制，其繁盛不亚于汉口。

离开襄阳，继续走水路，但大船要改换小船了，汉水也要切换到唐河了。唐河的尽头是河南的赊店。乾隆、嘉庆年间，赊店就水陆交通发达，商贸繁盛，"地濒赭水，北走汴洛，南船北马，总集百货"。赊店，就是今天的社旗，是万里茶道的水路终点与陆路的起点。在此，茶商舍舟登陆，改用畜驮车运，结束水运改乘马车了。茶叶贸易的兴盛，让赊店成为一个交通枢纽，有诗云："依伏牛而襟汉水，望金盆而掬琼浆。仰天时而居地利，富物产而畅人和。"这里的山陕会馆为清代山西、陕西商贾集资兴建，作为他们同乡集会的场所，是全国现存规模最大的会馆，其精妙绝伦、富丽堂皇，令人叹为观止。

离开赊店，北上洛阳。洛阳既有洛水航行之便，又是山陕通往中原的官道所经之处，水陆交通都很便利，大街小巷都有商号店铺。茶商在洛阳北渡黄河。过了黄河，晋商就回归故里了，高度紧张的神经暂时可以松弛许多。

沿着悠悠的太行古道，两岸是熟悉的风景，驴骡驮运，近乡情怯，老母妻儿可能在家门口的沟沟坎坎上瞭望很久了。

如今的晋商故里，如榆次常家，祁县大盛魁、渠家、乔家，太谷曹家，明清两代商业繁荣的喧嚣已经远去，现被确定为"晋商万里茶路中心"。气势恢宏的座座深宅大院说明万里茶道是一条实实在在的财富之路。据说，就连不少西伯利亚的原住民也从茹毛饮血的原始状态中解放出来，放下手中的猎枪和鱼叉，变成买卖人……

在这里，随便拎一个茶叶老字号，都沉甸甸得像一部厚重的史书。

太谷曹家是为数不多的持有"龙票"的大商家之一。龙票，也就是清廷颁发的经营执照。曹家早于雍正年间就在恰克图开设锦泰亨、锦泉涌两家商号，茶为其经营的最大宗商品。

大盛魁，正像它经营的产品无所不包一样，它身后的荣誉也是林林总总，什么万里茶道上最大的驼队、中国第一旅蒙商、晋商旗舰、中国最早的股份制企业等等，估计谁也说不齐全。

祁县的长裕川是祁县开设时间最长、规模最大的茶号，一直是渠家的老字号。

乔家的茶号主力则是大德诚、大德兴。

当然，最有代表性的是榆次常家。

常家之前在张家口、大同、多伦等地从事布匹、粮油、铁器贸易。《恰克图条约》签订之后，常万达敏锐地嗅到商机，跑到中俄边界做起了茶叶生意。虽然他经营的茶号生意顺当，但雄心勃勃的常万达并不满足于此。他的眼光很远，穿过了茫茫草原，穿过了万水千山，落在了遥远的福建武夷山。

乾隆二十年（1755年），常万达千里迢迢来到武夷山。顾不上旅途劳顿，整天在秀水丹山中转悠。一天，他来到下梅村附近，在一大片荒山前久久驻留。最后，他向邑人询问这片荒山是否售卖？当地人看他神经兮兮的样子，就随口说了一个离谱的价格。谁知常万达二话不说，一口答应了下来。

其实，常万达的心思是采取茶叶的收购、加工、贩运一条龙的方式，把生意直接从福建做到俄罗斯。显然，选择下梅村种植茶叶，交通便捷是主要因素。当然，万事开头难，更大的挑战还在后头。种植是个挑战，与当地同行竞争也是挑战。不过，这都难不倒常万达。他选择与武夷山当地茶商协作，最终景隆号邹家茶庄进入常万达的视野。或许是邹家几代人吃苦耐劳与常家艰难创业极其相似之故，两家一拍即合。当时，下梅村是一个大茶市，一捆一捆的茶叶被装上竹筏，沿梅溪而运出山外，开始了它们遥远的行程。

有人说："山西榆次常家，以取财天下之抱负，逐利四海之气概，制茗于武夷山，扎庄于恰克图，拓开万里茶路，经销蒙俄北欧，绵延二百余年，遂成富甲海内之晋商巨贾，中国对俄贸易之第一世家。常家的经商史，就是一部高度浓缩的清代对俄贸易史。"

"一万里茶路，两百年常家。"或许这评价有点过誉，但常家确实上演了一处商业传奇！

在故里修整后，运茶的马车就要滚滚向北了。途经太原，也就是现今山西省的省会。

越往北走，纬度越高，越觉得苍凉悲壮，因为山西的北部自古就是一处古战场。这不，迎头就是雁门关。站在雁门关前，李贺的《雁门太守行》不自觉就涌上心头。黑云压城，角声满天，霜重鼓寒就在关前回荡。还没回过神来，杨家将、杨门女将立时浮现在眼前……雁门关是九塞之首，自明清以来，中原王朝与北方民族互市的主要产品大多由此通过。中原以茶为主，北方各族以马牛羊为主。

在塞外边关的荒凉中，逼人的杀虎口赫然就在眼前。杀虎口是军事要塞，是边贸重镇，是明清时期重要税卡……但在老百姓心目中，它是西口。所谓走西口的西口。多少悲欢离合在此上演过。

有西口，就有东口。东口在哪？张家口。塞上重镇张家口是中国商人塞外贸易的中枢，南北货汇聚于此，再经各条商路分流到塞外各处。

出了张家口，就是茫茫的大草原了。"青色之城"呼和浩特，地当五路冲要，四通八达，凡西北各省的进出口货物都汇聚于此。"鹿城"包头纯粹是一个因晋商发展贸易活动而兴起的城市，至今通行晋方言。

草原的尽头是沙漠、戈壁。那是万里茶道上环境最恶劣、条件最艰苦的路程。一千多千米的行程，是在运输茶叶，还是在与风雪、寒冷、野兽、疾病作搏斗？

库伦地处中俄商路之上，为蒙古第一大商埠，中俄之间的贸易造就了这座城市。这里也是晋商所垄断的对俄贸易的中心。俄国人的大本营就是"有茶的地方"恰克图。恰克图开市之后，贸易日益繁盛，逐渐成为当时欧洲与俄国的

茶叶批销中心，茶叶之路由此往俄国延伸，直至莫斯科，远抵圣彼得堡。恰克图这个昔日的边境小沙丘，也由于贸易的发展，逐渐演变成大漠以北的商业都会，繁荣一时。远在伦敦的马克思都注意到了，在《俄国对华贸易》中给予浓墨重彩的一笔。

在传统的农耕经济时代，万里茶道成为一扇面对外界的窗户，大大拓宽了人们的眼界。大江南北的人情百态、风俗传统、奇闻逸事，都沿着这条茶叶之路传播开来。

这条路是财富之路，文化交流之路，何尝不是锤炼一个民族的精神与意志之路。

中国茶业还在路上，而万里茶道是最好的精神补给站。

第五章 泛舟国际的闽南乌龙茶

福建乌龙茶可分为闽北乌龙与闽南乌龙。闽南乌龙以安溪铁观音为代表。此外，历史上著名的产品还有永春佛手、闽南水仙、色种、平和白芽奇兰、漳平水仙、诏安八仙茶等。这个大家族，为丰富我国乌龙茶产品，以及种植栽培技术、加工技术、机械设备，乃至营销等做出了积极的贡献，在中国茶产业发展史上留下了浓墨重彩的一页。

一、天下之"店"，天下之"市"

伯乐识良驹，润泽天下人

安溪铁观音是闽南乌龙茶的最主要产品。唐宋时期，随着北方人口南移，茶业重心也向南转移。据安溪民间族谱记载，唐末五代期间，北方人口为逃避战乱，纷纷经荆楚、江淮入闽，移居安溪的姓氏有刘、林、周、廖、詹、王、吴、安等。唐末，安溪阆苑岩岩宇大门有一副茶联："白茶特产推无价，石笋孤峰别有天。"说明当时安溪产茶已很普遍。宋代是我国历史上茶叶生产和茶文化大发展的一个重要时期。这一时期，安溪茶叶也有较大的发展。宋代初年，当地诗人黄夷简退居安溪后吟道："宿雨一番宿甲嫩，春山几焙茗旗香。"明崇祯六年（1633年）的《清水岩志》中，对当时的茶叶生产做了详细、精彩的描述。《清水岩志》载："清水峰高，出云吐雾，寺僧植茶，饱山岚之气，沐日月之精，得烟霞之霭，食之能疗百病。老寮等属人家，清香之味不及也。鬼腔口有宋植二三株，其味尤香，其功益大，饮之不觉两腋风生，倘遇陆羽，得以补茶经焉。" 从这些史料可以看出，宋至明代安溪不论寺庙或农家都已普遍产茶了，并能对茶叶品质做出鉴别、评价和比较。这也充分说明明清时期是我国茶业从兴盛走向鼎盛的时期，栽培面积、生产量曾一度达到了有史以来的最高水平；茶叶生产技术和传统茶学发展到了一个新的高度，散茶成为生产和消费的主要茶类；茶叶产品开始销往世界各地。明嘉靖版《安溪县志》载："茶，龙涓、崇信（今龙涓乡、西坪镇、芦田镇、祥华乡、福田

乡）出者多"。"茶产常乐、崇善等里（今剑斗镇、白濑乡、蓬莱镇、金谷镇、魁斗镇等）货卖甚多。"清初阮旻锡的《安溪茶歌》云："安溪之山郁嵯峨，其阴长湿生丛茶。"明末清初，福建的武夷岩茶及安溪乌龙茶已相继出现并得到发展。安溪人到武夷山经营，现在武夷山天心洞、水帘洞等地操闽南话的安溪籍村民达上千人。清同治（1862—1874）年间创办的奇苑茶庄，经营武夷岩茶，远销至新加坡、马来亚、泰国、缅甸等地。奇苑在武夷山拥有宝国岩、慢陀东、慢陀西、下霞宾岩、珠帘洞、芦柚岩、岭脚岩、龙珠岩等众多茶园，年销售茶叶达数十万斤，常占漳州茶叶的一半以上。"自从奇苑来漳设庄，引销'夷茶'并打开新局面之后，利之所在，原以经营'溪茶'为主的其他茶庄亦纷纷采运'夷茶'来漳销售。于是'夷茶''溪茶'在市场上并驾齐驱并互争雄长。"《噶喇吧纪略》中记述了由中国出口噶喇吧（雅加达）的产物四大类16种，这16种中国物产是茶、漳烟、丝袜、丝绸、花缎、丝带、纸料、瓷器、铜壶、川漆、龙眼、柿果、青果、面粉、人参、土茯诸药材。这些记载都表明元末明初一段时期内福建茶叶外销的繁荣景象。

清代，铁观音的诞生，为闽南乌龙茶产业的发展注入了生机，厦门港茶叶往来频繁，经营茶叶的安溪人日渐增多，并传入台湾，也促进了台湾乌龙茶的发展。这个时期在技术上也取得突破，如短穗扦插技术等对以安溪铁观音为代表的闽南乌龙茶推广做出了积极贡献。

民国时期，安溪茶叶开始从兴盛走向衰落，1935年，全县茶叶产量降至416吨。抗日战争全面爆发后，茶政失理，官吏营私，乌龙茶主要外销口岸厦门、汕头相继沦陷，海关紧闭，水路断绝，茶市消沉，茶叶无从出口，不少茶厂倒闭，大片茶园荒芜，产量一落千丈。1939年，安溪茶叶产量降为350吨，茶叶生产濒临绝境。至1949年时，全县茶园面积只剩下约2万亩，茶叶产量仅为419吨。

中华人民共和国成立后，安溪茶叶经历恢复、受挫、快速发展三个阶段。中华人民共和国成立初期，安溪从改造低产茶园入手，至1955年全县茶园面积恢复到2.9万亩，茶叶产量上升到885吨。1956年后，党和政府对乌龙茶生产采取了一系列经济扶持政策和行之有效的措施，全县掀起"开发万宝山，建万亩茶园" 热潮，有力地促进了茶叶生产的发展。到1965年全县茶园面积达5.1万亩，茶叶产量达921吨，比1949年增长1.2倍。"文化大革命"时期，茶叶生产蒙受重大损失，1976年，全县茶园面积虽然达到7.6万亩，但茶叶产量仅1553吨，平均单产仅20千克。这一时期有出口茶叶，但是除国家规定的出口任务外，与海外少有交集。

爱拼敢赢先天下，领跑创新翘楚雄

改革开放为安溪茶产业的发展注入了一支强心剂，安溪茶产业蓬勃发展。安溪也从国家级贫困县脱帽并成为全国百强县，可谓天翻地覆。这些多半得益于茶产业的发展，一业兴百业旺，这是安溪人挂在嘴边的一句对茶叶赞美之词。

安溪成为中国茶产业的领头羊。2018年，全县茶园面积60万亩，年产量6.8万吨，涉茶总产值175亿元，连续10年位列全国重点产茶县首位，入选"2018中国茶业品牌影响力全国十强县（市）"，安溪铁观音品牌价值连续三年位居中国茶叶类第一位，入选"中国十大茶叶区域公用品牌"，成为上合组织青岛峰会、中非合作论坛北京峰会和中英、中印、中朝领导人会晤等重大外交活动用茶。

安溪的茶产业经验值得分享。

第一，体制建设要健全，协调有方讲实效。

我国以较为强劲的行政体制保证着政府政策的贯彻落实。安溪也不例外，改革之初，面对人口多、只有山地资源、号称国家级贫困县的境况，安溪人希冀着宜于种植茶树的这片土地能够青春焕发、蓬勃向上。安溪铁观音不负众望，在时代的发展中，破茧而出，砥砺前行。

完备的涉茶管理体系。在县委、县政府的统一领导下，一以贯之，建立起较为完备的涉茶管理体系。如以县委、县政府主要领导挂帅的茶管委，涉茶机构有农茶果局、茶叶总公司、技术监督局、茶叶检测站、茶行业协会、茶叶技术推广站、茶叶科学研究所、国家茶叶质量监督检验中心（福建）、国家茶叶检测重点实验室（福建）、国家茶叶质量安全工程研究中心、各产茶镇（乡）农技站、茶叶学会、茶叶协会、安溪铁观音研究院、福建农林大学安溪茶学院、安溪茶叶学校、安溪茶叶艺术学校、安溪县茶文化艺术团、安溪乌龙茶研究会等等，保障县委、县政府发展茶业的部署安排，各负其责、各司其职，有序推进安溪茶业健康可持续发展。

第二，茶园建设基础实，质量安全有保障。

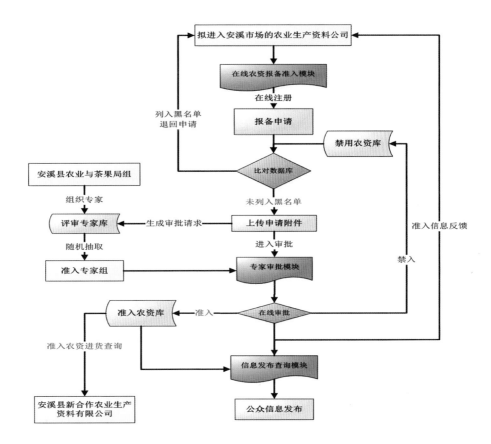

茶园是茶产业发展的根基，没有良好的茶园建设基础，就不敢妄言茶产业的发展，安溪也从茶产业快速成长中意识到过度开发山地资源会带来的负面影响，茶园建设强调"茶园周边有林，路边沟边有树，梯岸梯壁有草，茶园内沟外埂"的生态要求，鼓励推动有机茶园建设；集结各种功能的茶庄园建设如火如荼，云岭茶庄园、安铁集团茶庄园、八马茶庄园、华祥苑茶庄园、中闽魏氏茶庄园、高建发茶庄园、三和茶庄园、国心绿谷茶庄园等为安溪织就了一幅美丽的山水画卷。

安溪在发展茶产业的历程中，始终十分重视茶叶的卫生质量安全问题，虽然有过这样那样的曲折经历，但安溪始终视茶叶安全质量为生命线，保持高压态势，先后出台《安溪县茶叶质量安全监管工作奖惩办法》等政策措施；2010年4月，福建省政府在安溪县召开全省农产品质量安全工作现场会，总结推广安溪模式。2010年，安溪县与福建省农业科学院共同开发的"农资监管与物流追踪平台"等一系列成功做法得到省农业厅的充分肯定，要求在全省26个茶叶主产县，而后在全省各农业县全面推广。2012年7月，国家农业部产业政策与法规司在安溪的调研报告《产茶大县如何保证茶叶质量安全》，印发全国农业系统进行推广。2014年2月，福建省政府、国家质检总局在安溪召开出口食品农产品质量安全示范区建设现场会，总结交流推广安溪县食品质量安全的管控模式。同年，央视焦点访谈《守护舌尖上的安全》专题报道了安溪在茶叶质量安全源头管控上的做法和经验，受到广泛的好评。两个国家级茶叶检测机构，承检茶叶质量安全指标几百项，覆盖我国和欧、美、日等发达国家和地区法规标准要求。年检测样品7500多个，项目达5万多项次。有效保障茶叶的质量安全。

第三，茶叶加工求创新，培育能人出奇招。

安溪茶叶加工工艺的传统与创新并举，加工业是多层次结构，满足各种规模水平的生产发展需要。在这个过程中，安溪县积极推进茶叶加工业的机械化、自动化、智能化发展水平，与之相伴而生的茶机生产厂家不在少数。据统计，安溪茶叶机械市场份额占到了全国的30%左右，技术水平领先业界，为实现清洁化生产、智能化生产奠定了基础。弘扬工匠精神，培育制茶大师，工艺

精益求精，提升茶叶品质。"乌龙茶制作技艺（铁观音制作技艺）"于2008年列入第二批国家级非物质文化遗产名录。第三批国家级非物质文化遗产项目乌龙茶制作技艺（铁观音制作技艺）代表性传承人有魏月德、王文礼；省级非物质文化遗产项目安溪乌龙茶铁观音制作技艺代表性传承人有陈双算、魏双全、王福隆、魏贵林、肖文华、高碰来、王启灿7人；市级非物质文化遗产项目安溪乌龙茶（铁观音）制作技艺代表性传承人有陈秀玩、杨松伟、魏劝良、张顺儒、王辉荣、陈两固、陈清元、汪健仁、杨三海、林水田、林茂安、王志宏、刘金龙、吴世福、郑华山、林水根16人；县级传承人有吴黎明、詹庆章等61人，特别值得一提的是其中有两位女传承人何环珠、黄金英。由安溪县人民政府和福建农林大学安溪茶学院主办的首届安溪铁观音大师赛，自2017年4月启动至2019年，已进行了三届比赛活动，通过非遗传承人及大师赛活动，茶农群众制好茶的激情受到极大的鼓舞，茶叶品质的提升与工艺的不断创新与发展也得到有效的引导。

第四，茶叶市场重开拓，省内省外同起舞。

茶叶产品的消费是茶叶生产的终极目标，因此，市场的建设十分重要，通过多年努力，安溪已形成集"中国茶都""茶博汇"以及各产茶镇（乡）的各

安溪「中国茶都」茶叶市场交易场景

级茶叶市场。与此同时，积极拓展国内外茶叶市场，在全国各主要销区均有安溪茶叶商会组织。据统计，遍布全国各地从事茶叶销售的人员约有15万之多，以至于在业界有"无铁不成店，无安不成市"这样的一种说法，说的就是茶叶店中不可能没有安溪铁观音，茶叶市场不可能没有安溪人，可见安溪人与茶叶水乳交融，密不可分。

第五，知识产权须保护，品牌建设重打造。

安溪在茶产业发展中深知维权知法的重要性，以全球发展的视野与高度打造了一批有影响力的茶叶商标，拥有中国驰名商标7件、著名商标36件、知名商标49件；拥有电子商务企业200多家，在淘宝等平台开设的网点近万家。"安溪铁观音"自2006年被国家工商总局认定为全国涉茶产业首枚"中国驰名商标"以来，先后荣获"福建省改革开放三十年最具影响力、最具贡献力品牌""影响世界的中国力量品牌500强"，2010年入选"中国世博十大名茶"第一位，2015年荣获"百年世博中国名茶金奖"首位。安溪铁观音连续三年名列全国茶叶类区域品牌价值第一（区域品牌价值仅次于贵州茅台）。打造了八马茶业、安溪铁观音集团、坪山茶业、三和茶业、华祥苑茶业、中闽魏氏茶业等3家国家级、8家省级和12家市级龙头企业，一批茶企在资本市场融资方面取得突破。

安溪围绕以发展安全、优质、高效生态农业为重点，在已有的国家标准、行业标准和省地方标准的基础上，采取引用、修订与制定相结合的办法，建立了结构合理、层次分明、重点突出的茶业标准化体系，基本覆盖全县主要茶产品质量、种苗、生产、加工管理和包装储运流通等环节。全县100多家茶企获得了ISO9000、GAP、GMP和"三品"等质量管理体系认证。2012年、2015年、2017年先后获得"国家级出口食品农产品质量安全示范区""国家有机产品认证示范区""国家农产品质量安全试点创建县"称号。

第六，茶事活动形式多，重在提升认知度。

由安溪县委、县政府推动的"安溪铁观音神州行""中国茶都国际茶博会""美丽中国行"等茶事活动，有效提升了安溪铁观音的知名度。在2018年第二届中国国际茶叶博览会活动中，"安溪铁观音神州行"获"中国茶事样板十佳"称号。还有散落在各乡镇的茶庄园、茶乡文化长廊，通过茶旅结合、茶旅互动吸引着国内各地的游客到茶乡进行体验式旅游，享受茶叶生产过程中的各种乐趣。

第七，人才培养不含糊，科技创新有高度。

要谋求茶产业有更高层次的发展需求，必须抓好人才培养与科技的创新。经过多年努力，安溪已拥有福建农林大学安溪茶学院、安溪茶业职业学校、安溪铁观音传习所、制茶工艺大师工作室以及各种类型涉茶培训班，全面提升涉茶人员素质，不仅满足安溪本地茶产业的发展需求，也向全国各地输送各层次涉茶人才。承建国家级现代农业示范区（茶业）、国家现代农业产业园（茶业）、国家茶叶质量安全工程技术研究中心、福建泉州国家农业科技园区（茶叶园）、福建省茶叶机械工程技术研究中心等一大批国家、省级高新技术发展项目，创新驱动，引领茶产业的科技发展水平。

香播世界传佳话，归去来分酿友谊

生活在穷乡僻壤中的安溪茶人，一生充满着"爱拼才会赢"的血性气质，生产的茶叶通过他们不懈的努力与推广，"安溪铁观音"这张烫金的名片誉满天下。通过它的远航，成就了许多友谊的佳话，是前行在"一带一路"上的一颗耀眼的明珠。

安溪铁观音的发展与闽南乌龙茶积极拓展海内外茶叶市场有密切的关系。据史料记载，清顺治七年至十八年（1650—1661），厦门港是郑成功海路"五商"（以仁、义、礼、智、信5字为5家商行之代号）通中国台湾、日本、吕宋及南洋各地的中心。清康熙二十二年（1683年）收复台湾后，厦门设"台厦兵备道"。康熙二十三年（1684年）闽海关设立，厦门为其正口，成为"凡海船越省及往外洋贸易者，出入官司征税"之地。雍正五年（1727年），清王朝规定所有福建出洋之船，均须由厦门港出入，厦门港为福建省出洋总口。与厦门往来的东西洋国家和地区达30多个。英文中茶叶称"tea"，其发音就是闽南语"茶"的发音。尤其是西方殖民者来寻找对华直接贸易的通道，在广东海面失败后往往转移到福建海区来。荷兰在巴达维亚建立茶叶转口中心后，厦门到东南亚的茶叶运输愈发重要，沿海的帆船贸易为此而再次活跃起来。为适应茶叶外销市场迅速发展的需要，雍正六年（1728年），清廷废南洋禁令，在厦门正口始设贩夷洋船，"准载土产茶叶、碗、伞等货，由海关汛口挂验出口，贩往各番地……嗣因海盗平靖，内地茶商均由海运茶至粤"。"至嘉庆元年，尚有洋行八家，大小商行三十余家，洋船商船千余号"，在厦门出口货品中，茶叶占主导地位，主要是闽南的安溪乌龙茶、龙岩宁洋茶和北部崇安的武夷茶，1869年以后，台湾乌龙茶也开始从厦门输出美国，并且逐渐成为厦门最重要的外销茶。据上海复旦图书馆《星洲十年》1929年初版记载："茶为吾国特产，福建一省，出产尤多，故闽侨以由国内贩运各式茶来南洋群岛行销为业者，已有百余年历史，且有由此转销英荷两国本土及欧洲大陆诸国者，故在二十年前，为我国茶南销之黄金时代，当1914年顷前次欧洲大战前后，印度锡兰产之所谓'洋茶'（港沪间称红茶），渐为南洋人士所嗜，同时台湾茶业勃兴，积极来南洋推销，国茶在南洋，逐渐失其优越地位，1929年以后，锡兰茶及荷属东印度产之洋茶，销途日盛，唯国茶仍能保持相当原状，我侨茶商，且有兼营台湾茶，以为辅助者，故营业额尚未大减。"从记载可以看出开创侨销茶的一代茶人艰难经营的局面。据统计，1874年厦门出口71560担，台茶由厦门转口24610担；一般认为，厦门输出的茶叶主要是产自安溪。1877年，英国从厦门

《星洲十年》

口岸运出的乌龙茶最高达4500吨，其中安溪乌龙茶又占40%~60%。1874—1875年，美国从厦门口岸输入乌龙茶3.47吨。可见这一时期，福建乌龙茶早已风靡欧美各国，成为外贸的重要商品，怪不得在《安溪茶歌》里有"西洋番舶岁来买，王钱不论凭官牙"的说法。

而到1894年，直接出口只有29312担，转口则达137245担。1887年，厦门尚有不少像"加拿大太平洋"号（CandianPacific）这样的大货轮到港装载茶叶，但此后越来越少，1890年为10艘，1891年只剩5艘。尤其是甲午战争之后，台湾沦陷，台茶出口不再借路厦门转口，厦门茶叶出口贸易额一落千丈。20世纪初，厦门"除了少量供海峡殖民地和爪哇岛地的中国居民所需之外，茶叶已停止生产"。

民国时期，1926年出口为11689担；1936年上升为12594担，为民国时期的出口最高纪录，全面抗战爆发，海运封销，1939年猛跌为2653担。厦门港也渐渐淡出人们的视野。安溪茶叶开始从兴盛走向衰落，1935年，全县茶叶产量降至416吨，全面抗日战争爆发后，茶政失理，官吏营私，乌龙茶主要外销口岸厦门、汕头相继沦陷，海关紧闭，水路断绝，茶市消沉。

据估计，在1920—1948年间，安溪人在东南亚各国开办的茶行、茶店、茶庄达100多家，安溪茶叶每年销往新加坡800余吨、马来亚200余吨、暹罗160余吨、菲律宾100余吨。安溪人在东南亚开设茶庄取得了很大成就。林金泰茶行的"金花""玉花"牌安溪乌龙茶在新加坡、马来亚十分畅销。高建发茶行创始人高云平选送的"泰山峰"牌铁观音，在新加坡举行的茶叶评奖活动中，荣获"茶王"称号。王友法的三阳茶行、王宗亮的梅记茶行、王长水的兴记茶行、王蛤蟆的新明茶行、王春吹的振华茶行等10多家茶行，在当地也是小有名气。在越南，安溪人开设的茶行有冬记茶行、锦芳茶行、同记茶行、泰山茶行等。冬记茶行在乾隆年间由西坪尧阳人王冬开设，并先后在越南12个省设立分店，配制"冬记"大红铁观音，驰名中南半岛。

二、老字号见证侨销茶

侨销茶，顾名思义，就是近代福建、广东、云南等地面向中国港澳及东南亚等地华侨华人消费群体销售茶叶的统称。

千百年来，福建先民为寻求谋生与发展需要，远涉重洋，前往异域，胼手胝足，辛苦耕耘，生生不息。他们勤劳、坚韧、智慧，运用中国传统耕作技术与经验，种植作物，开凿运河，修筑铁路，开采矿山，经营渔业，流通商贸，使荒蒿变宅居，野岭为闹市。尤其是大航海时代来临后，欧洲殖民势力东侵，南洋诸地经济开发需要大量的劳动力，大量福建人随商船到了南洋。鸦片战争后至20世纪20年代。中国社会迎来了一波移民大潮，更多的福建人到了世界各地。海外乡亲凭借节俭与勤劳的传统，不仅从事种植、开矿、店铺等经营，筚路蓝缕，还把中国传统的文化与信仰带到异域。

茶叶经营就是其中一项重要内容。

梅记茶行

王三言，字永信（王家第十三代人），道光十六年（1836年）生于福建省安溪县尧阳乡。王三言的一生，是坎坷，是精彩，是一段与茶息息相关的传奇人生。光绪元年（1875年），王三言在厦门开设梅记茶行，以"梅记"二字为

清末时期，厦门水仙路一带，当时王三言开设梅记茶行所在

商号，绘制商标图案，并注册。梅记茶行的商标为葫芦宝剑，意愿为"茶"能像葫芦仙丹一样解民疾苦，福寿安康；像宝剑一样镇邪除魔，永享太平。开设茶行之前，王三言的生活颇为艰辛坎坷。王三言经营茶叶有三个特点，一是坚持亦商亦农，在厦门开设茶行的同时，仍在安溪种茶做茶，从不间断。这种以茶叶基地支撑商品质量的做法，迄今仍值得借鉴。经王三言诚信辛勤经营，梅记成为当时最具影响力的茶叶企业，安溪大半铁观音皆通过梅记营销东南亚等地；王三言事业有成，先后在家乡建起福星居、梅嘉居、泰山楼，规模之大，尽显雄厚实力，同时以公益之心培养大批人才，扶贫济困，广行善事。其中有一件事意义深远，值得一提，王三言曾对外公开宣布，凡要往海外谋生的尧阳乡村民，厦门梅记茶行免费提供食宿，并赠送前往香港、台湾及南洋（东南亚）的船票。鉴于梅记茶行对于当时民生和社会贡献颇大，王三言被闽浙巡抚嘉奖。自梅记创号至今，百多年间，梅记后人以王三言为榜样，努力投身茶艺的传承和经营的研究。1945年，梅记第四代传人王联丹（王三言曾孙），以家传制茶技艺，在新加坡获得由当局组织的茶王赛"泰山峰"金奖。这也是中国乌龙茶在海外获得的第一枚金奖。梅记第五代传人王曼尧（王三言玄孙），自小跟随父亲王联丹学习茶叶成品加工，在父亲口传心授下，深得茶叶制作精髓。而今，梅记第六代传人王智育以"归本溯源"为理念，秉持"传统制茶工艺"，正不断致力于推广南岩传统铁观音的"原产文化"。现代梅记以"企业+产区基地+茶农"为生产模式，并拥有初制厂、成品加工厂，在茶叶种植、初制、精制等环节上有效把控，使茶叶质量稳定，产量持续增长。梅记秉承百年世家精神，正努力使老字号走上复兴的道路。

尧阳茶行

鸦片战争前，安溪茶商王择臣，跨海赴台，在鹿港卖起安溪铁观音，店铺取名"尧阳"。今日的鹿港文武庙，仍留有当时王家捐赠的一根柱子。清末，王家第二代回安溪开设尧阳茶场。第三代王淑景，名连誉，又名广施，生于1876年，虽是进士，却弃官从商。淑景自幼聪明颖异，曾受学于泉州进士黄传扶，学有渊源，工文善诗。1921年，淑景在厦门开禾路（竹树脚）创办尧阳茶行，其茶叶除在漳泉各县和台湾、上海、海南等地销售外，还销至马来亚、新加坡以及印度尼西亚和越南、泰国、菲律宾等埠，成为著名茶商。淑景为人慷

慨，对国民革命，出钱出力，有过贡献；对地方公益事业亦有建树，曾任安溪县崇信里里长，厦门安溪同乡会、王氏宗亲会理事。曾参与发起创办安溪民办汽车路股份有限公司，并任董事、监事。1935年8月15日，淑景逝于厦门，归葬安溪尧阳。淑景所创茶行，由其子继承经营，1937年在香港开设尧阳茶行香港分行。随后，战火持续，尧阳茶行因地处通商港位置，贸易额大增。抗战时期，尧阳茶行繁衍至香港，后又由香港延伸至台湾。王端铠是在台湾出生的，他是王家第六代。战争年代，香港王家茶行的艰辛，王端铠有深切体会：

"那个年代，人们饭都吃不饱，何况是喝茶！"

"全家20余口，只能住在茶楼上临时搭盖的小阁楼！"

"父亲逃难般，从香港到台湾，然后开始专攻东南亚市场。"

凭着厦门尧阳在东南亚打下的坚实基础，台湾尧阳进入最风光的时代，成为远近闻名的 "茶王"，"钱都是那时候赚的，我小学四年级时，家里已经开进口的雪佛兰小轿车了，家里有司机和佣人！"今天在厦门开禾路上，仍完整保留着尧阳茶楼。茶楼昂然屹立于一片老旧房屋间，历经春夏秋冬，依稀诉说着往日的荣光。这栋茶楼，是19世纪初厦门最高的建筑之一，顶楼有两个八角亭，可直接眺望厦门港。据说，当时茶行的门面还经过油漆打磨处理，亮得可当作镜子使用。那番人声鼎沸、熙熙攘攘的景象，宛若穿越时空，停留在茶楼依旧绚烂的彩色玻璃门窗上。据厦门文史专家洪卜仁认定，延续至今的尧阳茶行，是两岸历史最悠久的茶行之一。为了让这个百年茶行焕然一新，在王端铠的主导下，"以精品概念卖茶"的尧阳，放下身段，开始探索时尚。由尧阳首创，将中国传统绘画与茶叶完美融合，在台湾市场上，陆续推出齐白石画做包装精品，以及结合传统山水画为包装图案，制作出"春夏秋冬"四季袋泡茶。"中国风"的创意，融合中西各类茶品，引入现代科技改革传统外包装，尧阳独家新茶一经推出，即获市场认可。如今，"尧阳"已成为台湾人赠客的贵重礼品。在台北举行的第二次"陈江会"上，江丙坤就曾以此茶送给陈云林。虽然，王端铠知道大陆也产好茶，但他还是告诉自己，尧阳与台湾茶的下一个成长市场，会在大陆。

瑞珍号茶行

位于安溪西坪的月寨有悠久的制茶历史。民国时期，月寨家家制茶、卖茶，已是小有名气的茶庄园。有一年，土匪夜间突袭月寨，寨中土房承受不住重击，寨中茶叶都被土匪抢走，王孝梅家损失尤重。王孝梅痛心不已，决心建造一座坚固的房子，保护寨人不再受土匪欺扰。于是，王孝梅便将用来制作加工存放茶叶的库房推翻，修筑了一座三层大楼，即盘乐楼，既保护寨中人，也保护了老庄园茶产业。月寨老住户廖素谦老人回忆，盘乐楼建成后，王孝梅收集寨子里各家各户分散制作的茶叶，在楼里加工。

"一楼用来制茶，二楼和三楼用来存储制好、包装好的茶叶，整个寨的茶叶通过盘乐楼，通过瑞珍号茶行，销往海内外。"

安溪西坪——月寨。月寨从高处看，两侧对开的两排房子，厝厝相连，宛如古墨书香的『月』字，因此得名

　　"制茶之余，寨里人时常在楼外摆上八仙桌，和王孝梅一起品饮刚做出来的茶叶，非常和乐。"现在，寨外的片片茶园，曾经几乎是寨人所有，一到茶季，整个老庄园都浸在茶香里。行走在古街上，随处可见道旁遗留的制茶工具，当年家家户户制茶的忙碌场景如在眼前。如今，王孝梅的后人遍布港澳台和泰国，并延续着他的茶叶生意，王孝梅一手创办的瑞珍号茶行历经百年依然红火，不少月寨后人也依然在传承着祖先的茶叶买卖。

三、在海丝新征程中碰撞新味

　　改革开放赋予了安溪铁观音生机与活力，也赋予了安溪铁观音无限的遐思。全球经济一体化时代，无疑也带来了许多发展机遇。随着安溪铁观音不断向外拓展市场空间，铁观音茶文化，不断走向世界。

政府主导的安溪铁观音涉外茶事活动

　　2009年8月10—16日，安溪县委、县政府在香港成功举办大型茶事综合活动——安溪铁观音神州行·香江行。恰逢香港举办首届茶展，香江行亮点纷呈，享誉海内外，给参加香港茶展的世界17个茶叶主产国家和地区的260多个知名茶企，以及来自世界各地的一大批茶叶专业买家留下了深刻印象。活动期间提出的"忧患、梦想、担当"茶业发展三大战略，意义就在于引领安溪茶业放眼世界，要求处在高位爬坡的安溪茶业，在寻找发展方向、选择提升方法时，要有国际视野与环球眼光。香江行除安溪5家茶企和全体成员集体亮相首届香港茶展外，还举办了两场以"观音韵·中华情"为主题的品茗赏艺会。最具特色的是，为展示安溪铁观音独特的制作工艺，安溪专门空运茶青和成套制茶工具，由国家"非遗"项目传承人王文礼现场制茶，吸引了无数观众和香港媒体的关注。安溪铁观音的幽香一定会沿着维多利亚海港，缓缓扩散，弥漫整个香港……由安溪县政府统一组织的八马茶业、安溪铁观音集团、感德龙馨茶业、日春股份有限公司、华祥苑5家安溪铁观音参展企业满载而归——他们与香港商家和来自美国、欧盟、非洲及中东地区的买家签订了220万美元的茶叶购销协议，成为福建参展企业的最大赢家。

2010年2月27日，中国闽台缘博物馆大厅内，随着全国政协副主席、台盟中央主席林文漪触动水晶球，作为闽南文化节的重头戏，"和谐海西·千人品茗"活动正式启动。此次"和谐海西·千人品茗"活动，包括安溪铁观音集团、八马茶业有限公司、感德龙馨茶业有限公司、岐山魏荫名茶有限公司、华虹茶业有限公司在内的10家安溪铁观音茶叶企业，与两家永春佛手茶企业参与现场服务。通过政府与企业同心协作，利用当地特有茶饮、茶具、茶食资源，通过这一难得的平台，向广大与会嘉宾展示闽南部分特色产业的风采。来自国内外的众多嘉宾，围聚在富有闽南特色的八仙茶桌前，一边欣赏茶艺表演，一边细细品饮安溪铁观音，让世界各地嘉宾感受茶乡魅力。

2010年6月10—21日，安溪县委、县政府组织的"安溪县欧洲葡萄酒庄园生产经营模式与安溪铁观音茶欧洲市场学习考察团"一行20人，赴意大利、法国葡萄酒主产区考察，学习借鉴葡萄酒酒庄经验。考察团成员中有华祥苑、八马、中闽魏氏、安溪铁观音集团和冠和茶厂等11家骨干茶叶企业负责人。借鉴欧洲葡萄酒庄园打造茶庄园模式、效仿葡萄酒全球营销经验，是此次考察的核心任务。在考察期间，考察团实地参观意大利白葡萄酒最大的生产基地维罗纳苏阿维产区的两家酒庄和法国波尔多地区6个产区的8家酒庄，广泛与当地政府官员、行业协会负责人、庄园主、种植户和经销商等进行深入交流。在考察中分析总结安溪县茶产业的发展情况，深入了解葡萄酒生产、加工、销售和企业文化塑造等环节，学习借鉴当地在地理标志产品保护、行业自律、质量分级管

理、流通管制和品牌锻造等方面的成功做法。进一步开拓他们的视野，重视茶文化积累和茶文化设施建设，加快建设一批集种植、生产、营销、文化、旅游、科研为一体、个性鲜明的安溪铁观音庄园。自2010年以来，铁观音庄园建设形成高潮，八马、华祥苑、铁观音集团、高建发、中闽魏氏、国心绿谷、云岭等都建有茶庄园。

2011年9月24—30日，安溪县茶业考察团一行16人前往世界著名产茶国家——斯里兰卡和印度，深入考察了两国高端红茶的生态建设、精细加工、质量安全管控、品牌文化注入、销售贸易运作等经验，并及时与安溪茶业发展进行对比思考，为安溪茶产业跃升发展、加快产业转型提供强劲的动力。在斯里兰卡的茶叶外主产区挪日利亚，考察团深入马克务大茶叶庄园，这是第一家获英国SGS ISO9001：2000版国际质量管理体系认证的红茶厂，也取得欧盟HACCP认证。在这个有着165年文化遗产和运营历史的茶叶庄园，考察团成员为茶园的完美生态建设所吸引。在罗斯柴尔德庄园，考察团在企业负责人的陪同下，深入生产车间，仔细了解红茶的生产流程和茶园管理情况，并就茶树种植、茶叶品质、病虫害防治等方面与庄园负责人深入交谈。考察团还拜会了斯里兰卡最大的红茶贸易公司——阿克巴，与企业老板进行深入的座谈，了解该企业的茶叶收购、出口、贸易等情况。阿克巴的成功，得益于整个斯里兰卡健全的茶产业质量卫生体系。然后，再赴印度大吉岭参观马卡巴里庄园。在展示庄园红茶生产流程的展馆中，考察团成员见到，庄园茶叶加工过程基本实现机器化和流水线作业，厂房功能分区合理，清洁化生产的措施落实比较到位。马卡巴里庄园可见到远处喜马拉雅山白雪皑皑，脚下茶园却是千里一碧。成抱的大树，茶园中灰褐的草房，似乎还在诉说着150多年的茶史。考察归来谋新篇，大家认为要向印度、斯里兰卡学习，做好生态环境建设，积极探索茶园管理模式，狠抓质量安全监管，增强企业的质量安全管控意识，推动茶企严格落实好基地建设、清洁生产、进出货台账、包装标识等质量安全管控措施，确保茶叶质量安全严丝无缝。

2010年以来，安溪县与法国佛罗伦萨克市先后开展12次互访，就学习借鉴佛罗伦萨克市葡萄酒庄园生产经营模式、安溪铁观音茶和法国葡萄酒鉴赏、安溪铁观音欧洲市场开拓、茶酒文化等进行深入交流。法国埃罗省是泉州市的友好城市。埃罗省佛罗伦萨克市物产富饶、产业发达、文化艺术氛围浓厚，是法国重要的葡萄酒产地，酒庄规模大，现代化管理水平高，尤其是葡萄酒庄园经营管理及生产模式非常值得学习和借鉴。2012年6月，安溪县政府与佛罗伦萨克市签署了缔结友城关系备忘录。2013年6月28日，安溪县第十六届人大常委会第9次会议审议决定批准安溪县与法国埃罗省佛罗伦萨克市正式建立友好城市关系。

茶企的海丝情结

历史上，安溪茶人就敢于拓展海外市场。改革开放后，茶产业的发展，推动着安溪茶人积极走出去。许多茶企响应"一带一路"倡议，砥砺前行，为安溪铁观音市场的拓展、茶文化的传播做出了贡献。

2012年3月，安溪铁观音欧洲营销中心正式在法国挂牌，奏响了安溪茶叶重返欧洲的序曲。该营销中心面朝塞纳河，距罗浮宫仅有300米。八马、华祥苑、三和、大自然、中闽魏氏5家同属安溪"第一军团"的茶企入驻。业内普遍认为，伴随中国的崛起，全世界的消费者在接受中国的同时，必将接受来自中国的品牌和文化。安溪铁观音欧洲市场营销中心的成立，必将使安溪茶业国际化提档加速。

铁观音集团的海丝情结

福建安溪铁观音集团股份有限公司的前身是成立于1952年的国营福建省安

1986年以来，日本楼兰株式会社、伊藤园株式会社、东京丸一贸易株式会社、三井农林公司、三得利公司、新光贸易株式会社、福寿园株式会社等商社先后组团30多次到安溪茶厂参观访问，洽谈业务

1999年6月，与俄罗斯达礼有限公司合作，在圣彼得堡设立『凤山牌』乌龙茶小包装分厂

溪茶厂，公司历经半个多世纪的艰苦创业和不懈努力，已经发展成为集种植、生产、加工、销售、科研、文化传播为一体的现代化企业，是全国规模最大的乌龙茶精制企业之一，是国家级农业产业化重点龙头企业，也是乌龙茶精制加工行业最早拥有自营进出口权、唯一产品获得国家金质奖的企业。集团以"凤山"为注册商标的系列产品获得过1个国优金质奖、3个部优产品以及20多个质量奖项，产品远销日本、俄罗斯、东南亚及欧美等60多个国家和地区。"凤山"商标于2010年经国家工商行政管理总局认定为中国驰名商标。2014年，以

铁观音集团为依托单位的"国家茶叶质量安全工程技术研究中心"成立，中心是全国茶叶质量安全领域唯一的国家级工程技术研究中心，也是福建省唯一的以企业为依托单位的农业类国家工程技术研究中心。

八马茶业的海丝情结

2017年2月，八马大型闽茶经贸文化推广活动——闽茶海丝行西欧站拉开帷幕，八马作为中国茶代表之一出席活动。同时，赛珍珠铁观音全球品鉴会欧洲站在英国伦敦拉开了序幕，并先后在英国伦敦、西班牙马德里、法国巴黎等城市展开了品鉴与文化交流活动。八马茶业作为知名品牌茶企，还与欧洲当地经销商签署了战略合作协议。

2017年5月，"一带一路"国际合作高峰论坛刚在北京落下帷幕，八马茶业就积极响应国家倡议，迅速携手毛里求斯展开了"携手一带一路，共品一杯好茶"中国与毛里求斯国际茶业合作峰会的主题活动，与毛里求斯本土最大的茶企毛里茶业投资有限公司合作，促进两国经贸交流。

2017年6月，八马茶业再次扬帆出海，前往俄罗斯圣彼得堡、莫斯科，越南河内及胡志明市等"一带一路"国家城市，展开经贸及茶文化合作交流活动。

2017年7月，八马迅速对接毛里求斯，公司领导组团实地参观考察毛里求斯茶产业，受到毛里求斯总理和农业部长的接待，双方达成共识，旨在通过八马茶业把宽夫熟红茶引进来，把中国好茶输出去。

毛里求斯副总理代表、毛里求斯国家银行IBM董事长李基昌先生与八马茶业董事长王文礼共同浇灌友谊茶树

2017年11月，八马赛珍珠全球巡回品鉴会马来西亚站、新加坡站圆满举行，把浓香经典铁观音带给当地人民，在东南亚国家又掀起一阵赛珍珠热。

总之，在经济全球化的时代，应当永立发展潮头，才能立于不败之地。

高建发商号的海丝情结

高建发商号，创建于清光绪三十四年（1908年），由始祖高标奇之子高榜龙、高金榜经营。商号创立之初主营茶叶、丝绸、瓷器等洋务生意。民国初年，闽南地方不靖，匪类侵扰，民生艰难，大批安溪人远赴南洋谋生。高标奇决定派遣其次子高金榜远赴新加坡开拓家族海外贸易，长子高榜龙留守祖地继续经营祖业，制作茶叶以供新加坡销售。民国初年在厦门美人居开设高建发茶庄，作为出口中转货栈，由此开启了高建发与茶叶海上丝绸之路的不解之缘。1918年，高金榜之子高云平在新加坡克罗士街创办高建发茶行。据《安溪县志》记载：高建发茶行是当时新加坡较早开办的茶行之一。1928年新加坡茶叶进出口公会成立，高建发茶行即为发起人之一。1945年，新加坡政府举行茶叶评奖活动，高建发铁观音在此次评奖活动中独占鳌头，获得金奖，新加坡政府奖励金牌一枚，金笔一对。二十世纪六七十年代，乌龙茶

高建发百年纸包产品

出口举步维艰，高建发第五代传人高清良以执着耕耘的精神继续经营茶叶事业。20世纪从70年代的手提出口，到80年代的邮包寄货，依然与海外保持着密切的经营往来。高建发商号第六代传人高碰来，20世纪90年代初先后创办新友联、天龙、华虹，2010年为了铭记昔日旧招牌，将公司定名为福建省高建发茶业有限公司，并创立中国首家茶叶庄园公司，致力于打造全产业链经营模式。在他的带领下，公司连续十年位居安溪铁观音出口前两位，先后获得"福建省龙头企业""福建老字号""安溪铁观音十佳企业""金牌茶庄园"等众多荣誉奖项。

三和茶业　茶和天下

三和茶业由吴荣山创建于1995年，是一家集茶叶产、制、销、研发、文化于一体的综合性集团化企业。其公司名称来源于《道德经》中"道生一，一生二，二生三，三生万物。万物负阴而抱阳，冲气以为和"的理念。"三和"象征着人与人、人与自然、人与社会的关系融洽，是人类最美好的愿望。自2012年起，三和茶业开始走出国门，参加在美国、欧洲等地举行的各类展会活动；热情邀请"一带一路"沿线国家政要、学者、企业家前来安溪县参观茶山、共赏茶道、品鉴茶文创产品，让外国友人领略安溪乌龙茶和中国茶文化的真正魅力，同时了解"茶"这一重要元素在"一带一路"中所起的桥梁和纽带作用。

2014年中法建交50周年时，法国外长洛朗·法比尤斯先生在法国外交部举办的新年招待会上，向到场的198个国家和地区的驻法机构嘉宾们，展示了法国外交部向三和茶业定制的顶级安溪铁观音"中法建交50周年纪念茶——莫逆之交"。茶以"莫逆之交"命名，象征着中法两国之间友好往来的情谊。此外，法比尤斯先生在华访问福州期间，为福州三和工夫茶道馆的"中欧文化沙龙"揭牌，象征中法两国友好关系永恒的安溪百年茶树被移植在此。之后，法比尤斯先生致信三和茶业董事长吴荣山，信中表示："于此中法建交50周年之际，您敬奉于两位元首的'莫逆之交'纪念茶，不仅是一个绝妙的象征，更表达了对联结两国过去共同历史的敬意。毫无疑问，我们体会到了您的用心，'莫逆之交'纪念茶传达出我们两国未来关系乐观向上的一个信息。"

2014年6月，8棵原产于三和茶业安溪铁观音核心产区上尧庄园基地的铁观音二年生茶苗，远渡重洋，被种植在法国外交部艺术中心城堡的庭院里，表达了法国人民对安溪铁观音的热爱和迷恋。

作为海上丝绸之路的主要商品，福建茶曾是那样的傲视群雄。如今，三和以茶为媒，"莫逆之交"纪念茶成为法国政府首个定制茶的这份荣耀，离不开三和多年来倾力向世界推广中国茶文化的努力。三和茶企，沿着祖辈开拓的海上丝绸之路，将中国传统文化发扬光大，让世界闻到中国茶香，为福建茶企的文化突围树立了榜样，在中国茶产业中率先走出了一条品牌国际化的康庄大道。

魏荫茗茶　古树新芽

传承于铁观音世家，具有深厚的历史渊源。自铁观音茶始祖魏荫1723年发现铁观音以来，魏荫家族秉承传统的制茶工艺，将旷世奇茗铁观音传播于世。20世纪80年代，魏荫第九代传人、国家非物质文化遗产铁观音制作技艺代表性传承人魏月德先生创办了魏荫岐山茶叶加工厂，至今发展成为魏荫茗茶有限公司。2003年，魏荫茗茶有限公司入选汕头百家名优企业，成为安溪第一家在外地当选名优企业的茶叶企业。魏月德十分重视市场的开拓与产业的拓展。

2010年魏月德在法国的交流活动

中闽魏氏的海丝情结

2017年，中闽魏氏魏贵林董事长参加了"刺桐古韵、瓷恒茶香"茶瓷文化展第二届中法文化论坛活动。值得一提的是，论坛期间，中欧茶学社·安溪茶文化交流中心同时也在里昂商学院正式成立，安溪铁观音作为中法文化交流使者闪耀法国里昂，传播中华茶文化，促进中法文化艺术的交融与共享。通过中法文化论坛这个平台，以"文明对话、茶瓷为媒、经贸唱戏"的方式，中闽魏氏进一步加强与巴黎、里昂等法国城市的文明对话、文化交流、经贸合作，推动互利共赢、加快发展。2017年6月9—16日，中闽魏氏远赴俄罗斯和越南，开展经贸洽谈，推介安溪茶，开拓海外市场。

四、 佛手永春：侨乡茶香

佛手为茶树品种名，也是商品名，又名香橼，扬名于永春。20世纪30年代，永春就有单独成箱的佛手经永春华兴公司南洋办事处转销马来亚。中华人民共和国成立后，永春佛手生产发展较快，并单独成箱以商品名香橼进入市场，远销东南亚等地。根据国家质量监督检验检疫总局和中国国家标准化管理委员会发布的"地理标志产品永春佛手（GB/T21824—2008）"，永春佛手已被列为地理标志产品。

永春佛手的前世与今生

明嘉靖五年（1526年）版《永春县志》是永春现存最早有茶叶生产记载的县志。其后，明、清时期的志书、诗文和族谱等多有茶叶的相关资料，说明永春茶叶生产具有良好的基础。

茶树品种佛手原产于安溪虎邱。光绪年间（1875—1908），有茶商在永春县城桃东开设峰圃茶庄，在石齿山上开辟茶园，种植佛手茶。永春县是著名侨乡，许多华侨回乡省亲后，不忘带些佛手茶到侨居地享用，或馈赠亲朋好友，使得佛手茶在永春华侨聚居的东南亚等地，渐渐形成了一定的消费市场。民国时期，许多旅居海外的永春华侨回乡开发荒山，种植佛手茶等作物，其中以华兴种植实业有限公司和官林垦植公司最为突出，当时永春佛手茶虽所产不多，还是通过泉州、厦门港口源源不断地销往海外，并在国内外出现一些经销永春

佛手茶的茶庄、茶店，佛手茶产业逐渐兴起。

　　20世纪50年代以后，政府重视发展茶叶生产，佛手茶种植面积快速增加。从1959年起，永春县北硿华侨茶厂加工的永春佛手茶开始成箱出口。1971年，曾改"佛手"为"香橼"。1979年以后，永春佛手茶迅速发展。1982年4月，福建省人民政府确定永春县为全省三个茶叶出口基地县之一。1983年，永春北碰华侨茶厂生产的"松鹤"牌永春佛手茶被全国华侨茶业发展基金会评为"培植发展出口优质产品"。1985年，佛手被福建省作物品种审定委员会认定为省级良种。这一年，全县佛手茶园9000多亩，年产量200多吨，远销东南亚各地5000多千克。1986年，国家计委、经委、农牧渔业部、对外经贸部和商业部正式批准永春县为全国乌龙茶出口基地县。1987年，国家农牧渔业部基地办给永春县"乌龙茶出口生产体系"低息贷款126万元，帮助永春发展茶叶生产。进入21世纪以后，永春佛手茶种植面积不断扩大，产销两旺，市场前景看好。

2017年，永春县有佛手茶园4.8万亩，年产4500多吨，是全国最大的佛手茶生产、出口基地，产品远销美国、欧盟、日本及东南亚等20多个国家和地区。主要的佛手品牌包括永春县魁斗莉芳茶厂生产的"莉芳"牌永春佛手茶、永春万品春茶业有限公司生产的"万品春"牌永春佛手茶、北碰华侨茶厂生产的"松鹤"牌永春佛手茶、福建诗坛茶业有限公司生产的"诗坛"牌永春佛手茶等。

佛手有奇效，妙手可回春

特别值得一提的是，在民间，永春佛手茶历来不仅被作为名贵茶饮，还

永春佛手生态茶基地

有经年贮藏，以作清热解毒、帮助消化之药用的习惯。早在20世纪初，佛手茶就以"侨销茶"远销东南亚各国，南洋一带的华侨都以家里藏有佛手茶为荣。有诗赞曰："西峰寺外取新泉，品饮佛手赛神仙。名贵饮料能入药，唐人街里品茗篇。"

2002年，福建农林大学郭雅玲教授对10个乌龙茶品种的68个茶样检测黄酮类化合物总量，发现永春佛手茶含量平均值为12mg/g，是68个茶样中总量最多的。德国医学专家发现黄酮能调节血脂、降低血压、治疗脑血管疾病等。

2004年，福建中医学院药学系吴符火、郭素华、贾铷等开展的"永春佛手茶对大鼠实验性结肠炎的疗效观察"试验，3g/kg佛手茶可明显缩短乙酸性结肠炎模型大鼠拉黏液便和便血时间及大便恢复成形的时间，分别缩短15.5小时和35.7小时，局部炎症亦提前得到恢复。

据永春中医院主任医师周来兴长年临床经验证实，永春佛手茶对支气管哮喘及胆绞痛、胃炎、结肠炎等胃肠道疾病有明显辅助疗效。永春佛手是中华名茶之中兼有品饮与保健双重功用的稀有珍品。

2016年，国家植物功能成分利用工程技术研究中心联合国家中医药管理局亚健康干预实验室、清华大学中药现代化研究中心、教育部茶学重点实验室对永春佛手茶进行深入研究，以清香型佛手、浓香型佛手、佛手老茶为研究对象，在采用现代先进仪器分析检测佛手茶的品质成分、功能成分和卫生学指标的基础上，采用动物模型和细胞模型，发现永春佛手茶在抗衰老、降血脂、调理肠胃、降血糖等方面具有较好的保健养生功效。

五、闽南水仙：行销海内外

闽南水仙是福建水仙品种采用闽南乌龙茶制法制作而成，是历史上行销海内外的著名产品。

闽南水仙历史沿革

清道光二十二年（1842年），永春仙溪农民郑世报，为求生计，到鼎仙岩烧香礼佛，得观音托梦于他："人北行，见木杉，住草亭。手艺成，带回乡，可小康。"郑世报遂携子外出远行，至闽北武夷山，见杂草丛生、林木参天、风景幽雅，就搭座草寮住下来，在当地受雇种茶制茶。之后，郑世报父子从武夷山带回100株水仙茶苗，种在其仙溪住宅周边，仿照武夷山制茶工艺，糅合自己的生产经验，制出的水仙茶色黄味香，一呷入口，舌润喉甘，堪与武夷水仙相媲美。后由回乡侨亲带到东南亚各地少量销售，因为茶叶品质优异且来自家乡，许多华侨转而常年品饮水仙茶，因而水仙茶有了销售市场。于是，鼎仙

闽南水仙茶产品

岩山上的茶园年年扩大，仙溪乡几乎户户种茶，还开办了"胜源"等多家茶庄，制出了麒麟、葫芦等不同商标的茶叶，源源销往泉州、厦门和东南亚等地。仙溪乡也因出产水仙茶而发展成为历史闻名的闽南小镇。

1917年，旅居马来亚的华侨李辉芳、李载起、郑文炳等回乡创办华兴茶叶公司，并在虎巷开垦茶园，从湖洋仙溪鼎仙岩引种水仙等茶叶7万多株，其后发展至200多亩。在制茶方法上又有了新的改进，制出的水仙茶香气更显、滋味更醇、汤色更亮、更耐冲泡，形成了"永春水仙"的独有风味。因而仙溪、虎巷等地所产水仙茶，很快在闽南及东南亚各地市场博得盛名，人们便把永春出产的水仙茶简称为"永春水仙"。中华人民共和国成立后，闽南地区先后有十几个县市种植水仙茶，且采用永春水仙制法加工成乌龙茶。鉴于水仙茶在闽南已非永春独产，经有关部门核定，改"永春水仙"为"闽南水仙"，永春也因此成为"闽南水仙"的发源地。

中华人民共和国成立后闽南水仙的发展

闽南水仙茶叶品质优异，深得专家好评。著名茶叶专家、福建农林大学教授詹梓金曾赋诗赞誉永春水仙："水仙深居武夷山，嫁到永春成新家。神韵通灵俱特色，金奖殊荣传中华。"2007年，台湾茶协会理事长圣轮法师来到永春，品饮闽南水仙后赞曰："闽南水仙，品质优异，香传万里，饮之有福。"

水仙茶作为永春县三大主栽品种之一，改革开放以后，全县涌现了国营、

永春湖洋镇闽南水仙始祖

集体、个体和联办兴茶的大好局面，1982年，永春被福建省人民政府确定为全省三大茶叶出口基地之一，1987年，被列为全国乌龙茶出口基地县，有力地促进了水仙茶的发展。

1985年，全县水仙茶园面积1.7万亩，年产量500多吨，以湖洋、东平、吾峰、城郊和北硿华侨茶果场为主产区。二十世纪八九十年代，水仙茶是出口日本的畅销品种之一，此时也是永春闽南水仙生产的鼎盛时期。进入21世纪，铁观音逐步热销，部分水仙茶园改种铁观音。近几年，随着内销市场的扩大，水仙茶的生产得到恢复与发展。2017年底，全县水仙茶园面积1.2万多亩，年产量1500多吨。水仙品牌以北硿华侨茶厂生产的"松鹤牌"闽南水仙历史较久，经营规模最大、品质佳，最具代表性。

六、一茶一味　味味是传奇

香气高扬的白芽奇兰

白芽奇兰原产于福建省漳州市平和县。相传明成化（1465—1487）年间，开漳圣王陈元光第二十八代嫡孙陈元和，游居平和县崎岭乡彭溪水井边时，发现有一株茶树，枝稠叶茂，其芽梢呈白绿色，叶片青翠欲滴，茶叶发出自然茶香，气味似兰，清沁心脾，遂采其芯叶精心炒焙，不想制出的茶叶清香浓郁，冲泡后香气徐发，飘散出兰花的芬芳，抿上一口，满口清香，片刻即感清甘醇爽。因芽梢呈白绿色，带有奇特的兰花香气，故人们取名为白芽奇兰。白芽奇兰茶多酚类含量15.7%，咖啡因2.8%，儿茶素总量11.78%，氨基酸0.8%。1986年秋，平和县农业局茶叶站科技人员对彭溪村的杨梅坪、井边、大崠山等6点选定354株白芽奇兰茶作为再选育提纯的原种树，分离留穗选育，采取边选育、边繁殖、边试验、边推广的有力措施，1996年通过省级茶树良种审定。白芽奇兰茶采制十分考究，工艺精湛，制优率高。1996年，春茶选送农业部茶叶质检中心鉴评结果为："外形坚实匀称，深绿油润；汤色橙黄，香气清高，滋味清爽细腻，叶底红绿相映。总评：白芽奇兰茶品质优良，属青茶类中的优质产品。"平和白芽奇兰茶选育成功以来，在国内外评比中屡获殊荣。2002年被福建省人民政府评为福建省名牌产品称号，2002年9月通过国家质检总局白芽奇兰茶原产地商标注册认证。

2000年11月28日，县政府出资10万元将平和县阳山茶叶加工厂商标"白芽奇兰"（第1237123号商标）转让给平和县白芽奇兰茶开发中心，作为平和县茶叶加工企业统一使用"白芽奇兰"主商标。2007年7月，福建向荣集团总裁曾荣火扶持10万元用于"白芽奇兰"申报"福建省著名商标"等品牌建设。

2002年起，平和腾兴茶厂、平和县玉露白芽奇兰有限公司、漳州晨晖茶业有限公司等企业组织中档白芽奇兰茶销往日本等国家，年出口200吨，产值500多万元，价格看好，市场紧俏。

2017年，全县茶叶种植面积达12.5万亩，茶叶总产量1.2万吨，全县从事茶叶种植、加工的企业与农户1万多家，涉茶人员10余万人，涉茶产值达20亿元。

类比凤凰单枞的诏安八仙茶

1965年在诏安县秀篆镇与广东毗邻的凹背畲高山茶园中发现有性茶种繁殖的变异株，将其移种到茶站茶树品种园内，采用单株选种法，按乌龙茶良种标准，经三年筛选出综合性状优异的单株。1968年在汀洋茶场进行短穗扦插育苗，后逐年繁育推广，在同行专家的热情帮助和精心指导下，育成无性系乌龙茶新品种。

1982年，漳州市科委组织有各县农业、茶厂、茶站等技术人员参加的新品种鉴评会，因该品种育于八仙山下的汀洋茶场，于是命名为"八仙茶"，1985

诏安八仙茶种质资源圃

年，八仙茶选育参加全国乌龙茶学术研讨会学术交流，在肯定八仙茶选育成果的同时，决定进行省级鉴定。1986年11月，经福建省农业作物品种审定为省级良种后，被推荐参加全国首批茶树良种区域试验，八仙茶在湖南、广东两省茶叶进行为期6年的试验研究。1994年1月，全国茶树品种审定委员会审批其为国家级茶树良种（GS1302-1994）。1988年和1991年，福建省名优茶评比中，八仙茶的外形与内质均得到专家们的一致好评，先后两次获得福建省名优茶的优质奖。八仙茶的初制品绝大多数销往广东一带，用单纯精制或配合凤凰单枞茶精制，在广东省内销或外销，一直保持较好势头。

为推进八仙茶产业的可持续发展，促进八仙茶标准化、规模化、产业化和信息化发展，2017年，诏安县政府专门出台《诏安县人民政府关于扶持八仙茶产业发展的实施意见》，每年安排农业发展专项资金1000万元，补助新茶园建设、现代茶园建设、茶园道路水泥路硬化、茶叶初制加工清洁化改造、更新茶叶加工设备、茶叶品牌营销建设、茶旅融合等项目，一条龙扶持八仙茶产业发展。

诏安是八仙茶的发源地，是漳州的主要茶产区之一。茶产业是诏安县的农业支柱产业之一，也是传统产业和特色产业。诏安县种植的茶叶品种有八仙茶、凤凰单枞、白芽奇兰、梅占、铁观音、金观音、金萱、仿野生清明茶等十多个品种。截至2018年11月，全县茶叶、种植面积6.2万亩，采摘面积5万亩，

年产量1.2万吨。其中，八仙茶面积和产量均占80%以上。种植区域主要分布在白洋、建设、官陂、秀篆等乡镇，已形成了白洋乡汀洋、建设乡万石溪、官陂镇公田、秀篆镇礤岭等一批茶叶专业村，全县茶叶从业人员（包括种植、加工、销售）有4万多人。

标新立异的漳平水仙茶饼

漳平水仙茶饼产于漳平市双洋、南洋一带，该产品形成于二十世纪二三十年代。当时栽种的茶种是从闽北建阳一带引进的水仙，同时也引进了闽北的水仙制法，但由于闽北水仙属条状外形，不便运输携带及贮存，当地茶农在闽北水仙制法基础上，通过压模造型，以便于携带和易于保存。水仙茶饼外形扁平四方，乌褐油润，内质汤色深褐似茶油，滋味醇厚，香气清高，叶底黄亮，红边显现。由于其品质优良，畅销闽西各地及广东、厦门一带。20世纪80年代以后，水仙茶饼多次在名茶评比中斩获殊荣，如于1986年首次获得福建省名茶称号，在以后的评选中又连续多次获得福建省名茶称号，在1993年第二届中国专利新技术新产品博览会上荣获金奖，1995年获第二届中国农业博览会金奖，并列入《中国名茶录》。2008年8月，漳平市茶叶协会向农业部申请对漳平水仙茶实施农产品地理标志保护。经过初审、专家评审和公示，农业部发布核准登记，划定产品的地域保护范围，公布质量控制规范编号和登记证书编号，依法

漳平水仙茶

漳平水仙茶制作加工

对漳平水仙茶实施保护。

　　近年来，漳平市通过实施"扶龙头、提品质、强基地、打品牌"工程，大力促进漳平茶产业提档升级，目前全市总产值2000万元以上规模加工茶叶企业达到16家。秀雨农业基地就是一个典型代表。这里有近千亩的标准化生态茶园，还套种5万多棵黄金枫、碧桃等树种，被列为"福建省茶树优异种质资源保护区"，所产的漳平水仙茶先后获得国家农业部颁发的"绿色A级证书"、"中茶杯"全国名茶评比特等奖等荣誉，秀雨农业也逐步成长为龙岩市级茶叶龙头企业，生产的"漳平水仙茶"曾在北京举行的第十五届中国国际农产品交易会上获参展农产品金奖。被授予"张天福有机茶基地"的大用水仙基地，也

以其高端的有机茶产品受到市场的追捧。

有了龙头企业的引领带动，漳平市还利用自然生态、"四乡文化"优势，将茶产业与旅游相结合，打造一批特色观光茶园、茶叶加工厂、茶文化馆、茶博馆，将漳平美丽风光、名茶采制技巧和各具特色的茶道茶艺相结合，进一步做透"茶"文章。

如今，茶产业已经逐步成为漳平市农业和农村经济中最具发展前景的朝阳产业之一。2017年，全市茶园面积11万亩，茶业总产值超过21亿元，茶产业成为当地农民绿色增收的特色产业和支柱产业。

第六章 丝路中的一味阳光芳香

白茶，顾名思义，是最纯朴的茶类。"白"可以理解为生长环境的自然与清幽、工艺的简单晾晒与滋味的清淡宜人。大道至简，"白"也可以理解为它有无限的可能与前景，正如近年来白茶势如破竹般的发展与热点不断，前景美好。

初饮白茶时，或许觉得其滋味简单，但是久品不腻，越喝越好喝，越品越舒适，相比于其他茶类，白茶不以力量和厚度见长，但是它有着原汁原味的本色、清新淡雅的鲜爽、好似雨过花落的清香，清纯质朴，浑然天成。白茶是灵性之物，一杯老白茶里有阳光的芳香、雨露的清纯，一杯茶里包含了自然的价值观、健康的主旋律，一杯老白茶里有人体所需的微量元素，亦阐释了人心所有的苦涩甘甜，想来这就是白茶近年来活跃于世界舞台的原因吧！

在谈福建白茶的海丝之旅前，白茶独特的品质魅力不得不提。

一、生于山野，成在自然

茶是汲取天地之精华的灵物，是大自然对人类的无私馈赠。白茶，因其不炒不揉，日光萎凋晾晒而成，外表满披白毫、色白如银而得名。

"世界白茶在中国，中国白茶在福建。"这句广为流传的话掷地有声，宣告着福建作为白茶主产区得天独厚的生态发源地优势。综观福鼎、政和、建阳、松溪等福建白茶产区，"好山好水出好茶"在白茶产区其优越的自然微域小气候下是演绎得淋漓尽致。

先说白毫银针的发祥地福鼎市。北纬27°的福鼎三面环山一面临海，依山傍水，山海相济。地处中亚热带海洋性季风气候，雨量充沛、气候宜人。

福鼎白茶的产区主要分布在国家风景名胜区太姥山山脉周围的点头、磻溪、白琳、管阳、叠石、贯岭、前岐、佳阳、店下、秦屿和硖门等17个乡镇，其中磻溪、管阳、点头的名气都很大。

磻溪的茶园面积号称福鼎第一，3万亩茶园和6万亩绿毛竹错落分布，溪多山高、生态良好。整个磻溪镇的森林覆盖率接近90%，绿化率超过96%，拥有

福鼎市唯一的省级森林公园——大洋山森林公园和最大的林场——国营后坪林场，茶叶种植环境得天独厚。与梅伯珍、袁子卿友谊深厚的另一著名茶商吴观楷，就是从磻溪镇黄冈村走向世界的，而他当年用以行销东南亚的福鼎白茶，大多数原料都来自磻溪。

占据海拔优势的大洋山，竹林密布、云雾笼罩，为生长其中的菜茶、大白、大毫等茶树品种赢得了更加充沛的降水。山中的云雾及茂密的竹林为茶树遮挡了大量的红橙光及红外线，让波长较短、频率较高的蓝紫光及紫外线得以穿过云雾及植被形成漫射光，这样的漫射光提升了茶树的氮素代谢，而氮元素是合成氨基酸的主要元素。而阳光中的红橙光和红外线会提升茶叶片中碳元素的含量，碳是构成茶多酚的基础元素。所以，阳光照射得越久茶多酚类物质含量越高，口感也就越苦涩。当你有机会去到茶园观光时，发现某些茶园一眼望去高大的遮阴树极少，整片茶园的茶树全部暴露在阳光下，那么这块区域所产之茶的茶多酚类物质含量就偏高，或者说口感相对易苦涩。在福鼎茶区游走时，你经常会看到茶园里种着一些比茶树高得多的树种，其目的就是为了避免阳光直射，尽可能多地"滤掉"红橙光与红外线，降低茶多酚的含量，提升氨基酸含量，从而提升茶叶的口感的鲜度，降低令人不悦的涩感。

白茶加工以日晒萎凋为主的特殊工艺，对原料的人为干预较少，因此鲜叶中的酚氨比就显得尤为重要。令口感愉悦的氨基酸含量越高，就能够很好地平衡口感苦涩的茶多酚对品饮时的影响。福鼎白茶品质优劣多半是靠"天生"的，出生地条件越好后期成品的品质就越发出众。

上古时代尚无制茶法，人们采摘茶树上的鲜叶，自然晾干，这种自然晾青茶叶的方法就是后来的"萎凋"工序最初的雏形，是一种古老的制草药方法。

与"神农尝百草，日遇七十毒，得茶而解之"相呼应，福鼎太姥山地区千百年来一直流传着一个相类似的神话传说：尧时有一老母，居才山（今太姥山）种蓝，见山下麻疹流行，便将茶的芽芯晒干用于救治麻疹，这便是白茶的最初雏形。蓝姑用茶治病救人，由此感动上苍，羽化成仙，后人尊其为"太姥娘娘"，并向她学习种茶。用白茶治疗小儿麻疹、无名高烧、牙痛、咽喉痛的习俗，至今还在民间流传，而且疗效显著。

窥一斑而见全豹。福鼎管阳镇的高山茶区也是别有特色，这里山峰重峦，云雾缭绕。海拔高、温度低，为茶叶内含物质的积累提供了先天条件。而在这种气候条件下生长的白茶茶多酚含量，要低于其他海拔较低的地区。同时，游走于管阳高山茶园之间，三步两步就能看到杜鹃、梧桐、松柏这些记忆中与茶无关的树种，而且茶园里多半杂草丛生。热情的茶山小姑娘连忙解释道："茶是大自然给我们福鼎人的礼物，所以我们遵循人工除草、植物多样性共存，让茶在最生态、最自然的环境下生长，这样做出来的茶叶品质才能更天然。"

　　这里要补充一下白茶品种的发展。

　　中国真正意义上的白茶，始自白毫银针的创制。而白毫银针有福鼎产的"北路"和政和产的"南路"之分。福鼎在清嘉庆元年（1796年）用当地的菜茶首创了银针，但是效果不理想；到咸丰六年（1856年）和光绪七年（1881

年）分别发现了茶树良种福鼎大白茶（华茶1号）和福鼎大毫茶（华茶2号）后，才在光绪十二年（1886年）开始制作商品化的白毫银针；而政和在光绪六年发现政和大白茶，到10年后才制出白毫银针。

福鼎大白茶制的成茶以毫芽洁白肥壮、多茸毛、香气清鲜有毫香、滋味鲜爽而见长；政和大白茶制的成茶则以毫芽肥壮、香气清鲜、滋味鲜醇浓厚取胜。

镜头转向福建北部，一个以皇帝年号来命名的茶叶县域——政和。地如其名，朴素而平和的地方。政和历来是农业县，地处闽江的源头之一，生态资源十分优良，森林覆盖率达76.4%。政和有着茶叶生长的理想环境：地处武夷山山脉东南的鹫峰山脉，全境气候属亚热带季风湿润气候区，高山多，山林的海拔落差和早晚温差大，平均海拔在800米左右，年平均气温16℃左右，年降水量1600毫米以上，土壤以红壤、红黄壤为主。土壤湿润，气候温和，山里常年可见云雾缭绕。

政和大白茶就是在这样的环境下孕育而出，其所制成的茶叶品质优越、芽

茶园风光

头肥硕、滋味鲜美、毫香显郁、汤底肥厚、内质丰富。政和大白茶独特的品种香受到大多数人的喜爱。

　　"一方水土养一方人。"正如环境能改变一个人、造就一个人，茶叶也一样，它与当地的土壤、气候等息息相关。茶叶是一个大环境的自然载体，茶叶冲泡后会呈现出当地的生态环境、土壤以及周围的生物链情况对茶的整体影响。所以，福建白茶产区所拥有的独特小气候与高海拔，使茶这片叶子保持了较理想的生态平衡，加之原始的加工工艺，让白茶独具魅力。经时间的洗礼，茶叶内部成分逐渐转化，香气成分逐渐挥发，从新茶的毫香转变为荷叶香、枣香和药香，汤色也逐渐从浅黄沉淀为杏黄、橙黄色，滋味也变得更加醇和厚朴，经久耐泡……

二、墙内开花墙外香

白茶，中国特有的茶类，却一直是"墙内开花墙外香"。自古以来，白茶就一直作为外销特种茶远销海外，主要销往东南亚、欧洲、美国等国家和地区以及中国香港，备受消费者的青睐。

白毫银针是中国白茶最早出现的品类。历史上，白毫银针的第一次出口是在1891年，两年后随即在欧美畅销。1912—1916年是白毫银针销售的极盛时期，当时福鼎与政和两地年产各1000余担，每担银针价值银圆320元（20世纪头30年的中国社会以银圆为本币，物价稳定，当时1两黄金约为100银圆，1银圆大约等于0.7两白银。从购买力来说，在1911—1920年间，上海的米价为每斤3.4分钱，1银圆可以买30斤大米；猪肉每斤1角2分至1角3分钱，1银圆可以买8斤猪肉）。白毫银针，实实在在地丰富了以茶叶为主要生计的闽北、闽东商人的腰包。

由美国华侨收藏的当年参加巴拿马万国博览会的白毫茶——『马玉记』白茶

白毫银针采摘标准极其严苛，原料又十分珍贵。六七万颗芽头才能制得一斤的白毫银针。物以稀为贵，根据《宁德茶业志》记载："1950年12月，中茶公司华东公司对红、绿毛茶中准价的规定是，福建的红毛茶平均不超过每50公斤3石大米，绿毛茶每50公斤2.4石大米，白茶每50公斤12石大米……"白茶价格是红茶的4倍，白茶的珍贵程度自然可想而知。

1912—1916年是白茶的巅峰时期，当时福鼎与政和两县每年各出产白茶约50吨，每吨值0.2~1.26吨白银。1917—1921年，第一次世界大战结束后，市场疲软，消费和进口能力大减，导致白茶滞销，三年萎靡。因国内外的战争影响，白茶开始改制，白牡丹应运而生，白茶出口开始慢慢恢复，到1934年白茶外销开始逐渐变好。

至1936年，福建全省白茶产量为164吨；1937年抗日战争全面爆发后，全国及福建的茶叶产量锐减，出口受到了巨大影响。1950年福建白茶产量为55吨，出口量为0；到1951年生产迅速恢复，产量达126.3吨，但出口仅为0.3吨。

在中华人民共和国刚刚成立的那段日子里，由于历史遗留下的货币流通混乱和通货膨胀问题还未解决，白茶的生产也还没恢复过来，使得白茶产量少，价格非常高。1952年，因为我国白茶产量仅有857担，在我国香港销售时白牡丹的价格便达到3000港元/担，贡眉也达到了2400港元/担。到1953年，国家经济稳定，中茶公司开始用货币收购白茶，同时上调了它的收购价，所以到1954年，白茶的收购价已经超过1953年时的红绿茶收购价。在这种政策下，白茶作为福建省特有的外销特种茶在1956年的出口量首次突破百吨。

各类白茶的出口市场包括中国港澳地区、德国、日本、荷兰、法国、印度尼西亚、新加坡、马来西亚、瑞士、美国和秘鲁等。

直到改革开放前的1977年，福建的白茶生产与出口均达到了历史最高水平，白茶干毛茶产量900吨，出口成品茶501吨。

20世纪80年代以前，台湾也生产白茶及出口香港地区，并且在二十世纪五六十年代的市场份额超过福建。1958年，福建茶叶进出口有限责任公司（以下简称福茶）白茶出口仅占香港进口的34.89%，而台湾白茶占65.11%。1961年，福茶占23%，台湾白茶占77%。直到1973年，福茶的白茶出口才占有了香港市场的大部分份额，达到了63%，超过了台湾白茶。1977年达到501吨，占香港市场容量的80%以上，占据了主导地位。为此，台湾白茶也从20世纪80年代后，逐渐退出了香港市场。

随着改革开放的进程，福建白茶的生产格局和销售格局都发生了重大变化，出口地区除了我国港澳地区、东南亚传统市场外，也拓展到了欧美，其中政和、松溪等地生产的白茶销区以中国香港以及东南亚为主，福鼎等地生产的白茶以欧洲为主销市场。特别是2008年以后，福建白茶迎来了发展新时期，白茶产业在产地政府和业界的推动下，在中国国内迅速升温。2004年，经国家质量监督检验检疫总局严格评审，福鼎白茶注册为原产地标记地理标志，并成功向国家工商总局申请注册"福鼎白茶"证明商标。2007年，国家质量监督检验检疫总局批准对政和白茶实施地理标志产品保护。

到2015年年底，经营福鼎白茶的企业，在工商局登记的就有545家，通过QS认证的有200多家。根据福鼎、政和、建阳三地农业部门的数据：2016年，福鼎白茶产值18.8亿元，同比2015年增长4.02%；政和白茶产值3.4亿元，同比2015年增长13%；建阳白茶产值2400余万元，同比2015年增长14.3%。汇总可知，福建全省的白茶总产值约为22.5亿元。

缘起沙埕港

说起茶叶贸易，不得不提沙埕港。早在孙中山的《治国方略》中就确定其为天然良港，沙埕港与白茶主产区——白琳通过海道直接相连，白琳出产的茶叶在白琳的后歧码头直通沙埕港。沙埕港作为特殊的港口，它外连着东海，内通过内海湾与白琳、桐山、店下等产茶重镇相连。明末清初，沙埕港成为郑成功抗清的重要据点，同时也是郑成功进行海上贸易活动站之一，因而沙埕港成为军事要地，但也设立钞关，征收厘金、牙税以充地方财政，税金来源主要靠土特产茶、烟、明矾、纸、桐油之类的转运。这个阶段茶叶贸易在朝野文献中见不到记载。清康熙二十二年（1683年），清廷收复台湾。同年，沙埕港正式设贸易口岸，出口闽浙一带的茶叶、烟草、明矾等物资。清康熙二十三年，清廷放开自明代以来的"海禁"政策，于是闽东沿海地区的农、渔、牧业生产都发展起来，其中茶叶的外销量与日俱增。同治四年（1865年），闽省税厘局成立，下设分局14处，分卡21处……其三都、沙埕两处则自轮船通行后所添设，原北路之茶均由此两路出口。清末和民国时期，通过沙埕港进行海上运输

福鼎沙埕港

茶叶、明矾等各类物资进入繁盛时期。

　　从各种史料看，1926—1928年间，资本雄厚的南广帮（南帮指闽南资本家金泰等，广帮指广东资本家广泰等），在白琳设采购点，收购白毫银针与白琳工夫，再把茶叶销往国外。其中广泰茶行实际上是广东茶商与白琳茶商相结合的产物，白琳茶商詹振步与派驻白琳的广州茶商曾镜银合作，在康山村溪坪合伙开办了一个大茶行，收购白茶，经广州销往国外。同期，福鼎当地也有一些有实力的茶商，如吴观楷、蔡德教、梅筱溪、袁子卿等人直接把茶叶销往中国港澳与东南亚。

　　在抗日战争时期，出现白茶出口与产量不减反增情况。《宁德茶业志》载："光绪二十五年（1899年）三都澳设立'福海关'，自此三都澳成为闽东茶叶出口的海上茶叶之路……1940年，三都澳遭日军轰炸成为死港。"沙埕港却依然频繁有茶叶出口。据周瑞光在《抗战时期白琳茶的畸形繁荣》一文中提道：

　　　　商人借外国商船为庇护，先后向英国德意利士轮船公司、怡和公司以及葡萄牙飞康轮船公司雇用运输船，挂着外国旗帜，频繁地从沙埕港内抢运工夫红茶、白毫银针等。

三、一盏茶的温情与认同

　　白茶是福建的传统特种外销茶，作为六大茶类中的"小门派"，虽性清凉，拥有退热、降火、祛暑的治病效果和清幽素雅的风格，但它可谓生不逢时，在其诞生之后很长一段时间，红茶在国际市场上还是一枝独秀的局面，所以白茶发展并未得到足够的重视。在当时产于闽东和闽北的坦洋工夫、白琳工夫、政和工夫以及正山小种才是炙手可热的闽红四大花旦，而刚刚成为商品茶的白毫银针一般被用来拼配红茶出口，因产量低、价格昂贵，属于比较小众而高档的茶类。再后来，又逢乌龙茶热销，生在福建这个茶叶大省，福建地域性强，加上白茶宣传不足，远不及在市场热销的乌龙茶。而且在此之前乌龙茶已经在福建经营了一个多世纪，根深蒂固，闽北闽南几乎都是乌龙茶的天下，面对乌龙茶这个庞然大物，白茶毫无还手之力，以至于白茶在福建几乎无立足之地，仅能在夹缝中求生存。恰逢其时，闽红遭遇印度、锡兰（斯里兰卡）的红茶狙击，原闽红产区政和、福鼎等地茶商决定另辟蹊径，遂将白茶推上外销之路。放眼国内,绿茶和红茶霸占了中国的大半壁江山,四川、湖北、湖南等地多流行黑茶,因此当时白茶在国内市场销售一直平平。白茶在福建的发展与乌龙茶相比滞后得太多,但随着白茶从海外载誉归来,加上白茶优异的品质特征,近年来在中国茶市的夹缝中走出了一条康庄大道,兴起了"白茶热"。从一文不名到遍地开花,从人微言轻到主流产品,这是独属于白茶的传奇史。

太姥茶人风范——梅伯珍

根据《中国白茶》一书记载：从福鼎茶业开始兴盛之日起，当地渐渐形成了一些颇有影响力的茶商世家，其中的吴（吴观楷）、蔡（蔡德教）、梅（梅伯珍）、袁（袁子卿）四家是威望最高的。在清道光二十二年（1842年）五口通商后，福鼎茶叶交易中心白琳生产的"白琳工夫"红茶、"白毫银针"白茶以及"白毛猴""莲心"等绿茶，每年满载商船，畅销国内外。

梅伯珍，字步祥，号筱溪，又号鼎魁，出生于清光绪元年（1875年），本是福鼎点头镇柏柳村一个富裕之家的幼子，也是福鼎近代茶叶史上最著名的茶商之一。梅伯珍少时，家道中落，后来父母相继去世，他最终走上了贩茶为生的道路。

20世纪初期，梅伯珍的茶叶生意一度发展得很顺利，他先后得到了白琳棠园茶商邵维羡、马玉记老板和福茂春茶栈主人的信任，受邀合伙经营茶庄。这段经历在梅伯珍晚年的自传《筱溪陈情书》里做了详细的说明。就在他踌躇满志地准备大干一番时，第一次世界大战爆发，导致从1918年至1920年连续三年的茶叶生意惨淡，连年折本，梅伯珍参股的马玉记茶行当时亏了9000多块大洋。

梅伯珍的遭遇相当有代表性。当时，梅伯珍的姻亲袁子卿也同样面临这一困局。他因为主营红茶，面对白琳工夫当时在国内外市场上竞争力弱、价格较

古茶坊

低的局面，果断更换制茶品种，将生产原料全部改为福鼎大白茶，发明了白琳工夫中的珍品——"橘红"红茶，结果运到福州销售后一炮打响。但白茶一直都是外销特种茶，除了欧美以外，最主要的市场还是华侨集中的香港、澳门地区和东南亚国家。为此，梅伯珍加大了开拓南洋市场的力度，他亲自远渡重洋，努力将白茶、绿茶、红茶销往东南亚。

梅伯珍为人极讲信用，但生意几起几落。他曾为福茂春两度前往南洋追债，把欠款不还的合作方振瑞兴洋行告上法庭，结果领回来一张4万多元的欠条；他也曾担任福州福鼎会馆茶邦的会计，因为集体购房资金不够，就用自己的财产向华南银行抵押借款，结果时局走弱，会馆经营不善，各种费用其他董事都不理，他独自一人承担了下来。

马玉记赏识梅伯珍的不仅是其为人勤恳朴实、守信，更重要的还是这个来自福鼎的生意人能给他提供产制优质的茶叶。1915年，福州马玉记的茶在美国旧金山荣获首届巴拿马太平洋（The 1915 Panama Pacific International Exposition）博览会金奖，足以说明福鼎茶叶的含金量。据中国国家图书馆《中国参加巴拿马太平洋博览会纪实》和《巴拿马太平洋万国生博览会要览》记载，巴拿马万国博览会中国茶叶获得金奖章共21个。其中属于福建的有3

牌匾

个，福州马玉记是其中之一。近百年之后，一个更大的秘密随着一个茶藏品拍卖会被掀开，令茶界为之振奋。2011年7月13日，在杭州市浙江世界贸易中心展览厅举行的西泠印社拍卖有限公司专场拍卖会上，有当年获巴拿马万国博览会金奖的马玉记茶行白茶。估价50万~70万元，其茶收藏品这样描述："产地福建，品种白茶，年份1914年，数量1箱，毛重3100克。"并附加说明："福建马玉记白茶，茶品选自福建。白茶一般选用一芽一叶初展嫩叶制成，此款参展茶采用精选芽尖制成。虽时光流逝百年，但其茶身白毫依然清晰可见，保存之完好令人堪称奇。"毫无疑问，早在20世纪初时曾因供茶商梅伯珍与马玉记的密切关系，福鼎白茶已走向了国际市场的大舞台。

梅伯珍勤劳俭积，创下不少基业。现保存完好的有他出生地故居和他1936—1937年间亲手缔建的7榴民房，以及左右厨房和门楼。出生地故居在下新厝，四合院一天井加门楼格局建制，由梅伯珍祖上梅光国建造，故居正厅题有牌匾"积厚流光"。梅伯珍故居在上街，面朝大路，以明楼建制，门顶留存"虎云统瑞"泥匾，外门楼留有"凤池行瑞"四字，墙窗和房顶烙下民国时期建造风格。在柏柳中还有"德辉"民房数间，上街有二层歇山式单体民房共十数榴，也都是梅伯珍与他的儿子所建造。风貌质朴，古风犹存。

像福鼎众多的茶人一样，晚年梅伯珍为人乐善好施，遇上乡亲族人贫病困苦，邻里村外做桥修路，他都慷慨解囊。他的行商履历记录于《筱溪陈情书》，是珍贵的手抄本遗稿。文中对自己的后人言情切切，教子当为勤劳创业，不可游手好闲；虽是一家金玉良言，亦见太姥茶人风范。

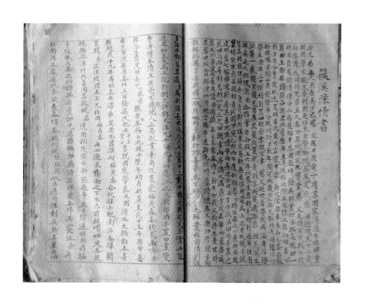

《筱溪陈情书》

梅伯珍以自己的聪明才干，在茶界拼搏几十年。走过种植、制作、经营白茶的历程，见证了民国时期福鼎茶业的起落兴衰，是茶界承前启后的人物。1947年，梅伯珍在老家柏柳寿终正寝，享年73岁。他创造并留下了宝贵的茶人精神，是茶文化的一面旗帜，永远激励着福鼎茶人继往开来。

饮口佐茶未？

"吃饭了吗？"这是过去中国内地常见的见面招呼语，而在香港，亲朋好友见面的第一句打招呼语是问"饮口佐茶未"，意为"你喝茶了吗"。这是香港人延续多年的生活方式，男女青年约会、商务交谈、街坊邻居闲聊、同事同学叙旧，去茶楼饮茶是香港人不二的选择。

许多香港人的童年都是从跟着长辈上茶楼开始的。因为香港地方小，人口多，香港人多数住得不宽敞，但是又有进行家庭聚会的习惯。这时最好的去处就是茶楼或者比较高级的茶餐厅。每逢周末、节假日，许多市民便举家去茶楼，这成了香港社会的一景。人们在闹哄哄的氛围中坐下来，由辈分最高的老人翻菜牌，决定饮用的茶究竟是普洱、香片、龙井、水仙，还是寿眉。而香港的茶楼和茶餐厅，无论档次高低，都有一半以上会供应白茶。因为香港天气湿

安吉白茶非白茶

由于安吉白茶中的"白茶"二字，很多人会将安吉白茶误以为是白茶，甚至许多业内人士也犯过此类常识性错误。安吉白茶（白茶1号）品种是由于遗传因素或外界环境的影响，导致叶绿素合成受阻，叶绿素含量较少，芽叶色泽趋向白色，属于"低温敏感性"茶树，其阈值约在23℃，在早春气温低的时候，萌发的嫩芽为白色。但安吉白茶是按照绿茶的工艺制作而成的，因此它属于绿茶。

热，而白茶一定程度上有清热消炎的功效，所以许多人特别爱喝白茶。这使得弹丸之地的香港，在中国白茶内销为零的时代里，成为最重要的白茶销售区。

世纪之恋

白茶被国人认可与接受，是近几年的事。"一年茶，三年药，七年宝"之说传播甚广，但在海外，白茶作为药用已有百年历史，可谓世纪之恋。

白毫银针在境外最初不是被当作饮料，而是被视为药物在社区药店出售，中药师会在茶叶中加上其他药材，例如糖、姜、香料等，成为当时的成药。在港澳地区，白茶也因其药效而大受欢迎，并稳扎市场。中国香港与澳门地区、东南亚一些国家都是人口密集、气候湿热之地，是麻疹病的高发地区。而百年前医学不够发达，且战乱频繁，药物奇缺，白茶对麻疹的奇效使其备受推崇。

近十多年来，国外对白茶功效也十分关注并研究。2001—2013年SCI（美国《科学引文索引》——Science Citation Index，简称SCI）发表了43篇白茶研究报告，其中35篇是白茶与健康，8篇是白茶化学，报道白茶具有抗氧化、抗炎症、抗菌、降脂、降糖、减肥、保护神经等功效。

茶叶专家、福建省茶叶协会原秘书长陈金水介绍，晚清以来，北京同仁堂每年购50斤陈年白茶用以配药。而在计划经济时代，国家更是每年都从福建省茶叶部门调拨白茶给国家医药总公司做药引，配制成高等级的药。

在2011年日本3·11大地震发生后，福鼎市政府与茶企紧急调拨一批福鼎白茶，通过国际特快专递邮寄东京，把具有防辐射、抗辐射等保健功效的福鼎白茶赠予坚守在抗震救灾一线的中国驻日本大使馆。

红颜知己

由于不炒不揉、制作工序简单，白茶含有的天然成分最大限度被保留下来。国外研究表明，相较于其他茶类，白茶的自由基含量最低，黄酮含量最高，氨基酸含量平均值高于其他茶类，这使得白茶具有很好的镇静消炎、防辐射、抗氧化和舒缓的功效，被称为"女人茶"，是女性们不折不扣的红颜知己。

白茶的美容功效，早就引起不少外国美容产品巨头的注意。

1921年，法国香奈儿品牌创始人邀请俄罗斯宫廷调香师恩尼斯·鲍为她创造一瓶"闻起来像女人的香水"。5号香水由此诞生。Chanel的NO.5号香水从此成为香水界的一个魔术数字，代表一则美丽的传奇。将近一个世纪后，Chanel No.10出现在大众眼前。作为一款明星护肤产品，Chanel No.10乳液受到全世界女性的喜爱。Chanel No.10乳液之所以能取得如此瞩目的成绩，源自Chanel研发人员的117次配比试验，最终从上百种成分中精选出十种有效成分，提炼制成这款乳液。而这十种神奇的成分，便包含了从中国白茶中提炼出的物质。

事实上，除了Chanel No.10乳液，很多国际知名护肤品牌都有采用白茶元素。

最先广泛研究白茶特性的美国最大的化妆品公司Estee Lauder（雅诗兰黛），其最著名系列化妆品"完美世界"（A perfect World）就采用白茶提取物作为活性成分，其中仅一款"完美世界白茶护肤"就把竞争对手远远甩在后面。美国的高效植物护肤先锋Origins（悦木之源），也曾推出"白毫银针茶美肌抗氧化系列"。Dior（迪奥）也曾推出迪奥白茶配方眼部卸妆液。此外，伊丽莎白雅顿从20世纪就开始采用绿茶中有效成分制作护肤品、香水，之后也发布了受到市场欢迎的白茶系列，可以说是对茶叶有着执着的偏好。

白茶美容产品的热销，甚至在美国催生出专门为美容公司种植白茶的公司。

星巴克的新宠

星巴克（Starbucks）是美国一家连锁咖啡公司的名称，1971年成立，是全球最大的咖啡连锁店。2011年，白牡丹正式进入星巴克产品序列，且在其官网上热门指数高达四星（最高为五星）。其说明如是：

> 你知道吗？白茶是白色的茶吗？白茶，顾名思义就是白色的茶。产地较少，主要产于中国的福建、台湾等地。由于茶叶表面多白茸毛，在加工时不炒不揉，完全保留叶背遍布的白茸毛。叶脉微红，布于绿叶之中，有"红装素裹"之誉。

星巴克华东区域采购部副经理杰克·菲利普曾在接受采访时表示："自20世纪80年代以来，美国的咖啡消费一直在下滑，预计还将继续下滑，而另一方面，茶的消费却在增长，也许是由于人们认为茶比咖啡更有利于健康，也许是喝茶的国家的移民带来的变化。"

2009年上海世博会组织评选的中国十大名茶活动中，福鼎白茶、安溪铁观音等的市场号召力，让星巴克意识到中国茶深厚的群众基础。星巴克卖中国茶，除了迎合中国消费群体，最主要是希望给消费者多一种选择，这也是挖掘潜在消费市场的一种举措。

继星巴克之后，国际巨头企业，如可口可乐、安利、日本悠哈味觉糖等相继选择了福鼎白茶作为白茶供应商。

白茶独具魅力之处就在于它经得起时光的磨炼，岁月增添其柔软，在"一带一路"的风帆中拨出绵柔的涟漪。

第七章　中西合璧　茉莉芬芳

福州是茉莉花茶原产地。曾经，通过古代丝绸之路，印度的茉莉花成为中国福州的特产，由茉莉花加工成的福州茉莉花茶又通过海上贸易成为世界闻名的"中国春天的味道"。

一抹天香，一段奇缘，灵动历史，香溢四海，静静地诉说着它与丝路的故事，再续传奇的"一带一路"，彰显榕城独特之魅力。

一、茉莉花香为茶来

在短阅读时代，关于茉莉花茶的点滴无法用几千字概述其中微妙。如果要诉说茉莉花茶的故事，大概可以写出《一千零一夜》那么多。毕竟它伴随着漫长琐碎的生活，遍布岁月的每一个角落。

茉莉花茶始于宋朝时的福州。勤劳聪明的福州人充分利用福州茉莉花独一无二的香气，让茶与花从相望走向相融。严格的保密和传承，使得福州茉莉花茶独特的窨制工艺，在数百年间均未传到其他国家，目前世界上没有其他国家能窨制茉莉花茶。但是茉莉花并非我国原产。

2000多年前的西汉，茉莉花从遥远的波斯，经由海上丝绸之路来到福州。《古代花卉》中提到，茉莉原产自伊朗、印度半岛。由于唐朝时候版图很大，当时唐代设陇右道，其西南包括今天的巴基斯坦与天竺接壤；西部则与波斯连接，在波斯扎博勒夫金的疾陵城，设波斯都督府。这样也就好解释为什么提及茉莉花的传入地有波斯、印度两种说法。在唐代，汉人与天竺、波斯的接触频繁，茉莉的名称就是汉化后的合璧词。所以《本草纲目》写道："末利本梵语，无正字，随人意会而已。"这样从晋代至今的茉莉名称有各种写法，现在统一规范为"茉莉"二字。

因为茉莉喜高温，最初只能在福建、云南等南方这样好越冬的地方栽种，后来随着栽种技术的逐步成熟，推广到江南地区。早期茉莉是皇族、显贵的家养花卉，宋代宫廷为了祛除暑气，会置茉莉等南花数百盆于广庭之下，用风轮鼓风，熏得满院清香，以解暑热。这样的场面想起来无不奢侈得令人哑然。宋

以后茉莉花开始在民间广为传播。

北宋年间，福州已经是茉莉满城。《瓯冶遗事》载："果有荔枝，花有茉莉，天下未有。"福州乌山至今仍保留北宋年间福州太守柯述的"天香台"题刻，这里的天香就是指茉莉花香。福州地处东南沿海，闽江穿城而过与乌龙江交汇，城内三山与鼓山、五虎山遥相辉映，属于典型的河口盆地、海洋性热带季风气候，福州市区四周的山海拔多在600~1000米，日照短，多散射，云雾缭绕，也十分利于茶树生长。福州是历史上有名的贡茶产地，自古就出产名茶，方山露芽、鼓山柏岩茶、罗源七境绿均是贡茶。盆地中心的冲积平原为沙壤土，肥力高，水分足，扦插茉莉易成活，昼夜温差大，使茉莉花品质好。在我国有60多个茉莉花品种，主要有单瓣茉莉、双瓣茉莉和多瓣茉莉之分，单瓣茉莉是福州独有，且具独特清香。在福州历史上形成"山丘栽茶树，沿河种茉莉"的合理利用自然资源的种植格局。"闽江两岸茉莉香，白鹭秋水立沙洲"就是对这种美景的生动描述。

福州茉莉花茶制作工艺成熟于明朝。清朝后期是福州茉莉花茶的兴旺时期，咸丰年间，由于福州人才辈出，在朝中上层官员，特别是海军和对外交往中占据重要地位，福州茉莉花茶在京津一时成为宫廷贵族、外国商人的高档消

费品。据载记，慈禧太后对茉莉花有特别的偏爱，规定她之外旁人均不可簪茉莉花。福州茉莉花茶逐渐成为贡茶。福州因此迅速成为全国茉莉花茶的窨制中心和集散地。省外名茶如黄山毛峰、大方、龙井、旗枪、碧螺春纷纷调入福州窨制成茉莉花茶。1860年，福州茶叶出口达400万磅，占全国茶叶出口总额的35%，1900—1931年，福州城内经营茉莉花茶生意的省内外茶商有80多家，还结成了天津帮、平徽帮等。1872年，俄国人在福州泛船浦开办阜昌茶厂，是福州历史上最早的机械制茶厂。到1933年，福州茉莉花茶产量增至7500吨。外国商人先后来福州开洋行。随后，在仓山烟台山建了许多办事处，福州逐渐成为世界最大茶港，经由福州港这个控海咽喉，茶叶等物品通过海上丝绸之路越洋过海畅销欧美和南洋。

茉莉花茶的品质可以用"锦上添花"四个字形容，除了要有品质良好的花，茶坯也同样重要。随着不同时代茶坯制作工艺的变化，茉莉花窨制茶的方式也都在流变着。古代香片制作原本叫熏花茶，以花熏茶，明末清初在福州大规模贸易的时候该地方言称之为"窨"，之后则一直沿用了此方言，窨花俗称"吃花"，经三窨以上才是上品。2014年8月，福州茉莉花茶传统制作技艺被列入国家非物质文化遗产保护名录。

茉莉香片这种看似简单的茶，并没有宏伟的格局。因绿茶配以茉莉鲜花窨制，也不以永垂不朽为存在目的，越是新鲜越是能带给人开窍解郁的清扬，这样的特质让它相当贴近日常，显得平常而朴真，有着自然相和的情感。

二、宿根闽都放异彩

昔日福州民谣："闽江边口是奴家，君若闲时来吃茶，土墙木扇青瓦屋，门前一田茉莉花。"福州市原副市长、福州海峡茶业交流协会原会长吴依殿回

福州湿地茉莉花园

忆："我出生在仓山吴厝顶村，小时候村前小鱼塘的塘边广种茉莉，村后的长安山也遍植茉莉。当时的仓山，几乎家家户户种茉莉。"正因为夏日里茉莉飘香，仓山又被誉为"琼花玉岛"。

花恋茶，城恋花。

茉莉花茶是用鲜茉莉花和绿茶混合窨制而成的，它不同于直接以花作为浸泡物的花草茶，而是窨制后将花剔除只保留茶。所谓的"窨制"，即熏制。因此，成品茉莉花茶见茶不见花，既有绿茶滋味，又饱含茉莉芳香，集茶与花的保健功能于一身。

据医药典籍记载和现代科学研究，茉莉花茶有安神、健脾、理气、提高记忆力、防辐射、抗衰老以及抑制多种细菌的功效。

福州方言中，茶与药均发"DA"音，抓药为"抓茶仔"，煎药为"煎茶"，炖药为"炖茶"，吃药为"吃茶"，体现了古语中茶能解百毒、茶和药不分家之意。古时候，福州人若患天花，出痘到脚面时，要喝茉莉花茶排毒，这被称为"透脚"，代表重获新生。福州人还喜欢把茉莉花茶陈化5~8年，据说饮后可排毒或治疗拉肚子等疾病。

茉莉花茶制作周期长，淡雅幽香，很符合福州人的"慢调"与文雅个性。茉莉花是外来的，茶叶是本土的，西方与东方在这款茶里，实现了融合与发展。茉莉花茶加工工艺后来扩展到其他地域，但至今只有福州保存了完整的古法生产工艺。

第一次鸦片战争后，福州被辟为五口通商口岸之一，此后几年包括福州茉莉花茶在内的茶叶大量畅销海外。"走马仓前观走马，泛船浦内看番船"这句福州俗语，描述了福州仓山当时茶叶贸易的盛况。中华人民共和国成立后，外交部的茉莉花茶礼茶均由福州生产。

福州自古就是产茶胜地。较短的交通半径可保原料新鲜，较高的原料产量允许有相应多的原料成本失败，种种因素催生了福州茉莉花茶的发展。1866年5月底，欧洲茶商在福州举办了一场从福州到英国伦敦的飞剪船赛。飞剪船将福州到伦敦270天的航程，缩短到不足100天，大大促进了茶叶贸易的繁荣。

茉莉花虽然是福州市花，但是20世纪90年代，福州大部分茉莉种植基地逐渐消失，茉莉花茶产量迅速下降，2006年，茶厂纷纷拆迁，闽江两岸几乎见不到茉莉花。为了加强茉莉花的保护，传承福州茉莉花文化，2014年5月，福州出台了《福州市茉莉花茶保护规定》。新政规定：茉莉花种植基地由市人民政府统一设立保护标志，严禁侵占、破坏茉莉花种植基地的行为。支持建设茉莉良种繁育基地，加强引进和推广茉莉花优良品种资源的工作，对新植茉莉花生产基地给予财政补贴。

近几年，福州城门与乌龙江旁的帝封江公园、闽侯闽江边的苏洋村、长乐区营前镇闽江口的黄石村、永泰梧桐镇大樟溪边的春光村等地，几百亩连片的茉莉田在逐年增多。福州又恢复到"闽江两岸茉莉香，白鹭秋水立沙洲"的年代。2011年，福州被国际茶叶委员会授予"世界茉莉花茶发源地"称号；2012年，福州茉莉花茶被国际茶叶委员会授予"世界名茶"称号；2014年4月，福州茉莉花与茶文化系统被联合国粮农组织列为"全球重要农业文化遗产"。

农业部授予福州茉莉花种植与茶文化系统为"中国重要农业文化遗产"

茉莉花洁白无瑕、幽香淡雅，在许多国家都被赋予了亲善、尊敬或母爱等寓意。在我国，茉莉谐音"漠利"，蕴含着淡泊名利、宁静致远的人生态度；茉莉还谐音"莫离"，蕴含着中国的"根"文化及传统的婚姻观，因此受到历代文人雅士青睐。

茉莉来自西域，千余年前安家福州，与本土绿茶相结合，孕育出闪耀的福州茉莉花茶。福州茉莉花茶不仅是城市与农业协同发展的证明，也是海洋文明和农耕文明结合的体现、海上丝绸之路的见证。如今，乘着"一带一路"的风帆，福州茉莉花茶再度起航，愈飘愈远，韵动五洲。

三、心芯相窨茉莉情

鼓岭寻味

"1992年春天，我当时在中国福建省的福州市工作，从报纸上看到一篇文章，叫《啊！鼓岭》，讲述的是一对美国夫妇，对中国一个叫鼓岭的地方，充满了眷念和向往。"2012年2月15日，时任中国国家副主席习近平在美国访问时曾经这样深情讲述。这段20年前发生在鼓岭的中美友好交往的佳话让"鼓岭"美名远扬。

鼓岭是位于福建省福州市晋安区宦溪镇的避暑胜地，1886年由西方传教士开辟，距福州市中心约13千米，山高800多米，夏日最高气温不超过30℃，吸引了许多不耐福州酷暑的西方人士。1935年时，这里拥有200多幢风格各异的避暑别墅，还有教堂、医院、网球场、游泳池、万国公益社等公共建筑。

这篇《啊！鼓岭》记录的是美国人加德纳魂牵福建"故里"的故事。1901年，加德纳随身为传教士的父亲来到中国福建，他在这里度过了一段欢乐难忘的童年时光。1911年，加德纳全家因故回到美国加州。长大后的加德纳成为加州大学的物理学教授。时光荏苒，他常常眷念着鼓岭，却因为种种原因，没能再到过中国。临终前，加德纳反复说出"Kuliang、Kuliang"，而加德纳太太却不知道"Kuliang"（也就是鼓岭）到底在哪里。

她数次往返于中美，却无果而终。直到一天，加德纳太太在整理丈夫遗物时，无意间发现了几张邮票上印着"福州鼓岭"的字样。关于"Kuliang"的

清末避暑胜地——鼓岭外国别墅群

　　谜团终于被解开了，看着热泪盈眶的加德纳太太，加德纳家人的中国朋友钟翰随即将这一故事落成文字发表在中国报纸上。

　　《啊！鼓岭》这篇文章引起了时任福州市委书记习近平的注意。他当即指示福州市外办与中国人民对外友好协会联系，以民间方式邀请加德纳太太前往福建。1992年8月21日，时任福州市委书记的习近平在福州会见了加德纳太太，代表丈夫圆梦的加德纳太太异常感动和兴奋。

　　习近平在美国访问时曾经回忆道："1992年8月，我和加德纳夫人见了面，并安排她去看了丈夫在世时曾念念不忘的鼓岭。那天鼓岭有九位年届九旬的加德纳儿时的玩伴，同加德纳夫人围坐在一起畅谈往事，畅饮福州茉莉花茶，一切都令她欣喜不已。加德纳夫人激动地说，丈夫的遗愿终于实现了，美丽的鼓岭和热情的中国人民使她更加理解了加德纳为什么眷恋着中国……"

　　时光荏苒，岁月如梭。而今，加德纳夫人的后代更是来到福州鼓岭茶园寻找当年奶奶口中所说的茉莉茶香，他们跨越千山万水来到大洋彼岸的鼓岭，既是寻味，也是寻根。

　　中美两国之间的关系，不管岁月如何变迁，总有一种情谊安放于心中，它不显山，它不露水，它更是像茉莉花一样，低调而又朴实地开放，它总是会在最合适的时机出现，而今天，它更是存于中美两国人民的心中，而这一份情谊叫作"和平"。

茶商的坚守

在福州港兴盛岁月，洋行先行一步，本土茶商亦不甘落后。生顺茶栈、洪家茶便是其中的代表。

"茶帮之王"生顺茶栈

"生顺茶栈"起源于19世纪初的福州港。欧阳家族是宋代大文豪欧阳修后裔，因避战乱从江西吉安移居长乐并定居。后来，欧阳家族成为村中茶农，从开始的种茶，逐渐发展到自己制作绿茶。欧阳长芝在当地发展为产供销一条龙的茶商，其发迹离不开那个集美丽、智慧与胆识于一身的妻子。据传，建宅子的选址便颇具趣味。这位满族姑娘让儿子每天在草垛上睡觉，早上一起来就问儿子："你最早是从哪个方向听到鸡叫的？"儿子说东边，她就往东扔一个瓦片，儿子说北边，她就往北扔一片瓦片……一个月后，这位当家奶奶选择瓦片最多的地方起屋造厝。新宅建起后，欧阳家族的事业随之也越来越旺。《福州工商史料》载，1885年（清光绪十一年），这位胆识过人的当家奶奶力排众议，毅然决定把欧阳家族事业由长乐移至福州，在福州下靛街开设"生顺茶栈"。其生产的茉莉花茶，因香味独特，被港英总督推荐给英国王室，"生顺茶栈"茶叶出口占那个时期福州茶叶出口额40%以上，被称为"茶帮之王"，欧阳康亦被誉为"东南茶王"。"生顺茶栈"还曾作为中共福建省委地下党交

生顺茶栈欧阳家族合影

生顺茶栈的茉莉花茶茶标

生顺茶栈是福州唯一一座保存完整的清代集花茶制造厂、毛茶收购站、成茶仓库、茶农客栈、茶王宅院于一体的古迹

通联络站之一，从1938年建立直到1949年中华人民共和国成立，"生顺茶栈"这一党的地下联络站从未被敌人发现和破坏。

洪家茶名扬海外

洪天赏及洪发绥父子二人相继于1878—1902年在福州开办洪怡和、洪春生、福胜春三个商号，为苍霞洲茶帮之魁首。后在全国各地开设30多家分号。洪天赏足迹遍布东南亚各地，洪发绥也把洪家茶通过海上丝绸之路运往世界各地。洪发绥为人聪明好学，勤劳、忠厚、诚信且志向高远。20多岁时承蒙福州西禅寺一大德高僧开释，领悟到要想把茶事业做好，就必须要广结善缘，服务好大众。此后发下誓愿：我愿结识天下人。洪家在新加坡设立了炳记茶行，在韩国仁川与万聚东茶行合作，在菲律宾与胡合兴茶行合作，在印度尼西亚泗水与振东栈茶行合作，共同销售洪家茶。此外，洪家茶还遍及苏联、美国、英国等欧美国家。各国有港口的地方，均有洪家茶的经营合作伙伴。在洪家茶的茶包装上写着：

　　　本庄开设福州新安里新码头，采选清明幼芽先春嫩心窨制，各种香
茗配选精良……福胜春茶庄主人洪发绥谨识。

这段满带历史印记的文字说明了福胜春茶庄在福州茶贸易中的盛况。

右图为洪家茶老包装

左图为洪发绥五十诞辰纪念合影

因茉莉而"莫离"

"我的曾祖父早在1905年就南迁到马来西亚吉隆坡经营茶叶生意，并于1928年创办了汇丰茶行。根据祖辈们的说法，那个时候从中国采办的茶叶也包括当时鲜为人知的茉莉花茶。中国花茶曾经以内销为主，从1955年第一届秋季广州交易会的茶叶采办，正好碰上了花茶大量出口的时机。今天，在茉莉花茶已经成为中国乃至世界茶叶市场上销量最大的一种花茶种类的同时，我们也可以看到马来西亚的茉莉花茶消费也在稳步上升中。"这是马来西亚茶业商会主席刘俊光在2012年世界茉莉花茶文化鼓岭论坛中的深情表述。他的演讲为我们揭开了一段中国与马来西亚因茉莉花茶而结缘的"莫离"情谊。

茉莉花茶文化与马来西亚渊源深厚。众所周知，茉莉花有"理气开郁、辟秽和中"的功效，并对痢疾、腹痛、结膜炎及疮毒等具有很好的消炎解毒作用。马来西亚以热带雨林为家，是许多疟疾病原的温床，所以早期远渡南洋的中国闽粤区移民不仅会带着茶叶傍身，更意外地把喝茶的习惯一并带到了当时的马来半岛和婆罗洲。因此，那个时候的喝茶习惯，仅仅是从药用保健、消暑解渴等因素出发。这些籍贯各不相同的华人移民，先后把不同的茶饮文化带去，乃至于早期马来西亚华人的饮茶习惯出现过如语言籍贯分区类聚的情况：福建人喝铁观音、福州人喝茉莉花茶、客家人偏好绿茶、广东人喝六堡茶等。

冰心在《茶的故乡和我故乡的茉莉花茶》一文中写道："中国是世界上最早发现茶、利用茶的国家，是茶的故乡。我的故乡福建既是茶乡，又是茉莉花茶的故乡。"鲜为人知的是，百年以来，冰心的作品，曾经是马来西亚小学和中学中文教科书的常客。冰心来自福建，写的是她故乡，写的是茉莉花茶，对生活在马来西亚这个既非茶的故乡，也非茉莉花故乡的几代华人读者而言，尤其是"福建人"，"故乡"是既熟悉又陌生的概念，最靠近却也最遥远的地方。

其实，早在明初郑和七次下西洋的航程中，就已经把中国茶叶带到马来西亚了。大规模的茶树种植也于20世纪30年代出现在位于马来西亚中央山脉的金马仑高原。

随着时代的发展，马来西亚华人的生活水平日益提高，茶饮从早年的生活必需品，已经被提升为品茗文化，消费者对于茉莉花茶的总体印象已经从袋泡茶走向了散茶品茗的阶段。茉莉花茶在饮食界的地位逐渐取代了传统的六堡茶和乌龙茶。马来西亚的茶叶年消费也从10年前的1.1万吨发展到现在的2万吨，人均年消费已达700克，并呈稳健发展趋势，茉莉花茶在马来西亚的前景广阔。

都说茉莉花茶里有中国春天的气息，从2016年5月"闽茶海丝行"首站启航以来，福州茉莉花茶踏上了传播中国春天气息的旅途，先后走进了新加坡、马来西亚、印度尼西亚等东南亚国家的主要城市，开展了经贸合作与文化交流，不仅在当地取得巨大的反响，而且在世界范围内有效地推广了福州茉莉花茶。茶香飘万里，丝韵续千年。不管是在过去、现在，还是未来，健康绿色的茶，都是福建对外展示和传播闽文化、中华文化最佳的使者。而我们与马来西亚的友好关系因茉莉花结缘，也将如茉莉一般"莫离"。

穿越百年 茉莉再现

这是一张16万元天价的老照片，记录的是百年前在被誉为"贵族的芭蕾舞

1867年法国巴黎世博会上的福建茶女
（1867由法国BERTALL拍摄）

台"的法国巴黎世博会上福州"茶艺小姐"照片，三位面容秀丽的年轻女子穿着传统服饰安详地坐着，透露着高雅、恬静的气质，她们是19世纪末到法国参加世博会的福建茶艺小姐。她们以轻盈雅致的茶艺展示了福州茉莉花茶，让欧洲人第一次近距离地领略了福州茉莉花茶的魅力。这张照片后来被制作成CDV名片，足见当时在巴黎引起的轰动效应。

1865年，一份来自法国王室的邀请函送进了紫禁城，这份邀请中国参加巴黎世博会的请柬，并没有如法国人所意料的那样受到重视，而是遭到清政府的拒绝。

对于法国人来说，其实早在十七八世纪，他们对中国文化就很仰慕，曾经掀起一股中国热，没有中国参展的世博会多少有些遗憾。清政府拒绝主办方的邀请之后，一位法国人主动请缨，要求承担中国馆的筹备工作。法国政府随即任命他为"世博会中国专门委员"，这位法国人便是最早将唐诗和《楚辞》翻译到欧洲的著名汉学家德里文。

德里文请来了长期在福建海关担任税务司的法国人美里登帮忙筹备中国馆的事务，美里登多年来一直参与着清廷的海关行政，是名副其实的"中国通"。在德里文和美里登的共同努力下，本届世博会上出现了名目繁多的中国产品，这其中，茶叶尤其引人注目。

1867年巴黎世博园的中国亭里面设了一个中国茶室，在这个茶室里有商人在卖茶，很多人是为了买茶品茶才去中国亭的。在这，人们不仅仅能够品尝到

福建活动日开幕式部分嘉宾品茶

杨江帆教授与『一带一路』沿线国家茶叶爱好者一同品饮福州茉莉花茶并交流

芳香可口的福建茶，更能看到由三位福建少女所表演的中国茶艺，这三位靓丽的少女成为中国展区的一抹亮彩，而她们也是目前所掌握的史料中关于福建人参加世博会的最早记录。资料显示她们的年龄为14~16岁，到了巴黎以后，她们在茶室做服务，给客人沏茶，做一些跟茶艺有关的事情。

穿越百年，福州茉莉花茶搭乘"一带一路"顺风车，再度飘香来到欧洲的土地上。2015年6月30日，米兰世博园举办了以"茶香五洲、绿色福建"为主题的"福建活动日"，来自福州的3名茶女在米兰世博会上重现了精彩的茉莉花茶茶艺表演，让茉莉花茶故乡的风貌和福州茶人的风采再次呈现在欧洲。

第八章 茶港岁月 书写沧桑

福建作为"一带一路"的起点省份之一，港口众多。港口，是海内外的贸易枢纽，随着历史发展，各港口沉沉浮浮，重心不断变迁，却始终承载着运送闽茶远渡重洋的使命。福州港与泉州港早在唐代便已成为中国四大主要外贸口岸之一，而明朝后又相继开辟了漳州月港、厦门港以及宁德三都澳。丝丝缕缕的闽茶之香，自福州、厦门、三都澳等港口飘向遥远的国度。茶港沉浮，述说着古今闽茶贸易下的茶港岁月。

一、福州港

汉唐五代 闽茶传播

考古发掘，汉初福州新店闽越国冶城外城的东面、西面、北面有城墙，南面低洼地却始终找不到城墙遗迹，可能便是开放型的"东冶港"。东冶港北起罗源湾，南至兴化湾北岸，东到平潭，是福州港的前身。汉时，东冶港开辟了中南半岛航线以及和日本、澶洲（菲律宾）等地交往的东海航线，开始进行对外贸易，是中国至东南亚海上丝绸之路最早的始发港之一。《后汉书》记载，当时交趾七郡（包括今越南、柬埔寨等地）向中央王朝进贡的路线是由海路在福州东冶港登陆，再经陆路转运到京都洛阳去的。

唐代，东冶改称福州，福州港成为中国三大外贸口岸之一。唐大和（827—835）年间专门设置市舶机构。

五代王审知治闽时，福州港更是海船巨舶络绎不绝，呈现出"万国来朝"的盛况。福州东冶港是闽越对外海上交通和闽江上下游航运的重要口岸。南朝时渐渐成为福建最古老而又最大的对外交通港口。当时的福州港和泉州港是全国重要的贸易港口，与日本和东南亚各国之间的贸易往来十分频繁，助推闽茶的传播交流。除陶瓷、丝绸等工艺品外，茶叶也是其对外贸易的重要商品。闽东、闽南、闽北地区遍植茶树，由于港口的便利和海外市场的需求，所产茶叶绝大多数以海运外销为主。拥有四通八达的海上航线的福建，往北可通过海路到达江浙一带进行近距离贸易，也可溯长江、黄河而上抵达各大中心城市，或者继续北上到渤海湾一带甚而到朝鲜等地做跨国贸易；往东可到中国台湾地区、日本；往南可到中国广东、海南和东南亚诸国、印度等地，茶、港口与海的关系由此进一步深化。

明成化十年（1474年），福建市舶司由泉州港迁至福州，福州港更是当时指定的对外贸易主要港口之一。虽然市舶司的设置发生了变化，茶叶外贸中心转移，但闽茶传播海外的初心不变。福州与琉球贸易往来密切。

就闽茶输出而言，福州港有着较广州、上海等港口更为便利的地理方位。

武夷红茶在福州开埠之前，就已成为国外市场争抢的对象。鸦片战争后，闽北茶叶主要通过两条渠道被运送出去：一条是传统的"茶叶之路"，即将茶叶集中在崇安县的星村，之后运往江西河口，经水陆辗转搬运到广州；另一条是从崇安县出发至上海，而后远渡重洋。传统至广州的运输路线全长近三千里，须跋涉五六十天才能到达，每百斤的运输费用更是需要三两六钱五分。而自星村至广州共有七个税卡，关卡繁多，茶叶成本大大增加。

1832年，英国东印度公司派遣精通汉语的林赛和郭士立乘"阿美士德"号，以"买卖贸易"为幌子，由澳门出发，沿海岸线一路北上，搜集沿海重要港口商业和军事情报。二人在考察福州港后认为，位于闽江上游的武夷茶产区，距离福州只有一百五十英里，茶运到福州最快只要四天，较运至广州、上海快了不止些许。且通过闽江直接运茶到福州出口比从广州出口，每年每担可节省四两银子的运费，每年十五万担，就节省六十万两。故而福州是十分理想的茶叶贸易口岸。次年，二人将在中国期间的间谍活动写成报告递交回国。1835年7月，林赛致信给英国外交大臣巴麦尊，提出周密的侵华计划，企图封锁中国沿海地区，迫使清政府就范。

1842年，洋人逼迫清政府"五口通商"。"五口"即上海、广州、福州、厦门以及宁波。其中，福建便占了福州、厦门两个港口。福州作为五口通商中开放口岸之一，在很长的一段时间里，都使茶叶在外贸中占有不可或缺的重要地位。

1845年6月，第一个尝试在福州做生意的英国商人记连来到福州，研究了福州周围的情况，认为这里离武夷茶区较近，大部分路程又是便利的水路，期望将来福州能成为茶叶出口的中心。优越的水运条件、便捷的运程以及缩短的时间运费，无一不在加速着福州茶港开辟茶叶贸易新纪元。

茶港时代

然而，开埠之后的福州港贸易却出乎英国人的预料，以惨淡形容恰为合适。福州开埠之后，闽浙总督刘韵珂揣摩圣意，私下说服当地商人，让他们不要与外国人做生意。记连坦言："希望搞大规模能获厚利的生意，不论是进口的还是出口的，都命定般地失败了。"驻福州领事若逊在1849年初沮丧地向香港总督报告说：

> 我再一次担任这个不愉快的任务，向你报告，我们曾经怀着使这个港口成为欧洲商船的常临之地和英国商人驻中之点的希望，仍未实现。……在过去这半年中，没有任何英国商船或其他国家的商船曾经到过这个港口。

1850年，英国商人康普登也带来了大量布匹，但生意差得一塌糊涂，一年后便也灰头土脸地离开了。来福州的第一艘美国船，停泊了一月有余，却始终无人前来问津，只得将船上的胡椒、洋布减价出售，作为回程旅费。

此后，英国对新口岸的商业价值进行了重新调查，甚至想以福州与宁波港来交换杭州、苏州以及镇江这三个内地口岸，这无疑遭到了中国的反对。此时的上海已然崛起，武夷红茶被运到江西河口，经水路运至玉山，之后由人工搬

位于福州的俄商茶行（后来作美丰银行）

运到常山，又沿钱塘江顺流而下，经杭州到达上海，转由上海港出口。从崇安到上海，全程920千米，24天即可到达，相对省时省成本。

1850—1853年，由于太平天国运动，之前的茶叶外贸渠道被中断，加之上海小刀会起义，原有的茶叶运输渠道受阻，此时，福建巡抚王懿德上奏："海禁既开，茶业日盛，洋商采买，聚集福州。"请求政府开放福州茶叶出口。其后，广州专门采运崇安红茶的13家茶行，纷纷迁号福州，继续采办红茶外，兼办青茶，称为"箱茶帮"。1854年，在福州开设的洋行有7家，其中有5家从事茶叶贸易，3家由英国人开设，其余两家则由美国人经营。这一年的海关统计，福州输出的茶叶为6500吨，实际数量远远不止。1855年增至13500吨，较上一年增加一倍，船只总数也增加到了132艘。短短几年，福州的茶叶出口量迅速增加，1856年后将广州抛在了后面，1859年茶叶出口额占42%，超过上海，首次居全国首位。1860年，福州成为中国三大茶市之一，当年茶叶出口量占全国茶叶出口总额的35%。

1856—1866年福州口岸输出的茶叶

年份	输出总量（磅）	年份	输出总量（磅）
1856—1857	35280000	1861—1862	55713433
1857—1858	32050300	1862—1863	52316780
1858—1859	29305600	1863—1864	63468298
1859—1860	41348600	1864—1865	62951916
1860—1861	61666500	1865—1866	65545036

资料来源：巴尼斯特尔.《最近百年中国对外贸易史（1831—1881年）——中国海关十年报告》

1869—1872年出口轮船数量与运货重量

年份	船只数量（只）	船只总重量（千吨）	出口茶叶总数（千担）
1869	3	3.91	35.20
1870	6	6.19	59.08
1871	15	18.10	134.00
1872	34	42.68	244.90

资料来源：闽海关1873年度贸易年报，闽海关税务司吉罗福，1873年3月1日于福州

1856—1865年茶叶出口国家和地区贸易（千担）

年份	英国	澳大利亚	美国	欧洲大陆	中国沿海口岸	合计
1856—1857	160.80	28.09	55.91	20.39		265.30
1857—1858	164.00	20.18	47.06	9.73		241.00
1858—1859	137.00	32.91	50.39			220.30

年份	英国	澳大利亚	美国	欧洲大陆	中国沿海口岸	合计
1859—1860	199.00	40.33	64.78	6.74		310.90
1860—1861	274.00	88.70	84.91	15.55		463.70
1861—1862	285.10	60.86	54.25		18.75	418.90
1862—1863	356.50	17.69	1.71		17.47	393.40
1863—1864	354.30	60.43	52.38		13.84	393.40
1864—1865	342.70	68.63	35.82		26.15	473.30
1865—1866	351.00	73.20	46.67		21.97	492.80

资料来源：闽海关1865年度贸易年报，闽海关代理税务司麦士海，1866年1月31日于福州

泛船浦上飘茶香

"走马仓前观走马，泛船浦内看番船"，这是一句老福州人耳熟能详的谚语。番船浦曾三面临水，水位较深且可泊大船。早在明弘治年间，海外贸易日兴，番舶来闽渐多，此处被划为外国商船的停泊码头，后因福州方言"番"与"泛"同音改称"泛船浦"。洋务运动兴起后，泛船浦满是中外船只。1861年5月，英国在泛船浦设立闽海关。当年的福州仓山已有各国洋行20余家，分布在观井、中洲和海关埕沿江一带。一时间，泛船浦上茶香愈加浓los。同治十一年（1872年），俄国人在泛船浦开办阜昌茶厂，这是第一家以蒸汽为动力的机械制茶厂，福州成为中国历史上最早机械制茶的地区。

此后的1860—1886年，福州茶叶输出不但逐年上升，而且始终占全国茶叶输出总量的1/3以上，居全国茶叶输出的首位。到19世纪80年代，福州茶店茶庄遍及沿海城市，达90余家。除了开行、设庄以及办厂之外，福州这座港口城市还结成了"天津帮""安徽帮""茶庄帮"等行帮。当时上海《申报》对福

150年前世界最大茶叶港口——福州泛船浦

州港有过这样的评述：

> 福州之南台地方，为省会精华之区，洋行、茶行，密如栉比，其买办多广东人，自道咸以来，操是术者皆起家巨万。

据《中国近代对外贸易史资料（1840—1895）》记载，福州港因价格原因相较广州及上海港更具有优势。当时在福州，可以用低于广州20%~50%的价格买到同等质量的红茶，这是由于广州、上海出口的茶叶大都是由福建运去的。

我们以翁时农所作的《榕城茶市歌》来描绘当时福州港茶市的繁荣景象或许最为恰当：

> 头春已过二春来，榕城四月茶市开。陆行负担水转运，番船互市顿南台。千箱万箱日纷至，胥吏当关催茶税。半充公费半私抽，加重征商总非计。前年粤客来闽疆，不惜殚财营茶商。驵侩恃强最奸黠，火轮横海通西洋。……独不闻，夷人赖茶如粟米，一日无茶夷人死。

传教士的茶生活

当时的福州，还有个特殊的群体，那就是传教士。他们在中国，茶是绕不开的。与茶相遇，与茶结缘，与茶一起写入历史。尽管时光早已将当年的传教士搬离人间，但我们仍能从他们留下的文字中管窥一二。

福州郊外古茶园

15世纪末，西方国家在科技、文化准备充足后，面临资本主义萌芽的勃勃冲动，对世界市场的强烈渴望，探险家横跨海洋，希望通过海路亲近远东，实现他们神话式的财富梦想，结果就产生了东西方海上航线的开通和世界地理的大发现。

地理大发现，是对人类无与伦比的巨大贡献。毕竟，东西方文化、艺术、生活方式首次通过这些海路日益密切交融起来。

紧随探险家脚步的是传教士。探险家开拓了航路，传教士拉开了文化交流的序幕。明清鼎革时期浮槎而来的数学、地理学、天文学、历法、水利技术、钟表、眼镜等，是传教士的杰作。茶香飘至异域，也与传教士密不可分。我们熟知的大名鼎鼎的意大利传教士利玛窦，就对中国以茶待客方式甚是好奇。他的中国札记中对饮茶习俗的记载详细而具体。葡萄牙传教士曾德昭、法国传教士李明等在中国期间，对中国的茶生活也印象深刻。中俄尼布楚条约签订过程中，传教士张诚、徐日昇就发挥了重要作用。

明清时期的西学东渐，上演了拒绝、排斥、斗争、中断、衰退，最终黯然谢幕的过程。其中的大悲大喜，沉淀为至今说不完的故事。

传教士中不乏披着传教外衣的商业间谍，在中国自然干些不光彩的事，像身材矮小而肥胖、能说数种语言的郭士立，就参与对中国沿海经济资源包括茶种的偷窥探测。1834年，他伙同鸦片商人戈登深入武夷茶园，采集了标本。说白了，就是直接为西方列强侵略中国打前站。

在福州茶叶贸易兴盛时期，一部分传教士直接参与了茶叶贸易。最著名的就是卢公明（1824—1880）。1850年5月31日，他受美部会派遣，与妻子一同来华，是福州最早的传教士之一，在福州一住就是14年。如今，提到卢公明，人们还是敬佩有加，因为在此期间，他对福州进行了细致、连续、持久的观察。农业生产、婚丧嫁娶、宗教信仰、官场、科举考试、年节习俗、商贸金融、吉凶卜卦、赌博、鸦片等等社会现象，都被他纳入《中国人的社会生活》在美国出版。这部作品描绘了一幅晚清福州社会的清明上河图，对后世影响很大。

卢公明在福州时期，正是五口通商开埠之后，福州作为茶港兴盛之日。他目睹了那时的贸易状况，将其详细记录在了书中。由于茶的外需猛增，福州周边广辟茶园。1861年5月，他与一个美国朋友相约到福州北门外的北岭茶园考察，记录了妇女儿童采茶情况。那次见闻，似乎有两点对他感触很深，一是茶叶制作环节做青时用脚踩的办法，怎么中国人就不认为"很脏"，没别的手段取代吗？二是采茶、拣茶时男女老少全民上阵，每天领取极低的劳动报酬，其他国家无法与你竞争。这是否是美国南部一些适合种植茶树的地区难以种植的原因？用现在的话说，就是劳动力成本很低。一百多年过去了，中国的低成本竞争策略直到这几年才逐步改善。对茶叶制作来说，似乎对传统的坚守与创新，中国茶人处理得不够好。

卢公明不独以一个旁观者在观察，还亲自上阵，从事茶经营。1868年11月至1871年9月，卢公明受雇琼记洋行，直接参与茶叶贸易。卢公明的从商经历虽受到同僚诟病，因为有违基督一仆不侍二主的教谕，但最终被理解，毕竟微薄的薪水难以支撑他们的传教事业，尤其是美国内战期间，不少传教士的经济来源断了，只好自力更生，自谋出路。卢公明不是个案，上海的林乐之比他还典型。

另一位来自英国的基督教士高葆真（1860—1921），则实实在在为中国茶业尽了一份力。高氏19世纪90年代在中国参与广学会（英国基督教会的编辑出版组织）的书籍编辑工作，有感于中国茶叶衰落迹象，选译了《种茶良法》一书，得到后世的认可。《种茶良法》虽主要是从科技角度介绍茶种修剪、土壤、栽种的，但亦直斥当时中国茶业弊端。其剖析有理有据，基本符合那时的现实。诸如其一，"粗细不一、美恶相杂"，也就是标准不统一。经营者又多系手工作坊，掺杂使假。晚清时期，中国茶叶制作作假成风，名目繁多。皖南茶厘局总局道台程雨亭1897年给两江总督刘坤一的公文《整饬皖茶文牍》中深感假茶之害，"同治以后，茶利日薄，作伪之风渐起，致洋人购食受病。"作假手段主要是掺和滑石粉，还煞有介事地取了个"阴光"的名称，老外着实上了大当。至于奸商小贩，不顾颜面，"以劣茶冒充老商著名字号，欺骗洋商，扰乱茶政"不绝于书。其二曰不卫生。其三曰品质下降，用现在的话说就是不耐泡。

还有一些传教士，他们用镜头记录下了那时中国的茶业状况。

罗星塔下的运茶大赛

与海丝茶香相伴不离的是帆影，正如万里茶道上的驼铃。后世茶人是幸运

1855年罗星塔（美国波士顿埃德温船长绘Provenance Captain Edwin Chase of Boston，circa 1855）

的，纸上谈茶、几边品茗遇到的尽是曼妙雅致的词汇。至于海上茶运输的艰辛大抵是无从体验的。早期就不用说了，当年鉴真和尚东渡，十年之内五次泛海，历尽艰险，均未成功。最终上岸也是侥幸以半漂流的状态到达日本的。毕竟当时航海水平的限制，即使遣唐使的官船，能够平安往返中日的概率，也不过50%。好在唐代的茶叶飘散着的是友谊之香。可作为商品的茶就不一样了，有季节性，况且长期漂浮在海上总免不了咸腥味的侵袭。早期，荷兰和英国人曾考虑从陆路经俄罗斯运茶，但俄国人的税费令其吃不消。所以相当长时间内的海上运茶是荷兰与英国在竞赛，毕竟从中国出口到欧美的周期一般也要15~18个月，再鲜嫩的茶叶届时也变味了。尽管东印度公司是当时最大的茶叶经销商，但它的运茶船之缓慢一直是受诟病的。这给经营茶叶的后起之秀美国人赢得了先机。

1832年，美国人率先造出了茶史上称为"快剪船"的运茶船。更多的设计者从中得到灵感，很快竞相效仿。一时间，大洋上就漂着快剪船劈波斩浪的身影。快剪船就像天然为运输茶叶设计的，高桅杆，形体狭长，船首尖利，当它风劲帆满、破浪前行时，本身就像一片茶叶在海洋中前行。

在美国快剪船发展史上最著名的设计与制造师是唐纳德·麦肯。《茶叶全书》中有他的肖像，从艺术气质的发型到俊俏的面颊轮廓，尤其是那睿智的目光，乍一看怎么都像林肯总统。他经手的快剪船就达33艘。这些船几乎贴着水面航行，长宽比一般大于6：1，其水下形状阻力小，以提高航速，水线特别优美，甚至在首部水线面有内凹，长长而尖削的曲线剪刀型首柱呈一种适合于赛跑的态势，在海上能劈波斩浪，减小阻力，故曰"飞剪"。首柱也延伸了船体的长度，沿首柱外伸一斜杠，就可在首部多悬一些支索三角帆，大大扩撑了帆的容量；空心船首使船在海浪中轻而易举昂首向前。船后体逐渐变瘦，有倾度的水线十分自然地过渡到狭窄的圆尾，与优美的船首型式和谐地融为一体。这类快剪船帆面积很大，一般使用3~4桅全装备帆装，往往用高桅，其高度达船长之3/4，在顶桅帆上还挂有月亮帆和支索帆，有时在船之两侧还有外伸帆桁，称翼帆杠，可挂翼帆，使帆的横向外伸长度大大超过船宽。

从现存的照片看，快剪船驰骋海洋时风帆饱满，劲感十足，极为壮观。

从福州出发运输茶叶的飞剪船油画

1845年，"虹"号快剪船从纽约航行广州只走了92天，返程更缩短了4天。有趣的是，它带回了它自己抵达广州的新闻。

好事又让美国人赶上了。1859年，英国海上运输法被废弃，美国快剪船迅速参与到运茶行列，东方号捷足先登，成为第一艘从中国运茶往英国的美国商船。

但是，快剪船的黄金时代只有短短的25年。1869年苏伊士运河开通后基本退出历史舞台。1873年英国商人就开始用汽船从福州运输茶叶到英国了。

尽管如此，并不妨碍快剪船演绎出运茶大赛的精彩故事。它充满动感、进取味十足的美丽帆影一百多年后还是让人久久难以忘怀。

1866年5月，罗星塔下，中国当时最大的茶港福州港，羚羊号、火十字号、塞利号、太平号等十余艘快剪船繁忙地装着茶。他们的目的地是伦敦。

船长、大副、二副们精心检查着每个细节，即使一根绳稍有磨损也得更换。船员们各就各位，甚至连替补也没有。大赛前的紧张气氛，丝毫不亚于一场欧冠决赛。

5月28日，各船开始起锚。火十字号率先出海，而鹰号直到6月7日才出发。

大洋上，你竞我逐，交互领先。当然，与激烈的竞赛相伴的还有讨厌的风暴。羚羊号就帆倒樯折，但这丝毫也没有动摇船员们前行的信心。大多数时间，羚羊号处于领先地位。

7月15日，各船陆续通过好望角，进入大西洋。

8月的大多时间，羚羊号、太平号、火十字号几乎并驾齐驱，风平浪静时彼此能在海上相望。

9月5日接近英国海岸时，新闻报道的速度比快剪船还快。伦敦的船主们兴奋不已。船长与船员们何尝不是呢，获胜者奖金是很丰厚的！

最终的成绩出来了，99天。9月6日当天，羚羊号、太平号、塞利卡号三艘船分别达到。

汇聚闽茶　茶香弥漫

当时，长居福州、精通中文并且了解茶叶市场的传教士卢公明曾记述了许多茶叶贸易的具体过程：

当时福州茶行已经是精细化作业，茶行分工十分细致：看门、看更、上更、下更、理茶工人、印招牌、裱招牌、打席包人、打藤人、钉箱人……作为当时三大茶市之一（其他两处为上海、武汉），福州销售的最上等红茶如工夫和小种，来自武夷山区；青茶如乌龙和宝春，大部分来自沙县、高桥、洋溪等地；最好的白毫则来自邵武、梨源、将口、小湖等地。

19世纪70年代之后，国际通信业、运输业的发展以及苏伊士运河的开通，使福建通往伦敦的时间大大缩短，带动了福建茶叶的出口。除出口英国外，乌龙茶、绿茶、花茶、红茶和少量砖茶遍布澳大利亚、美国、新西兰、南非以及欧洲等国家和地区。其中英国、美国以及澳大利亚就占了90%左右。海关资料统计，19世纪70年代大部分年份，福州输出茶叶在60多万担。1875年一度达到720213担；1879年，福州仅砖茶一项出口便达到1370万英镑；1880年更高达802113担，创历史最高纪录。1878年，福州口岸出口80多万担，约占全国出口总量三分之一，其中武夷茶占十分之一。1880年，建茶输出达80.1万担，创福建茶输出最高纪录。进入19世纪80年代以后，虽然福州的茶叶出口已有所下

布里斯托大学图书馆中『1880 年英国商人在中国福州茶叶品尝室中的情景』的照片

降，但绝大多数年份仍维持在60万~70万担的规模。光绪中期，武夷山输出青茶60万斤，价值50万元；输出红茶20万斤，价值20万元，茶叶出口值为全县财政收入第一。

福安、寿宁、周宁、柘荣、霞浦等及浙江泰顺等县，所产制的坦洋工夫红毛茶集中到福安坦洋等地精制加工，由福州、闽北建宁的茶商转运出口。福安水路较方便，茶叶的集散地多处在溪河沿线，南自赛岐北至寿宁斜滩，东至上白石，西至穆阳、周宁，再集中至赛岐港，通过轮船运出境外。当时福州的福泰轮船公司专门负责茶叶运输，从赛岐运至福州、厦门、广州等地出售。福鼎生产的白琳工夫红茶和白毛猴、莲心等绿茶，多是南广帮（指广东茶行"广泰"等与闽南茶行"金泰"等）在产地开茶馆收购、转运、销售。也有上海、福州茶行（洋行）向本地茶商发放贷款，预定茶类和数量，按指定地点交货验收，由沙埕港直接运往福州、上海销售。亦有一部分本地有资本的茶商如白琳吴观楷的"双春隆"茶馆和袁子卿的"合茂智"茶馆，将茶叶直接运往营口、上海、福州等地销售。白琳蔡国嘉的"虬随丰泰"与城关的"蔡瑞兴"茶号直接将茶叶运往香港销售。宁德等地生产的绿茶，大都从产地靠肩挑运至三都澳，再从三都澳走海路运往福州加工成茉莉花茶或由福州转口销售。

19世纪中叶到20世纪30年代是福州茉莉花茶生产的鼎盛时期，福州是当时全国窨制花茶的中心。据不完全统计，1900—1931年，福州城内经营茉莉花茶生意的省内外茶商有80余家。此外，来此开洋行做茶叶生意的外商也接踵而至。福州花茶开始运销欧美、南洋各地，茶叶的产量也为数甚巨。1914年以前，其年输出量1万多箱250多吨。当时福州生产的高级茉莉花茶有"峨眉"等。据不完全统计，1927年福州出口花茶42吨，1928年出口57吨，多由香港转口运销全国。1937年出口357.5吨，是历史上花茶出口最高数量。运销国家和地区以日本为主，占了一半以上，其次为中国香港与台湾地区，以及英国和美国。后受抗日战争影响，茉莉花茶输出量才有所降低。

由于国际与国内红茶市场的竞争越来越激烈，政府垂涎茶利而推出了不合理的茶叶政策，农户的茶叶种植技术也较为落后，福建茶业逐渐走向衰退。

1880年的茶季，成为福州港茶叶贸易的分水岭。当年的出口量达到74.17万担的巅峰，而出口值却整整减少了122.5万海关两。1881年，大量的资本退出福州茶叶市场，茶叶贸易量逐年下降，1890年较1886年出口减少27.5万担，福州港的收入减少了约400万海关两，政府出口税和厘金也少收100万海关两。海关税收也在1892—1901年间逐年下降，福州茶叶贸易一直处于衰退状态，给福州港带来繁荣、给商业巨子带来财富的茶叶，已走向衰败。1901年的税收比1892年减少47%，比最高年份的1893年减少53%。1908—1910年，福州茶叶出口贸易出现了暂时性的"回光返照"。1910年后，福州茶叶对外贸易走向没落。

二、厦门港

厦门，是闽南商人前往东南亚贸易的主要口岸，厦门港港阔水深、少雾少淤且避风条件良好，是一个天然良港。其面向东海，与中国台湾、澎湖列岛隔水相望，为我国东南海疆之要津，具有"八闽门户"之称。

明万历（1573—1620）年间，朝廷对茶政进行了改革，不再对茶叶生产进行直接控制，民营茶叶取得了自由发展的权利，茶业得到飞速发展。万历三十八年（1610年），荷兰商人在爪哇、不丹东洋贸易据点首次购到由厦门商人运去的茶叶。1644年，英国著名茶商托马斯·卡洛韦在《茶叶的种植、质量和品质》一书中说："英国的茶叶，起初是东印度公司从厦门引进的。"明末清初，郑成功据守厦门开展海上贸易，曾有近80艘商船开辟了3条海外航线，与东南亚和日本等国通商。与此同时，西方和东南亚各国商人也来到厦门与郑氏集团做生意，从厦门主要采购茶叶、丝绸、砂糖等。

清康熙三年（1664年），东印度公司经理将闽茶经厦门港带到了英国供奉给英皇。后来，西班牙、荷兰等国船只也常到厦门，厦门是闽南商人前往东南亚贸易的主要口岸。1689年，厦门出口茶叶150担，开中国内地茶叶直销英国市场之先河。清初，福建允许当地商人海外贸易，广东允许外国商船来华贸易，故而海外中国商人多为福建各地商人，若要到海外贸易，厦门是他们出发的口岸。到了康熙二十二年（1683年），清政府统一台湾，取消"海禁"。第二年开放海禁，以厦门为正口设立闽海关，成为"凡海船越省及往外洋贸易者，出入官司征税"之地。

雍正五年（1727年），清王朝规定所有福建出洋之船，均须由厦门港出入，厦门港为福建省出洋总口。1757年，由于洋人违法活动，朝廷将外贸限定在广州口岸，原开放的广东、福建、浙江、江苏四海关仅剩下了广州一个口岸，并指定广州十三行经营出口，不允许厦门口岸对欧洲贸易，厦门口岸渐

厦门旧影

衰。但广州口岸最活跃的商人仍是福建商人集团，厦门商人大多迁到广州经商。此后，福建武夷茶多运至广州出口，当时的武夷茶多为红茶。

1842年，厦门成为五口通商口岸之一。厦门茶叶的出口主要由外国洋行垄断，他们通过外轮装载厦门茶叶，输往欧洲、美洲。1845年，英国人在厦门设德记、和记两家洋行，随后又陆续设汇丰、怡记、合记、宝顺、协隆、广顺、利记、丰记、嘉士、查士等20家洋行。道光二十二年（1842年）至光绪七年（1881年）的40年中，茶叶出口占厦门出口总值的40%。1858—1864年，厦门口岸每年茶叶输出为6万~8万担，1877年出口量更高达11万担，主要出口美国、英国，其次是东南亚地区。1885年，到厦门传教的基督教美国归正教会传教士毕腓力在《厦门纵横——一个中国首批开埠城市的史事》一书中写道：厦门献给英文的两个词，就足以使这个地方流芳百世，其中一个词就是"茶"。

作为商业中心，厦门的地位始终很高，至少到了1900年其茶叶出口还占很重要的第四位，大部分茶叶是从台湾运到厦门，并在厦门转口。厦门港最兴盛时期（1858—1864），商船一次运出1000吨茶叶到旧金山、温哥华或纽约并非罕见。迟至1905年，太平洋邮轮一次还载过七八百吨茶叶。

19世纪80年代后期，厦门本地茶叶出口数量日渐减少，经厦门转口的台湾茶叶日益增加。1869年以后，台湾乌龙茶也开始从厦门输出美国，并逐渐成为厦门最重要的外销茶。早期的台湾茶叶也多在厦门茶栈精制包装，外商多德（Dodd）收集台湾毛茶运往厦门，并在厦门进行精制包装。漳州专营武夷岩茶的奇苑茶店，清末也在厦门设立茶栈，将武夷岩茶运至新加坡、马来西亚、泰国、缅甸等地销售。有关资料统计，每年泉厦茶商往崇安等地采办茶叶运厦常达2万担左右。

茶人张乃英先生的夫人家就很典型，其老丈人在安溪大坪开垦了大片茶园，设立"香圃茶庄"。老丈人的弟弟很小就到印度尼西亚谋生，后来开设了"老芳饮"茶行，形成了产供销一条龙。精心加工制作的乌龙茶，当时也是通过厦门港口出口到印度尼西亚经销，当时一趟货轮要历经个把月时间，才能运达印度尼西亚棉兰。由于质量稳定，销量不断增加。经营获利后，弟弟便寄钱回来，哥哥在厦门镇邦路置地建造了四层洋楼，在老家安溪大坪建了杏林楼大宅暨香圃茶庄，至今遗迹犹存。

1869—1881年，厦门茶叶贸易发展到鼎盛时期。10年内每年平均销量达10

万担以上，1877年甚至高达171211担，茶叶出口在全国排名第四，位于福州、汉口、九江之后。光绪七年（1881年），台湾茶叶经厦门出口11万担，10年后，即光绪十七年，增为18万担，占厦门茶叶出口总量的84.3%。厦门港因此成为西方人士心目中的"中国第一输出茶叶的港口"。

自1882年始，厦门茶叶贸易也走向衰落。在海关报告中，不时出现了"茶叶贸易令人失望"以及"茶叶贸易已失去昔日光辉"等字样，具体数字也不似往年全部罗列出来，只在论及贸易的段落中偶见一些年份的数量。这一阶段，厦门港出口茶叶的主要来源是台湾。台湾的恒春县有琼麻、洋葱及港口茶等"三宝"，其中又以港口茶最为奇特。据传，恒春的港口茶引种自闽南，这要归功于清朝于恒春设县后的第一任县太爷、喜欢品茶的周有基。清光绪二年（1876年），周有基从福建安溪带了乌龙、绿茶、红心尾、雪梨等四种名茶回到恒春，分给境内的农民种植，因港口地区在土壤和气候上最适合种植，乃至于留存至今。因台湾局势影响，运至厦门的茶叶极不稳定，而本地的茶叶生产也在走下坡路，茶叶内外贸易一度大起大落。

七七事变后，日舰开始对厦门岛及周边海域、海岛进行骚扰与封锁，厦门至内地与海外的海上航线基本停开，1938年5月厦门岛沦陷。由于日军不能控制厦门岛周边大陆地区，所以对厦门与内陆地区的交通有诸多的限制，只有少量的内地茶叶可邮运至鼓浪屿。内地所产茶叶一部分通过邻近厦门、鼓浪屿的沿海村庄走私到鼓浪屿后转运到香港与南洋等地，另一部分原先通过厦门港的贸易茶经泉州港运输出去，但航线不安全，只为少量贸易。茶叶外贸举步维艰，直至1946年，厦门港逐渐恢复对外的航线，外贸活动才逐渐得以复苏。

三、宁德三都澳

宁德三都澳，地形口小腹大，澳口排列着青山、东安、横屿等岛，与沿岸山岭、岬角交错，成为天然屏障，挡住狂风巨浪，是天然的避风港。

1846年，一艘英国船只在黄昏中驶抵三都澳，勘测三都澳并绘制航海地图，而后要求清政府开放三都澳。自此，三都澳原有的宁静被打破。光绪二十三年（1898年），三都澳成为对外通商口岸。1899年5月，"福海关"设立，成为继漳州海关、闽海关、厦海关之后设立的福建省第四个海关。开放之初暂定为闽海关的分关，关税的2%用于基础建设。次年，海关完成验货场和

海关码头工程建设，涨落潮都可以起卸货物，政府投资兴建茶叶仓库和茶行出租给茶商使用，给港口发展带来生机。

三都澳开埠后，贸易总值不断增长，而茶为大项。从开埠至1931年间，三都澳港出口闽东茶叶238万担。茶叶通过轮船海运到福州港出口，受气候影响不大且运费低。例如，1900—1901年轮船运输费用每担1.5元，陆运运费每担1.6~2.4元。开埠后第三年，轮船运输出口茶叶数量即超过陆运出口茶叶，轮船运输出口茶叶优势十分明显。1902年，三都澳茶叶贸易总值达148.8万海关两，占所有贸易总值的98%。而当时英国输入中国的商品价值，不抵中国商品的1/10。为平衡茶叶贸易造成的巨额逆差，英、美在三都澳修建了杂货码头和油码头，三都澳成为大半个中国"美孚石油"和其他日用品的供应基地。茶市的繁荣带来物品流通空前的繁华，中国东南"海上茶叶之路"由此形成。

三都澳在清末至抗日战争前曾兴盛一时。这首在闽东流传的民歌正是当年三都澳茶市繁荣的真实写照。

茶季到，千家闹，茶袋铺路当床倒。街灯十里亮天光，戏班连台唱通宵。上街过下街，新衣断线头，白银用斗量，船泊清凤桥……

清代宁德蕉城人吴寿坤一首"南北山头竞采茶，一肩便是好生涯。旗枪声价分高下，艳说茶商几十家"的诗，呈现出了当时宁德茶园丰盛、茶市繁荣的风貌与民生对茶的倚重。蕉城西乡天山山麓是天山绿茶的主产地，天津的"京帮"、山东的"全洋"、福州的茶商和洋人、传教士云集，采购"天山茶"直接由三都澳漂洋过海，销往欧美市场。英、美、德、俄、日、荷兰、瑞典、西班牙、葡萄牙等13个国家的21个公司在三都澳设立子公司或商行。闽东各县所产白琳工夫、坦洋工夫、白毫银针、七境堂绿茶等茶叶及少部分福州或闽北茶区的闽茶销往海外，坦洋工夫还曾摘取巴拿马国际博览会金奖。茶叶畅销于英德法俄诸国，莲心茶风行安南一带，白琳茶尤为德俄所嗜。宁德的寿宁斜滩人与福安坦洋人说，当时国外寄来的邮件，只要写上"中国三都澳""中国斜滩""中国坦洋"，就可以直递到收件人手中，闽茶效应可见一斑。闽茶从这里走了出去，拥抱世界。

1905年，三都岛铺设海底电缆，并设立大清帝国电报局，形成了设施完备的商港，年进出口税达16万两白银。闽东地区的茶叶等货物从三都澳漂洋过海，进入欧美市场；或将绿茶运至福州窨制成茉莉花茶后再输出，也曾转运茶叶到香港、温州和北方。福安商人王太和于光绪三十年（1904年）创办大安轮船公司，购置福兴、健康、福州等轮船，先行驶到福州至三都澳之间，就运载了闽东茶叶到福州加工，茶季过后则行驶福州到上海及台湾基隆等地。

当时，福海关输出的茶叶量，占福建省的40%~47%，口岸茶叶货值占出口总货值的90%以上，出口茶税占港口总税收的80%~99%，是世界上唯一以茶为主的通商口岸。闽东茶叶除从三都澳出口外，光绪三十二年（1906年）起，福鼎沙埕分港成立，福鼎的红茶、白茶与绿茶等改由沙埕港出口。在市场强有力的驱动作用下，福建茶叶生逢其时迅速发展壮大。茶叶出口最高年份为1915年，出口茶叶7129.3吨，占当年全省茶叶出口量的51.9%。

1911年辛亥革命爆发，政权更迭，茶叶输出量略有下降。1916年，社会动乱，加之欧洲战火正酣，茶叶生产和贸易受到池鱼之殃，茶市疲滞。与此同时，英、俄两国对中国的茶叶需求量急剧减少，造成三都澳茶叶出口量降低。

英国对华茶实行禁运，从其殖民地印度和锡兰进口大批茶叶，造成三都澳茶叶输出量降到5728.55吨，比上年下降19.7%。1917年，俄国爆发十月革命，欧洲诸国封锁了俄国边境主要的对外贸易口岸，导致中俄茶叶贸易中断。在国内外综合因素影响下，从一战爆发至20世纪30年代初，三都澳茶叶贸易起起落落。1919年，福海关采取开辟国内市场并免税3年的政策，茶叶贸易有所起色，但到了1924年，因国民革命形势的发展，各地不断罢工罢市，三都澳茶叶出口又出现了衰落趋势。

全面抗日战争爆发后，三都澳遭受日本侵略者野蛮轰炸和破坏，茶叶外销濒于绝境。抗战期间，全国茶叶出口严重衰落，闽东茶叶出口以福安的赛岐和福鼎的沙埕作为替代港而源源不断地输往海内外各地，直到抗日战争胜利后的1945年9月1日复迁回三都澳。茶叶贸易曾经得到快速的恢复，但因港口遭破坏等因素，茶叶贸易早已失去了往日的繁荣。

四、泉州港与漳州月港

刺桐花开，闽茶誉天下

泉州位于福建省的东南沿海，依山面海，其气候条件与港口资源优越，是福建省三大港口之一。历史上的泉州曾是中国南方四大贸易港之一，与广州、交州以及扬州齐名。"云山百越路，市井十洲人。执玉来朝远，还珠入贡频"。宋元祐二年（1087年），泉州设市舶司，管理海外贸易，南宋时期财政拮据，"竭东南之财而支天下之全费"的泉州便被视为天子之南库。泉州港在当时已成为举足轻重的东方大港。所以上自朝廷下至泉州地方政府都更加重视泉州的海外贸易。

李邴曾对泉州港有着"苍官影里三洲路，涨海声中万国商"的评价，亦是泉州海运贸易的真实写照。宋廷还在泉州设置专职提举官，以管理包括建茶在内的对外贸易事项。嘉定十五年（1222年）十月十一日，臣僚言：

> 国家置舶习于泉广，招来岛夷，阜通货贿。波之所阙青，如瓷器、茗酒之属，皆愿所得。

北宋熙宁二年（1069年），戴忱题诗"一莲花不老，过尽世间春"刻于莲花石上。唐时奇僧"净业"以青草配合茶叶精制莲花峰茶丸与茶饼。

泉州古城旧影

泉州北宋罗马经幢原址

晋江安海《嘉坡店古今》中记载,南宋苏观生二世孙苏光国,于咸淳十年(1274年)春天,跟随其泉州母舅、船业主王元胜从温陵放洋,经过石塘到达占城,折三佛齐,越闻婆,达勃泥,趋波斯等诸番国,开苏厝徙夷之始,为后人习称的"华侨"先驱。他无心科场,专心从事远洋航务。船上载着输出的泉货茶叶、陶瓷、丝绸、漆器及各色地道药材,与诸番贸易珠贝、玳瑁、犀角、玛瑙、乳香、檀香、苏木、胡椒、吉贝等数十种。途中,他们遇顺风往返仅需一百二十余日。

元代初期,继承唐宋以来鼓励海运和海外贸易的政策,进一步巩固了泉州当时世界第一商港的地位,外商云集,福建的茶叶、丝绸、瓷器从这里源源不断销往世界各国。

海禁岁月中的月港

元末明初,日本封建诸侯相互攻伐,战争中失败的封建主则组织武士、浪人(即倭寇)、商人到我国沿海地区走私抢掠。元灭亡后,福建港口的交通与贸易曾日渐低落。洪武年间,明太祖朱元璋为防海盗与沿海军阀余党,下令实施自元朝开始的海禁政策。早期的海禁,主要是商禁,禁止国人赴海外经商,同时也限制外国商人除进贡之外来到中国进行贸易,闽茶外贸受到了严重的冲击,一度有"铢两不得出关""载建茶入海者斩",茶禁甚严,严重限制闽茶外贸。

海禁使得沿海经济一落千丈,茶商茶民的生存受到影响。但即便风雨袭来,冒着风险的私人海上贸易渐起,商民的生活又逐渐雨过天晴。一个叫海澄(今漳州所辖)的地方,便是海禁那段岁月中最早私人海上贸易中心,因其港道"一水中堑,环绕如偃月",故又名月港,又称海澄月港,是福建历史上的"四大商港"之一。

诗云:市镇繁华甲一方,古称月港小苏杭。称那时的月港是"闽南一大都会"和"小苏州"一点儿也不夸张。月港水陆交通便利,经济腹地广阔,不仅包括九龙江流域,还可以延伸至汀州、赣南、湘南以及闽北、浙江、江淮等地。腹地内土地肥沃,物产丰富,有着包括茶叶、甘蔗、木棉、烟草等在内的经济作物,其在明代的制茶、纺织、陶瓷、造纸、造船等手工业也较为发达,外贸商品繁多。

月港在明万历年间达到全盛，贸易洋船蔽大洋而来，富商大贾从海澄月港出口的茶叶年销量上百吨，最多一年可达三百吨，居福建最高，闽茶外贸即便困难重重，却还能够扬茶之心依旧。

月港的外港是厦门港，连接月港的九龙江上游到达漳平，有支流新桥河可通闽江的支流沙溪，抵达闽江通往建溪等闽北茶区。这就方便闽北地区的茶叶和山货通过这条路线集中到月港出口。《龙溪县志》有明朝进贡茶叶的记载，其珍山乌龙茶与仙都茶叶在漳州龙溪一带颇有名气。大量茶叶经由茶烘、新圩古榕渡口行水路运往海澄月港出口，传播至南洋，茶叶经营一度走向繁荣。倭寇平息后，海禁尚未开禁，也只有月港被允许与外通商，尤以葡萄牙商人居多。

中华人民共和国成立后，从1950年起，国家成立了中国茶叶进出口总公司，并在福建设立"中国茶叶进出口总公司福建分公司"，其后归属福建省外贸局茶叶进出口公司。从20世纪50年代至60年代末，福建茶叶加工、收购、调拨、内销、出口等统归该公司管辖。20世纪70年代到20世纪末，福建茶叶销售划分为内贸与外贸两条路，内贸主管单位是福建省供销合作社下属的福建省茶叶公司，而外贸主管单位则是福建省外贸局茶叶进出口公司，实行计划经济，从原料进货到出口贸易，由国家按计划实施。在1999年的国营企业改革中，原福建省茶叶进出口公司归属中国茶叶进出口公司直接管辖，改为股份制的福建省茶叶进出口有限责任公司。21世纪初，国家对茶叶进出口放开多渠道经营，不再由国家按计划调拨出口，从此民营企业也开始经营茶叶出口业务，实行自主贸易。闽茶，以多种渠道经各个港口销售到海外。

第九章 天风相送 丝路飘香

一、"蝴蝶"飞过60年

中华人民共和国成立，结束了中国近代屈辱的历史，中国茶业也一页翻过了晚清民国以来不堪回首的几十年。

福建是中国茶叶品类最丰富的产茶大省，生产历史逾千年之久。福建茶起源于汉朝，兴起于唐朝，盛行于宋朝，发展于明清，重新焕发荣光于现代。千百年来，福建先民发明创制了乌龙茶、红茶、白茶以及茉莉花茶，制茶地位突出，享誉世界。福建茶更是东西方物质与文化交流的重要载体，在丝路上具有独一无二的地位。

迨至中华人民共和国成立初期，茶业经济政策是"以产定销，以销定产，产销结合"，茶叶贸易方针是"扩大外销，发展边销，照顾内销"。茶叶出口国主要是苏联，苏联茶叶专家也经常来中国考察茶叶，1952年、1956年分别参观过福建崇安茶场和福州茶厂。

福建茉莉花茶早期主要销往中国香港、澳门地区及东南亚国家，主要消费者是华侨华人和港澳同胞。20世纪60年代后开始销往苏联、英国、法国、利比亚等。改革开放前，茉莉花茶出口都由福州提供。1957年的摩洛哥卡萨布兰卡博览会上，国王欣赏福州的小包装茉莉花茶，向中国驻摩洛哥商务处购买了300盒，想在避暑时饮用。1958年，中茶福建公司向匈牙利出口了5吨茉莉花茶。

中茶福建公司的雏形福州分公司是1950年2月20日成立的。1950年，福建省的茶叶出口由福建省茶叶公司下达计划，统一采购、运销。茶叶生产迅速恢复。至1954年，中茶福建公司就在闽北、闽东建立了定点生产或设立茶厂，统一管辖茶叶收购、加工、运销、调拨。就是先收购毛茶，然后给茶厂加工精制，接下来运往福州口岸出口。

早在1955年，中茶福建公司就对白茶对人体的健康与中医药研究院合作进行研究。后来为竞争香港市场，中茶福建公司开始大力进行技术创新，将萎凋后的白茶快速短时揉捻，然后迅速烘干。新白茶与传统白茶相比，条索紧结，汤色深，深受香港市场青睐。新工艺白茶的创设，大大提升了福建白茶在国际市场的竞争能力，惠及福建白茶产业。

　　1977年，陈彬藩调任中茶福建公司，次年任副经理。之前，他在四川农业厅从事茶叶技术工作22年。20世纪70年代中日邦交正常化之后，发展两国的睦邻友好关系成了主基调，日本人开始重新打量现代中国，接触到许多现代中国的东西，中国也希望开拓日本市场。一次到日本考察的机会，陈彬藩对当地茶叶市场进行了认真而细致的考察。这一举措，为他在日后的日本市场风风火火地推广乌龙茶埋下了伏笔。

　　1979年，生在乌龙茶乡的"福茶"与日本经销商密切配合，以优异的品质和多样化的宣传推广手段，在日本掀起第一次乌龙茶热潮。

　　两年后的1981年，一纸委任状让陈彬藩如鱼得水，他升任为福建省外贸总公司驻日本全权代表。这一任命，成为中国乌龙茶再一次在日本掀起热潮的先声。当时，日本以茶道自诩，对中国茶文化是看不上眼的。陈彬藩以"道是不可轻言的"的观点应对，阐明中国人的品茶思想，在品茶中表明一种志向、感悟到一种哲学精神、传播一种美德等等，这是中国人对"道"的理解。

　　在日本期间，陈彬藩了解日本市场，同时在日本演艺圈中引爆重大新闻。日本当红的偶像少女组合Pink Lady在被问及保持苗条身材的秘诀时，她们坦

日本茶室

言是因饮乌龙茶之故。连日本巨星山口百惠、平古代尔亦开诚布公地宣称喝了中国乌龙茶而变得更苗条、更漂亮了。在这些明星的"代言"下，喝绿茶喝了近千年的日本人的茶杯中的茶色开始悄然转变，由青翠的绿色变成油亮的橙黄色。这样，乌龙茶走进了日本市场。

然而，这只是中国乌龙茶在日本市场打开销路的开始，陈彬藩并没有因此满足，他脑海里还在继续思索着如何让乌龙茶推广得更快。在日本工作生活多年，他发现生活节奏很快的日本人在日常生活中常常喝冷水和冷饮料，这一发现让有着敏锐观察力的陈彬藩洞察到了其中潜藏的商机。茶，是不是也可以变成这样方便快捷的饮料呢？要更大范围地普及乌龙茶，就必须给茶"降温"，由热饮变成冷饮。不久，他这一想法就变成了现实，"福茶"与日本经销商联手研发的罐装乌龙茶，可在常温下保存半年不变质。这个产品一摆上日本的商店、超市柜台，就广受日本人尤其年轻人的青睐。从那时起，中国销往日本的乌龙茶中有90%都是用作罐装茶原料。这一次便是1984年日本第二次乌龙茶热，这一热便是30多年，直至今日依旧热度不减。

中茶福建公司的"蝴蝶牌"商标为"福建省著名商标""福建省国际知名

"蝴蝶牌"商标

创自1950年

蝴蝶名茶
BUTTERFLY FAMOUS TEA

品牌"，"蝴蝶牌"花茶、白茶为"福建名牌产品"。蝴蝶商标20世纪60年代就开始使用了，之前外包装箱上印的是"中茶"牌。1979年10月31日，蝴蝶牌正式注册。

一晃，中茶福建这只美丽的"蝴蝶"飞跃沧海60年了，如今又飞入寻常百姓家。借助"一带一路"的天风相送，这只"蝴蝶"定能掀起茶界的"蝴蝶效应"。

中茶福建公司现在是中粮集团旗下的专业茶叶进出口公司。出口品类有茉莉花茶、白茶、乌龙茶、红茶、绿茶、黑茶等。茉莉花茶、白茶、乌龙茶出口长期稳居国内首位。产品遍及60多个国家与地区。

二、产业与文化齐飞

优良的自然环境、覆盖全省的青山绿水，让福建成为一座天然的大茶园，在福建的北面巍峨山区形成了以武夷大红袍、金骏眉领衔的岩茶、红茶区。在南面的丘陵地带，早已是闽南铁观音的天下。依山傍海的闽东太姥仙境中，近年白茶一枝独秀；"世界白茶在中国，中国白茶在福鼎"的口号已经深入人心；福州则是茉莉花茶的发源地，茉莉花茶世界品牌高地的作用日益彰显。

福建是全国茶树优良品种最多的省份，铁观音、福鼎大白茶、福云6号、本山、福建水仙等都是国家级良种，享有"茶树品种王国"之美誉。目前，现有经整理登记在册的品种及育种材料达600多个。其中，国家级良种26个，省级良种18个，全省无性系良种推广面积达96%以上。丰富的茶树品种为创制各种名优茶、提升茶叶品质奠定了物质基础。2018年，福建省茶园面积382万亩，毛茶产值255亿元，福建茶全产业链产值突破1000亿元大关，毛茶产量、单产、良种推广率等居全国第一。茶农增收增效明显，昔日的茶叶大县安溪从国家级贫困县一跃为全国百强县。

"一带一路"倡议提出以来，福建进一步明确了茶产业以"稳定面积、提高单产、增加效益"为未来发展的总思路，优化了福建茶产业的结构布局。重点发展以安溪铁观音为代表的闽南乌龙茶和以武夷岩茶为代表的闽北乌龙茶；着力开发以坦洋工夫、政和工夫、白琳工夫为代表的闽红工夫及具有福建地域特色的小种红茶；稳步发展白茶生产，适当发展传统名优绿茶、茉莉花茶生产。

　　近年来，福建省持续推进茶树品种结构调整，大力推广高香型和高产茶树品种，合理搭配早、中、晚芽品种；组织实施茶树优异种质资源保护与利用工程。目前，现代茶叶产业技术体系建设日趋完善，综合试验推广站、创新团队助推茶叶加工水平不断进步，各主要茶类品质得到了总体提升。

　　以产于武夷山的水仙、肉桂、大红袍为代表的闽北乌龙；以正山小种、金骏眉为代表的小种红茶，以坦洋工夫、白琳工夫和政和工夫为代表的工夫红茶；以安溪、华安铁观音以及漳平水仙等为代表的闽南乌龙；以三明针螺型绿茶、宁德天山绿茶、武平炒绿、罗源七境堂炒绿为代表的绿茶；以福鼎、政和、建阳为代表的白茶；以福州和闽东茶区为代表的茉莉花茶等茶类，在继承和发扬传统制作技艺的同时，不断创新产品加工工艺，不断开发出适应消费市场需求的茶叶新品。

走向世界的号角已经吹响，福建茶叶正在加快从传统产业向现代加工业转变，茶产业正在加快转型升级。从 2008 年开始，福建省就连续实施现代茶业推进项目，至今已投入十几亿元，在青山绿水间建起了十几万公顷的国际标准化生态茶园。生态茶园建设采取"6+1"模式，即"种树、留草、疏水、培肥、改土、筑路"+"绿色防控"，营造适宜茶树生长的小气候，改善了茶园生态平衡，增强了茶树防御病虫害能力，提高了茶叶产量和质量，科学合理的生态园茶实现了可持续的长久发展。

福建生态茶园

同时，福建百家茶业龙头企业引进先进生产设备，改造了数千条茶叶现代化生产线，初步建成了遍布于安溪、武夷山、福安等八闽大地的数十个现代茶观光庄园。这些项目的实施，为福建茶产业的世界发展之路奠定了良好的基础。

食品安全无小事，为符合国际化发展潮流，福建省大力开展茶叶知识产权"三品一标"认证工作、标准茶园创建和茶叶标准化示范区建设，推广闽茶茶叶标准化生产。采用生物农药、太阳能杀虫灯、黄板、性诱剂等生物、物理、化学手段，抓好病虫害综合防控工作，推广茶树病虫害专业化统防统治新模式。同时强化对茶农和茶叶企业进行茶叶种植、加工、卫生质量管理等内容的培训，全面提高福建茶叶生产者的生产技术水平。政府监管部门实施茶叶质量安全"1213行动计划"，推进茶叶质量安全追溯管理，将具有一定规模、品牌和包装标识销售的茶叶生产主体全部纳入省级农产品质量安全追溯监管信息平台管理，全面推行农产品质量安全追溯码标识。一系列、一连串的动作大大提升了闽茶质量和安全水平，让闽茶的消费者十万个放心。

遍布福建各大茶区的茶叶专业市场也大大推动了闽茶的外向发展。位于安溪的全国茶叶批发市场，2016年总交易量2.1万吨，总交易额近25亿元，是全国茶叶十强批发市场。与此同时，福州、泉州、漳州、厦门、南平、宁德等城市也建立了专业性茶叶批发市场；武夷山、大田等地正建设产地茶叶批发市场。福建全省形成了以中心城市为龙头，主产区为重点的全省茶叶批发市场网络，促进了产品流通，为茶产业的规模化发展提供了有力保障。

"一带一路"倡议提出以来，闽茶产业迎来新的发展契机。福建省各级政府把握时机，积极出台了《福建省人民政府关于提升现代茶产业发展水平六条措施的通知》《关于进一步加快茶产业转型升级的实施意见》《关于推进绿色发展质量兴茶八条措施的通知》等利好政策，深入实施"闽茶走出去"战略，积极拓展国内外茶叶市场。目前，福建茶产业已建立起完整的第一、第二、第三产业链以及生产体系、加工体系、质量检验体系、贸易体系、教育与文化体系，福建茶产业实现了又好又快发展，成为福建乡村振兴的增长点和福建现代特色农业的亮点。

随着福建茶产业的提升发展，茶产业总体效益日益攀升，福建茶区农民收入显著增加。茶产业持续、稳步发展，地位与作用日渐凸显。截至2016年，福

建全省涉茶人数超过300万，约占福建全省人口的1/12。茶产业的发展极大地带动了与茶产业密切相关的产品加工、营销贸易、产品包装、物流运输、餐饮旅游等第二、三产业的发展。

历史上，闽茶通过水陆交通贸易，连接世界各地，促进文化、经贸交流与合作，成为和平友好的使者。以茶相知相交，用一杯"文化好茶"敬世界，以茶文化奏响"丝路和鸣"，从"海上丝绸之路"到"万里茶道"，再到今天的"一带一路"，带有中国特色的茶文化，正在高水平开放的新征程上漫延开来。

在政府引导和市场拉动的共同合力下，福建茶产业浮现出一大批区域品牌特征明显、文化辐射带动能力强的龙头企业。福建省现有茶叶类农业产业化国家级、省级重点龙头企业135家。其中农业产业化国家重点龙头企业有天福茶业、安溪铁观音集团股份、华祥苑茶业、八马茶业、春伦茶业集团、满堂香茶业股份、武夷星茶业等多家企业，茶叶龙头企业和品牌建设水平居全国前列，而这些茶叶龙头企业的涌现，为福建茶产业的海外发展，起到了良好的示范带动作用。

为了进一步强化茶叶品牌建设，福建省一方面通过建立"外接市场、内连基地、带动农户"的农工贸一体化产业经营模式，打通金融资本进入茶山、茶园的通道，不但实现了企业的发展壮大，而且带动整个茶产业发展水平的迅速提升。安溪大力推广"公司+基地+农户"、合作社、联作制、家庭农场等现代产业组织模式，加快优质生产资源流转，推动产业规模化进程。另一方面，福建有关部门采取优惠政策，推进茶叶龙头企业上市融资，做大做强企业，增强对茶农的辐射带动能力。鼓励有条件的茶叶企业和农民专业合作组织争创驰名商标、著名商标，推进区域品牌和企业品牌相互促进，共同发展。目前，福建全省茶叶类品牌中有中国名牌产品或名牌农产品6个，23个产品获中国驰名商标称号。2017年"安溪铁观音""武夷岩茶"被评为中国茶叶十大区域公用品牌，"福鼎白茶"被评为中国茶叶优秀区域公用品牌，有97个茶叶产品获得福建名牌产品称号。

经过多年的培育，福建茶叶区域公用品牌价值和茶企产品品牌价值凸显。在区域公用品牌价值方面，"2018中国茶叶区域公用品牌价值评估"结果显示，福鼎白茶以38.26亿元的公用品牌价值位列第四名，福州茉莉花以31.75亿元的公用品牌价值位列第七名。武夷山大红袍、福鼎白茶入选最具品牌带动力的三大品牌。

在企业的产品品牌价值方面。2018中国茶叶企业产品品牌价值评估榜单的前100名中，福建新坦洋集团股份有限公司、福建品品香茶业有限公司、福建省天湖茶业有限公司、福建满堂香茶业有限公司、福建誉达茶业有限公司等15个福建茶企的产品品牌上榜。全榜品牌价值达到334.419亿元，福建茶企产品品牌价值合计为61.045亿元，占全榜的18.26%。但是，在世界十大茶叶奢侈品牌排行榜中，闽茶品牌并未上榜，因此，加快塑造国际茶叶品牌，提升闽茶品牌价值，任重道远，还须努力。

同时，福建省还充分借助海峡两岸茶博会、农博会的平台，组织开展相关茶事活动，提升福建茶叶品牌的知名度和影响力。福建茶企也通过积极参加世

在第十二届国际名茶评比中获奖茶企

界级的茶叶评比，在全球范围内崭露头角。2015年，共有90家福建茶叶企业获得了意大利米兰世博会名茶评优金奖；在由世界茶联合会主办的世界名茶评比活动中，福建众多茶叶企业也屡屡摘得金奖和银奖，其中，2018年举办的第十二届世界名茶评比活动吸引了来自中国、日本、韩国、斯里兰卡、印度等国家以及中国台湾地区共计4000余家茶企参评，盛况空前，以上呈茶业、夷发茶业为代表的福建茶企表现不俗。

这几年，在福建文化产业发展中，茶文化旅游与茶会展是一抹亮色。从一片嫩绿的叶芽，到杯中的一缕清香，讲述的是有关茶与道的故事，是一种文化的浸润。发展茶文化产业，充分挖掘利用福建丰富的历史、人文、社会以及自然资源，以茶文化为媒，把福建人民的习俗、礼仪、智慧与青山秀水、名胜风光展示给世人，让世界各地的华夏儿女，让外国朋友，通过福建的茶叶、茶事、茶俗、茶趣，了解中国，了解福建，既弘扬茶文化、发展茶产业，又促进经济繁荣和社会文明进步。

以茶促旅，以旅兴茶，推动茶旅融合发展，正成为撬动乡村振兴的新支点。福建用多年的时间，精心打造了多样化的茶文化旅游方案，品茗、娱乐、休闲，回归自然，流连忘返。

当前，福建开发设计了四种主要茶文化旅游产品：

一是喝茶、品茶、购茶与旅游的结合，通常围绕茶馆、茶店、茶室以及茶

武夷山茶主题慢游道

前格村茶马古道

庄园展开。其中，茶庄园模式是以庄园为形态，集茶种植加工、文化展示、度假养生为一体的开发模式。这种茶庄园建设以茶叶种植加工为产业基础，开发形成具有庄园品牌特色的茶叶，并提供私人订制服务；依托茶园生态开发高端度假养生产品，如茶园度假酒店、茶香SPA等；在项目建设上秉承生态理念，运用生态木屋、帐篷酒店、自然绿道等产品；结合所在地的茶文化，进行茶道展示、茶文化博览等产品的建设。安溪的茶庄园最具代表性。

二是茶乡生态与旅游的结合，如以茶为主题的美丽乡村游、特色小镇游等。其中，以茶为主题的美丽乡村是主要依托一个自然茶村而打造的，村内具有广泛的茶产业种植基础，能够开展一系列茶俗体验活动，如采茶、制茶、品茶等；茶香生态民宿是重要的度假产品，村内居民不必拆迁，通过参与茶旅游服务而受益。地处福建省厦门市同安区汀溪镇北部山区的前格村，与泉州南安市、安溪县接壤。全村占地面积6.5平方千米，耕地面积700多亩，山地面积6000多亩，辖6个自然村。村内自然风光优美、气候宜人、山川水秀、人杰地灵、物产丰富、自然资源富饶，常年森林覆盖率在90%以上，属南亚热带海洋性季风气候。村内有福建省唯一保持最原始、最完整的海上丝绸之路——宋元茶马古道，它是古代安溪通往泉州府必经之路，是海丝文化兴与衰最有力的见证之一。

三是茶学教育与旅游的结合，典型的是茶博馆，即企业创办经营的茶博园等企业茶文化展示馆。茶博馆主要内容多以企业茶文化展示和体验为主，会通过多种静态和动态的方式，展现地方与企业茶文化；馆内不一定有大片的茶

武夷山茶主题慢游道

园，但附近往往会有配套的企业产茶基地，如福建安溪的三和茶博馆。三和以"弘扬中国茶文化，发展中国茶经济，打造中国茶品牌"为己任，投入千万元打造茶博馆。一楼展厅里，三和九景夺人眼球。其坚持"古气、文气、现代气"的原则，以丰富生动而严谨有序的方式去规划安排。九景中有四景并不在五千平方米的展馆内，意在让参观者未进入馆内，就先感受茶文化氛围。这四景分别为万里船、茶事绘、茶工坊、僧帽石。其中特别的是茶事绘以浮雕的形式来呈现从古至今的茶事物。

主展区十二大柜分为十二个主题：茶之源、茶之谱、茶之经、茶之传、茶之道、茶之作、茶之器、茶之俗、茶之哲、茶之养、茶之品、茶之承。

四是茶文化遗迹与旅游的结合。将茶与旅游结合，借助武夷山这个世界自然与文化双遗产地大平台，主打茶旅游品牌，茶在山中，山中有茶，实现了山

　　与茶的有机融合以及茶产业与旅游业的相互促进。九龙窠"大红袍"古茶树更是成为武夷山景区的一个著名景点。

　　《印象大红袍》是著名导演张艺谋、王潮歌、樊跃创作的第五个印象作品，同时也是在全世界唯一世界自然与文化双遗产胜地创作的"印象"作品。它是以双世遗产地——武夷山为地域背景，以武夷山茶文化为表现主题的大型实景演出。它借茶说山、说文化、说生活，突出故事性和参与性，不仅展示了茶史、各个制茶工艺，还借助当下流行的语汇，说大王与玉女的爱情故事，说大红袍的来历，说现代人所有的烦恼，说一杯茶所带来的幸福和感悟。用艺术的形式全方位展现了武夷茶文化的精髓。

鉴于茶文化旅游的系统化与多样化结合，在实践中，福建各地一方面努力挖掘本区域茶旅游产品的文化价值，力求将茶文化旅游的特色文化内涵传递给旅客；另一方面有效组合旅游产品，增加旅游服务空间，提升旅游产业价值链。多种多样的茶文化旅游精品路线相继问世，比较著名的有：福建"海丝之旅"被国家旅游局列入 2016 年首批推出的中国十大国际旅游品牌，中蒙俄国际旅游品牌"万里茶道"被列入《建设中蒙俄经济走廊规划纲要》的项目清单。

三、闽茶丝路行

2013年，习近平主席分别在哈萨克斯坦和印度尼西亚提出共建丝绸之路经济带和21世纪海上丝绸之路的愿景。这对中国来说是一个新起点，同时，也是全球一体化进程中中国方案的卷首语。

丝路沿线国家与地区，大多与茶有缘，有的是产茶国，有的是茶叶消费大国，特别是信奉伊斯兰教的国家，非常喜欢喝茶。在一些国家，茶甚至是每天生活的必需品。

在过去的几年，中国国家主席习近平先后在俄罗斯、巴黎联合国教科文组织总部、比利时、巴西、斯里兰卡、印度、英国等访问时谈到茶文化，品茶品味品人生，为中国茶做代言人，把中国茶的魅力播向世界。

2015年10月，习近平在白金汉宫的欢迎晚宴上致辞时以茶为例，谈中英文明交流互鉴："中国的茶叶为英国人的生活增添了诸多雅趣，英国人别具匠心地将其调制成英式红茶。中英文明交流互鉴不仅丰富了各自文明成果、促进了社会进步，也为人类社会发展做出了卓越贡献。"

外宾来访，茶叙更是少不了的环节，被外界称为"茶叙外交"。而每次外交茶叙重大场合，福建茶都代表国茶款待主宾，福建茶企现场提供茶艺服务，

华祥苑庄园茶道服务团队

见证文明的对话。

　　一杯热茶面前，不同肤色、不同种族、不同语言的人有了共同的话题。

　　随着"外交茶叙"在国家邦交建设中担当重任，闽茶也不断亮相国际舞台，架起了互鉴交流、和平与友好的桥梁，受到各界瞩目。

　　2017年7月，金砖五国峰会前，杭州先行召开了2017年金砖国家税务局长会议和税务专家会议，这是金砖五国峰会前期一次重要的国际税收会议，为进一步推动金砖五国税收合作、加强全球税收治理奠定了重要基础，具有非常重要的积极意义。闽茶作为此次税务局长会议及税务专家会议用茶，礼敬各国贵宾。

　　2017 年 9 月，金砖国家领导人厦门会晤期间，作为接待外宾的闽茶受到中外领导的高度评价。闽茶作为中国茶叶代表，惊艳亮相金砖会晤各主要会场。在会晤期间，各国元首、夫人及来宾品纯正的福建茶，近距离地感受福建茶文化的独特魅力。

　　2018 年 4 月 28 日，中印元首在武汉东湖之滨举行非正式会晤，福建茶企现场提供茶艺服务，见证大国外交。

2018年11月5日，首届中国国际进口博览会于在上海国家会展中心盛大揭幕，这是迄今为止全球第一个以进口为主题的国家级博览会，也是全球唯一一个要求展品100%进口的大型博览会，现场130多个国家的2800多家企业慕名从全球各地前来参会。进口高品质产品在中国的荟萃，也正是中国在向世界宣告"中国正在从高速开放向高质量开放转变，此次的进博会便是一个风向标，中国正在激发民族产业的革新，促进国内消费市场升级，中国已经逐渐进入到了品质时代"。闽商闽茶再次以最高品质致敬世界。

从茶叙外交、金砖茶礼可以看出，茶的文化外交在国际重大活动中发挥着重要的黏合剂作用。"茶为国饮"已经深入人心，"茶为国礼"的时代正阔步走来。茶，早已成为"和平之饮"，茶作为一种礼仪的象征，是奉献给世界的中国形象，是奉献给世界的和平理念。世界和而不同，诚如中国国家主席习近平所说，"美美与共、和而不同"。盛世茶叙，盛世话茶。茶梦可期，复兴可冀。

茶为国饮，早已深入人心；茶为"和平之饮"，正张开怀抱，与世界相拥。福建茶，正演绎着时代的精彩。

2017年9月3日，俄罗斯外长拉夫罗夫现场留言："美妙浓郁的茶香，正如中俄友谊

　　闽茶文化不仅源远流长，也体现着"茶和天下"、开放包容的精神追求。这与"一带一路"所倡导的"不是独奏，而是合唱"的互利共赢的追求不谋而合。

　　"闽茶海丝行"，福建茶人又一次敢为天下先。以"丝路帆远·茶香五洲"为主题的大型福建茶产业茶文化推广活动——以茶为媒，以茶觅商，以茶传道，全方位推进与海丝沿线国家的茶叶经贸与茶文化交流合作。

　　在"一带一路"倡议中，闽茶企业肩负起以茶惠民、茶和天下的责任担当，通过参加博览会、专题会、交流会等形式，宣传推介福建茶产业与茶品牌，突出展示了闽茶历史悠久、茶类丰富、茶品多样、生态优良、质量安全的良好形象，推进中国福建与海丝沿线国家的经贸合作与文化交流，不断彰显出闽茶和茶文化的无穷魅力。

　　福建是21世纪海上丝绸之路核心区。千百年来，福建先民"以海波为阡陌，依帆樯为耒耜"，血脉贲张、激昂勇敢地走向海洋的怀抱，在海洋上寻求与其他文明最美丽的邂逅，最深层次的交汇，最激烈无比的碰撞。福建敢为天下先的勇气正是在这经年征战中磨炼出来的。

茶从中国历史走来，也从丝路走出去。仔细观察，定然会发现，茶从来就没有离开过丝路，就像福建从来没有离开过海洋一样。福建茶人的身影一直活跃在丝路大道上。

茶树的生长有明显的地域性，并非所有国家都能种植，因此，茶树自从福建传播到全球四百多年来，也仅在60多个国家落地生根。随着全球喝茶的人越来越多，全球茶叶出口总量也在上涨，2017年，全球茶叶出口总量177.8万

欧洲茶叶店店招的闽茶元素

越南芽庄

吨。中国出口35.5万吨,同比上升8.1%,位居世界第二大茶叶出口国,未来还有很大空间。出口量位居前十的其他国家分别为印度、越南、阿根廷、印度尼西亚、乌干达、马拉维和坦桑尼亚。

福建省正抓住"一带一路"的黄金机遇期,巩固和扩大闽茶在国内外市场的占有率,提高闽茶的知名度和美誉度,打造福建走向世界的新名片。福建省作为全国单产量最大、茶叶品种最多的产茶省份,已连续多年成为中国最大的产茶大省,全省乌龙茶产量和产值均位居全国第一位。目前福建省出口茶叶产品种类有乌龙茶、茉莉花茶、白茶、绿茶、红茶等。近年来,福建茶叶出口总量呈上升趋势,乌龙茶的增长速度尤甚。

"一带一路"倡议提出以来,福建茶叶出口量也在增加,不仅在数量上有所增加,在价格上也有所上扬。2015年,福建共出口茶叶1.34万吨,同比2014年增加15.41%,价值达1.66亿美元,同比增加40.93%,再创历史新高。其中宁德出口茶叶质量安全示范区出口2544.34吨、8433.76万美元,同比增长45.63%和76.29%;安溪出口茶叶质量安全示范区出口2978吨、1370万美元,同比增长68.06%和60.8%,茶叶质量安全示范区出口带动效益显著。在出口茶叶公司中，民营企业和外商投资企业出口增加，国有企业出口量减少。2015年，福建省民营企业出口茶叶6062吨，增加23.8%，占同期福建省茶叶出口总量的43.5%；外商投资企业出口2413吨，增加5.6%，占19.4%；国有企业出口4925吨，减少11.4%，占37.1%。2016年，全省茶叶出口量1.96万吨、出口金额14.5亿元，同比增长分别为13.4%、26.4%，位居全国前列；2017年，全省茶叶出口量1.95万吨、出口金额达到16.2亿元，闽茶品牌价值在国际上呈现上升趋势。

福建茶叶现出口越南、中国香港、美国、日本等58个国家和地区。而"一带一路"沿线国家和地区一直以来都是茶叶的主要产销地。

2015—2017年闽茶主要出口贸易国家或地区

国家或地区	出口量（吨）	出口金额（万元）	国家或地区	出口量（吨）	出口金额（万元）
中国香港	2345.8	4.3	美国	1467.6	1.2
日本	1688.4	2.0	缅甸	235.3	0.6
西班牙	965.0	1.8	泰国	1773.0	0.4
越南	1175.3	1.7	马里	1123.0	0.4
马来西亚	915.9	1.4	巴基斯坦	179.2	0.3

数据来源：福州海关

2016年，宁德茶叶出口"一带一路"沿线国家和地区1446.35吨，货值5339.87万美元，占到宁德茶叶出口额的半壁江山，比2015年同期增长16%和26%。2017年1—4月，宁德向"一带一路"沿线国家和地区出口茶叶265.31吨、货值869.89万美元。2016年以来，宁德茶叶首次出口塔吉克斯坦、巴基斯坦、巴拿马等，出口茶叶从绿茶一枝独大转变为绿茶、红茶、乌龙茶、白茶等齐头并进的良好格局。

搭载"一带一路"的东风，安溪加快扬帆远航的步伐，尤其是近年来，在国家级出口茶叶质量安全示范区和国家有机产品认证示范区推进下，开拓"一带一路"沿线国家市场成效明显。泉州检验检疫局数据统计结果显示，2017年

俄罗斯圣彼得堡茶叶店

上半年，该局共检验监管出口茶叶977吨、938万美元，货值同比增长200.4%，平均单价同比增长达48%，增幅创历史新高。值得一提的是，仅出口东盟的出口茶叶货值即达193万美元，同比增长50倍，而且在越南、中国香港等市场主攻高端茶，出口单价已是出口日本原料茶的8~24倍。

不同国家的消费者在选择茶叶品类和品饮方式上不尽相同。欧盟、美国、俄罗斯、中东、印度、巴基斯坦、孟加拉、斯里兰卡等国家和地区消费者以红茶为主；欧洲、非洲国家和地区消费者以绿茶为主。近年来，欧美国家和地区消费者的绿茶消费量也快速增加；日本消费者则喜欢喝乌龙茶。由于消费喜

好不同，所以在各茶类出口方面也呈现出一定的市场集中特点：乌龙茶主要出口市场是日本，且出口总量保持相对稳定的状态。其余乌龙茶的出口市场分别是新加坡、马来西亚和泰国等，而出口欧盟的乌龙茶总量相对较小。绿茶主要销往非洲、日本和欧美，除了常规绿茶外，出口日本和欧美市场的还有特种绿茶，如毛峰、白毛猴、雪芽等优质品种，但数量有限。红茶主要出口英国市场，其中以正山小种红茶和工夫红茶最为典型。福建的白茶则是出口德国和港澳地区，如白牡丹和白毫银针等白茶品种。

"一带一路"倡议的提出给福建茶产业带来了巨大的发展机遇，"一带一路"沿线 60 多个国家是世界茶叶生产和消费的主体，沿线国家的茶叶需求和消费位居世界前列。在需求方面，巴基斯坦是最大茶叶进口国，2017年进口17.5万吨，同比上升0.7%；俄罗斯位居第二，进口16万吨，其他主要进口市场分别为英国、其他独联体国家、埃及、摩洛哥、伊朗、迪拜和伊拉克等。

在消费方面，目前全球有160多个国家与地区近30亿人喜欢饮茶。中国虽

通往波斯湾的霍尔木兹海峡哈伊马角

然是产茶大国，但是世界排名第一的饮茶大国却是土耳其。土耳其人民不仅酷爱饮茶，而且还相当崇拜茶文化，据Quartz网站统计，全球人均茶叶消费量前十名国家、地区为土耳其、伊朗、英国、俄罗斯、摩洛哥、新西兰、埃及、波兰、日本和沙特阿拉伯。土耳其一年的人均茶叶消费达到近7磅（约3.2千克），排名第一，中国一年的人均茶叶消费近1.25磅（约0.6千克），人均茶叶消费量仅位列全球19位。

茶香飘万里，丝韵续千年。茶文化是中国传统文化的重要组成部分，福建是茶文化的发祥地。不管是在过去、现在，还是未来，绿色健康的闽茶，都是福建对外展示和传播闽文化、中华文化的最佳使者。闽茶在"勤练品质内功"的同时，频频"走出去"对外交流。政府、企业、行业协会等多方力量协作，不断丰富中国茶的世界表达，不遗余力地推广蕴含中华民族文化精髓的"中国茶道"。

政府推动，闽茶海丝行

当前，福建茶产业正进入结构调整与转型升级时期。福建充分发挥"清新福建，多彩闽茶"的优势，先行拓展海外市场，开展"闽茶海丝行"经贸活动，组织福建最具代表性的安溪铁观音、武夷岩茶、金骏眉、坦洋工夫、福鼎白茶、福州茉莉花茶等龙头茶企走进各大洲国家，以茶为媒，以茶会友，以茶言商，宣传闽茶，推广茶文化，传授品饮方式，培养消费群体，推动闽茶抱团发展，扩大闽茶在国际市场上的影响力。

"闽茶海丝行"活动由福建省农业厅、福建日报社共同主办，计划用5年左右走进各大洲有代表性的城市，每年策划、组织、举办形式多样的主题活动，宣传推广福建茶产业、茶文化。从2016年5月首站启航以来，"闽茶海丝行"分别走进了德国、波兰、捷克、新加坡、马来西亚、印度尼西亚、英国、西班牙、法国、希腊、哈萨克斯坦等国的主要城市，开展了经贸合作与文化交流，不仅在当地取得巨大的反响，而且在世界范围内有效地推广了福建茶叶。

"闽茶海丝行"活动的成功举办，初步搭建起福建茶企与"海丝"沿线各国的经贸合作平台，积累了开展国际茶叶经贸合作的经验，为福建茶企开拓国际市场、吸引国际投资奠定了良好的基础。

"闽茶海丝行"既是一次经贸合作之旅，又是一次文化交流之旅。活动每

一站都深入了解当地经济发展情况和文化现实，组织闽茶企业代表与当地企业家开展形式多样的经贸交流论坛、洽谈会，宣传推介福建特色名优茶，增进交流，引起了所到国各阶层的浓厚兴趣与广泛关注，并成功地建立了战略合作关系，实现共赢，成效斐然。表现在：

签订了茶叶经贸合同，达成了一些意向协议。福建省农业厅还与捷克投资局签订了农业合作与交流备忘录。合作交流项目除茶叶外，还向现代农业设施、农产品加工、农业投资等领域拓展与延伸。

展示了"清新福建·多彩闽茶"的良好形象。通过参加博览会、专题会、交流会等形式，宣传推介了福建茶产业与茶品牌，引起了所到国家各阶层的浓厚兴趣与广泛关注，进一步扩大了闽茶的影响力。突出展示了福建茶叶历史悠久、茶类丰富、茶品多样、生态优良、质量安全的良好形象，为福建茶叶走向更广阔的市场打下了良好的基础。

弘扬传播了中国优秀茶文化、茶文明。文化如水，润物无声，在整个"海丝行"经贸文化活动过程中，茶与文化相融共生，在宣传推介茶产品的同时，也使凝聚儒释道文化精髓的中国茶文化得以弘扬与传播。

在"闽茶海丝行"及当地华人华侨社团的携手推动下，至今已有6家"闽

捷克茶艺师亚罗米尔·霍拉克在『闽茶海丝行』欧洲站展示自己的茶艺

两位外国朋友拿到多彩闽茶锦袋，欢喜之情溢于言表

茶文化推广中心"相继在新加坡、马来西亚、印度尼西亚、英国、西班牙和法国等国的首都或重要城市成立。中心秉承着"互惠互利，合作共赢"的原则，通过茶品展示销售、定期或不定期举办各类茶事交流活动、组织茶文化培训等举措，拓展闽茶消费市场，共同致力于推广闽茶及闽茶文化。"闽茶文化推广中心"建立起闽茶经贸合作与文化交流平台，有助于推动中国茶文化的传播与推广，提升闽茶的知名度和美誉度，展示文化软实力和国际影响力，以文化助推贸易。

"闽茶海丝行"每一站都受到了当地人的热烈欢迎。在德国柏林站，现场派茶的环节场面火爆，近千份的茶礼不到半小时就派送完了。茶艺师捧着茶盘，为柏林市民奉上一杯香醇的闽茶。品过茶的市民，都纷纷竖起了大拇指，而当接过茶艺师们赠送的精美茶礼时，脸上更是浮现出惊喜的表情，有的还迫不及待地打开茶包，闻一闻香气。

在波兰，波中商务联合会副会长 Jacek Boczek在正山茶业的展位停留了许久。他一边品尝正山小种，一边认真地在每个茶样上做记号。他说，他从小就喜欢喝福建茶，正山小种的香气和滋味很迷人，希望能把中国红茶带给波兰人，把波兰的水果带给中国人。

捷克的活动现场请来了一位非常特别的茶艺师，他名叫亚罗米尔·霍拉克，此前中国领导人访问捷克时他曾作为茶艺师现场表演。适逢"闽茶海丝行"活动走进捷克，热爱中国茶文化的他，又借此机会向来自中国茶乡的尊贵客人露了一手中国茶艺。

新加坡站，随团出访的茶艺师现场表演福建乌龙茶茶艺，她娴熟优美的动作，将乌龙茶的韵致演绎得淋漓尽致，令现场不断发出惊叹声。活动还得到了中国旗袍会新加坡总会的大力支持，旗袍爱好者们身着各色鲜艳的旗袍，看起来典雅高贵，她们将泡好的茶奉给嘉宾，体现了浓郁的中国传统文化特色，成为当天最亮丽的风景线。

福建是全国著名侨乡，旅居世界各地的闽籍华人华侨有1580多万。正因如此，"闽茶海丝行"每走进一个国家，都能引起当地华人华侨的极大关注。特别是福建商会，对故乡的茶更是有着浓厚的感情。茶不仅是牵系福建与世界各国经贸文化往来的芳香纽带，也是勾起海外游子浓浓乡愁的文化符号。

另外，闽茶的推广已不仅仅是老一辈茶人的任务，更多责任肩负于青年一代。"We got different Fujian tea inside of the bag！And it is good to have it！（在这个袋子中有不同种类的福建茶！你值得拥有！）"展位前，几个"90后"用流利的英语向游客们兜售茶叶。他们是此次随团出访的"茶二代"，均为"海归"族。他们不光英语说得溜，也非常有商业头脑。展会开幕第二天，他们就在展位门口打出茶锦袋的促销广告。没多久，印度尼西亚站活动准备的200多个茶锦袋就被抢购一空，而他们此行带去的茶品茶具也都卖了个精光。这种茶锦袋系"闽茶海丝行"专属订制，上面绘有中国传统吉祥图案，内装若干泡代表性闽茶品种，可"一袋尝遍"多彩闽茶。

欧洲人对闽茶赞不绝口

企业合力，发出时代强音

福建茶企借势"一带一路"，纷纷迈大步走出去推广茶叶产品和茶文化。不再是单纯的为国外品牌代加工或提供原料，而是品牌为产品赋能，提高了茶叶价值。例如中茶在海外建立了众多的专卖店，并且在推广自己的"海堤"牌、"蝴蝶"牌等国外知名茶叶品牌，其中，中茶"海堤"的产品以乌龙茶、红茶为主，涵盖六大茶类，种类繁多，花色齐全。

安溪茶业龙头企业积极开拓国际市场，由东南亚扩大到日本、欧美，拓展至俄罗斯等100多个国家和地区，年出口量达1.6万吨，直接创汇超1亿美元。安溪铁观音龙头茶企在政府的支持下，从新加坡、俄罗斯、沙特阿拉伯等"海丝"沿线国家和地区，开拓到越南等新市场，并与各国建立了深厚的友谊。

2014年3月，法国外交部向三和茶业定制中法建交50周年纪念茶"莫逆之交"，赠送与会贵宾。

2015年10月，意大利总统府专属定制的中意建交45周年纪念茶"丝路知音"高山茶园揭牌，这片茶园正是三和茶业在安溪县芦田镇芹草洋的茶基地。福建与意大利，曾是海上丝绸之路的起点和终点，定制"丝路知音"茶，将延续海丝文化的历史情缘，谱写中意新友谊。

2016年3月，福建省安溪县企业携手意大利企业在安溪建设2000公顷欧盟标准茶园。

　　华祥苑也充分利用国家外事活动平台，展示闽茶的精致与特色。从2003年起就被钓鱼台国宾馆作为用于礼献外宾的中国茶代表；2006年代表中国茶特制"百福"铁观音，与联合国共同推动丝绸之路经济文化交流活动，中英茶叙现场将茶礼赠送英国首相特雷莎·梅夫妇，受邀走进墨西哥总统府，并在澳大利亚、英国、墨西哥等国家成功开拓市场。

　　八马茶业一方面以国茶标准衡量茶叶品质，让饮者品到中国好茶；另一方面化身中国茶文化传播使者，频频走出国门，目前八马已访问包括悉尼、东京、纽约、巴拿马等18个国家的36个城市。

　　福建的茶企代表多是茶叶世家出身，通过茶，他们与祖辈实现了对接；通过茶，唤起了沉睡的海丝记忆。波涛的凶险、大漠的荒凉早已不是阻隔，他们比历史上的福建前辈茶人，甚至自己的先祖走得更远，茶做得更好，也更富有现代企业家的眼光，弘扬中国茶的责任感也愈发强烈。

　　在法国巴黎举办的以"佳茗美酒·香溢巴黎"为主题的茶酒对话活动中，法国葡萄酒企业负责人雅克·艾诺表示，中国的茶文化和法国的酒文化都是两国传统文化的重要组成部分，而茶与葡萄酒，现在是未来也应当是中法人民友谊的使者。此次中国茶代表团所展示的闽茶，也为很多法国人带了前所未有的味蕾体验，浪漫的法国人纷纷表示想进一步了解福建茶。春伦集团董事长傅天龙就抓住了这一机会。

每每看到中国出口低级茶原料，在国际市场上以极低微的价格，作为国外产品的配料，傅天龙就如针刺一般，痛感这是在卖血。

是的，几百年的中外茶叶贸易史，海外市场实际上是外国人开拓的，中国只是在出口初级原料，出卖劳动力。充斥在国际市场上的那些低下等的茶末怎么能代表中国茶呢?

"我们中国这么好的茶，为什么在国际市场上卖不动，品牌叫不响?"诸多茶人的疑惑，同样是傅天龙多年来一直苦苦思考的问题。对于自1985年就赓续祖业、创办茶果厂，立志"以复兴福州茉莉花茶产业为己任，让中国茶及茶文化走向世界"的傅天龙来说，使命感、紧迫感就特别强烈。

早在十多年前，傅天龙就到欧洲与世界各国茶业协会交流，了解中国茶在国外的认可度与现状。

2011年，傅天龙邀请国外茶叶协会有关人员，包括世界茶叶协会主席到福州考察。他们惊叹中国茶叶的品质之高，也疑惑为什么在国际市场上难以品尝到这样的中国茶。

2012年，傅天龙参加欧盟茶叶年会，全程听取了各国茶叶专家及茶叶厂商的交流与讨论。此行，傅天龙受到前所未有的震撼，他坦言此生难忘。那天是5月3日，600多人的鸡尾酒会自始至终有条不紊，没有人提前离席，没有人心猿意马。欧盟茶叶协会主席威廉·格曼身穿燕尾服，极为规矩。那次议程的最后一项，就是福州茉莉花茶的惊艳亮相。从许多来宾品饮后的表情看，那可能是它们一生中尝到的最好的茶。

2013年，春伦开启了"走出去"的步伐。首站是美国西雅图，当时在西雅图成立了茶叶公司，但受限于国外既有的"中国茶形象"窠臼，再加上运作经验不足，对市场把握不准，不够专业，所以并未能一炮打响。

对此，春伦并不气馁，他们请国外茶叶专家到中国来实地参观考察，让他们到茶园走走看看，在茶厂体验一片茶青是怎么魔术般变为一杯馥郁的茉莉花茶的。中国之行，使这些国外茶叶专家被彻底征服了，他们回国后立即发表了中国茉莉花茶的文章，极力推崇茉莉花茶，以所见所闻证实了福州的茉莉花茶是一个高品质的饮品。

随着"一带一路"倡议越来越得到国际社会的呼应，春伦加大"走出去"的步伐，但不满足于销售几斤茶叶，而是输出高品质的茶，输出中国茶叶的品牌，让世界了解中国茶。2015年，春伦将目光对准了欧洲国家中的英国、法国和德国。要在欧洲最有影响力的国家中站稳脚跟，辐射欧罗巴大陆。最终，春伦选择了法国，因为法国高品质、奢侈品市场与春伦的初衷是一致的。法国人引领时尚与春伦创造中国茶生活新方式的愿景极为契合。

春伦始终坚信自己的实力、茉莉花茶的魅力，坚信自己的茶叶是世界顶级的。法国是个浪漫的国度，他们对香气很有研究，茉莉花香是他们所喜欢的香，能够有所共鸣。再者，法国一直是欧洲时尚的前沿阵地，春伦希望以法国为起点，带动整个欧洲的风潮。法国还是奢侈品之地，香奈儿、阿玛尼等奢侈品品牌齐聚于此。如此种种，春伦与法国堪称天作之合。

接下来，就是选择合作伙伴、请法律顾问、招聘员工……一系列的事情下来，反反复复磨合了近一年时间。其间，公司筹备与成立的律师费便用了一万欧元。另外，在用人方面，公司的员工几乎都是法国人，因为依靠法国人推广

法国美食教父『九星名厨』艾伦·杜卡斯与春伦集团董事长傅天龙合影

春伦茶形象宣传

中国茶，既能节省开支，还能更好地借他们之口来品读中国茶、诠释中国茶文化，使中国茶快速融入法国主流社会，也将中国文化注入欧洲。

目标已定、理念已确、定位已准，正是放手大干之时。

当然，运作过程也难免坎坷起伏。最主要的就是合作伙伴的问题，由于办企业的理念不一致，有的合作伙伴打起了退堂鼓。此时，已经是箭在弦上不得不发，怎可退缩？春伦董事长傅天龙无比坚定："你退出可以，但是春伦是绝不可能退缩的，所有费用，全由春伦自己承担好了。"

最终，法国分公司的股份由法国方和春伦双方拥有，其中春伦占六成多。

2016年5月18日，春伦集团在法国巴黎白宫饭店召开新闻发布会，宣布春伦集团法国分公司成立，并正式进军法国市场。发布会上，法国美食教父"九星名厨"艾伦·杜卡斯与一众嘉宾品鉴春伦传统茉莉花茶及新品秒泡茶，"他们一边喝，一边提问，为什么这茶如此迷人，与过去的都不一样。"傅天龙回忆说，"我告诉他们，因为这是正宗的福州茉莉花茶，是茶与花的结合，是创新的产物，是古代福州人的智慧结晶。"

公司坚持用法国人当总经理，主打产品CHUAN LUN TEA，70克售价25.5欧元。

此后，春伦进驻香榭丽舍大街一家米其林三星餐厅和巴黎雅典娜酒店等，将茉莉花茶推荐给顾客，使福州茉莉花茶融入法国的美食中，受到顾客的好评。春伦还在法国每年策划一次推广会，邀请法国主要奢侈品牌的经营者参与，向他们展示春伦产品的个性化魅力与中国茶文化的博大精深，也让他们感受茉莉花茶与他们各自品牌的契合点。

如今春伦发展充满了时尚气息。傅天龙倡导，"让喝茶不再老派"，茶与现代时尚生活融合老茶新作派，上下杭的"馥源"与传统的茶业是那样与众不同，处处透露着新生活的气象。

"一个人喝茶是和静，两个人喝茶是和气，一家人喝茶是和睦，全国人民喝茶是和谐，全世界喝茶是和平。""五和"理念，傅天龙时常挂在嘴边。

这一天，我们才终于顿悟，这不就是春伦茶行天下的秘诀吗？

多元茶事，互学互鉴

福建不少茶叶协会、社团组织、茶学者充分发挥行业组织的作用，通过组织茶赛、沙龙、高峰论坛、茶旅、拍摄闽茶相关的纪录片等活动，积极推介福建茶产品及文化。

2010年7月—10月，福州举办世界首次茉莉花茶传承大师赛，历时三个多月的比赛，经过六窨的评比，增强了各方对福州茉莉花茶产业的关注，在业界掀起了一股茉莉花茶热。10月23日结果揭晓，陈成忠、傅天甫等六人获"传承大师"称号，九人获"传承人"称号。25日，美国西雅图立即邀请此次比赛获奖的传承大师翁发水赴美讲授福州茉莉花茶传统工艺。除了坚持每年开展茶王赛及传承大师比赛，福州市还举办了国际茉莉花茶发源地会议（2011年）和世界茉莉花茶文化鼓岭论坛（2012年）；先后投拍了纪录片《茶，一片树叶的故事》（2012年）和《茉莉窨城》（2013年）。

2011年10月，国际茶叶委员会、中国食品土畜进出口商会与福州市人民政府主办2011国际茉莉花茶发源地会议。国家茶叶委员会以及欧盟、俄罗斯、美国、日本、韩国、非洲、中东等国家和地区的茶种植、茶加工、茶叶组织代表和中国食品土畜进出口商会、行业协会领导、业内专家、学者、企业负责人等120余名国内外嘉宾与会。让全球重新认识福州这一世界历史上最大的茶叶港口、满城尽飘茉莉香的魅力城市，再一次让中国传统文化内涵凸显出独特的经济价值。

2014年11月，"万里茶道"沿线中蒙俄三个国家50多个城市的代表齐聚万里茶道起点武夷山市，参加国际联盟城市市长圆桌会议，并发出合作宣言。

由海峡两岸茶业交流协会、福建省广播影视集团等指导的福建电视台一套播出的《说茶》栏目，积极响应"一带一路"倡议，不断开拓创新传媒理念，探索中国茶文化传播的新思路和新模式，以"茶+旅游"为核心，以"丝路观茶"为全新视角，大力挖掘福建茶文化，开拓传播渠道与覆盖区域，一度成为中国茶主题电视节目第一品牌，为全国数百万收视人群提供主流、权威、时效的茶事报道和专业观点。2016 年 9 月，《说茶》栏目与陕西省茶业交流协会签署"陕茶宣传战略合作伙伴"，与日本心放株式会社签订海外茶旅战略合作伙伴关系，初步实现"一带一路"的传播战略布局。

以"丝路茶事"为主题的元翔福州空港茶文化节于2017年6月9日亮相福州长乐机场，在为期一周的活动中，以海丝文明为线索，茶文化知识为内容，通过丝茶文化长廊、茶事小课堂、骑行煮茶趣味互动、创意手作等形式，生动地再现了福州地区的茶文化底蕴和海丝精神。活动吸引了许多来往的旅客驻足参与互动。此次活动以"丝路茶香"为主题的文化长廊，立体再现了商贾繁荣的古丝绸之路，诠释了福建海丝茶文化的深度和广度。开篇以福建茶代表"武夷红茶""安溪茶""福州茉莉花茶"的丝路历史娓娓道来，结合铁观音、大红袍、水仙、肉桂、白茶等大家熟悉的茶叶标本，对福建茶进行系统概述。兴盛时期的茶港福州港、泉州港，以及当时著名的茶商所发生的一些茶业轶事，在文化渗透的同时增加了不少趣味。现场茶香茵蕴，召集了众多知名茶企，以"丝路茶市"为形式，呈现海丝之路繁盛的商贸氛围。亦通过现场创意茶手作体验互动，使整个机场沉浸在茶叶的浓厚氛围中。活动还以"丝路茶语"茶事小课堂的形式，邀请名家就茶历史、茶品、茶性、茶礼仪与旅客们讲解与分享。

2017 年 8 月，由全国电子业务标准化技术委员会、海峡两岸茶业交流协会、中国茶叶流通协会主办的"一带一路"中国茶产业电子商务高峰论坛暨全国电子业务标准化技术委员会茶叶电子商务工作组成立大会在福安召开，来自全国品牌茶企、电商、标准化等领域的领导、专家、学者及国内外优秀品牌茶企代表200余人参会，共同探讨在"一带一路"建设下如何通过建立全国茶叶茶企的电子商务标准化，实现中国茶叶的转型升级。

2018年6月19—21日，"一带一路"茶产业科技创新联盟成立大会暨首届"一带一路"茶产业国际合作高峰论坛在福建农林大学举办，得到了海内外近百家单位、院校的积极响应。联盟与论坛秉承"和平合作、开放包容、互学互鉴、互利共赢"的丝路精神，通过搭建茶产业国际交流合作平台，加强与"一带一路"沿线国家政策、经济、科技、文化的交流和沟通，拓宽茶产业合作领域，实现共赢发展。

茶业会展的举办对茶叶产品的流通、茶文化传播起到了重要作用，并且还产生了广泛的边际效益，如交通、旅游、餐饮、住宿、通信、广告、物流乃至金融等服务业的发展。此外，成功的茶叶博览会还可以提升城市形象与文化品位，接收和传播行业资讯，对茶业的发展提供引导，并巩固该地区在整个茶产业中的地位。因此，福建大力发展茶业会展经济，构建茶文化交流平台。福建茶叶通过参加国际性的茶博会、交易会，加强与境内外客商交流沟通，大力向外开拓新兴市场。

2011年12月，以"生态·和谐·持续"为主题的澳大利亚·中国文化年——2011中国茶文化产业博览会在悉尼国际会展中心开幕。本次活动由福建省文化厅、福建省对外贸易经济合作厅、澳洲中华经贸文化促进会主办，福建省茶叶学会和澳中文化科技促进会承办。展示了铁观音、大红袍、坦洋工夫等闽茶精品，让世界更好地了解中国茶、福建茶。

2014年7月，中法农业文化遗产交流会暨合作备忘录签约仪式在福州举行，意味着在世界享有盛誉的农业文化遗产的福州茉莉花茶与勃艮第葡萄园建立正式合作交流。双方将共同谱写21世纪海上丝绸之路新篇章。法国勃艮第申报世界遗产考察团一行在榕期间，实地考察了福州茉莉花与茶文化系统，并开展相关农业文化遗产交流活动。2015年6月，首届万里茶道文化旅游产业博览会、第二届中国（武夷山）茶业配套商品博览会、首届武夷山春茶交易会在武夷山开幕，活动为期3天，吸引了山西晋中、江西铅山、内蒙古二连浩特等万里茶道沿线城市的有关部门工作人员前来参展。

中非发展合作研讨会于2017年8月在福州召开

　　2015年6月30日，以"茶香五洲、绿色福建"为主题的"福建活动日"在米兰世博会举行。俄罗斯、西班牙、印度等30多个国家的代表应邀出席福建活动日。中国馆茶文化展区内展示了福建茶叶、茶艺茶技和茶道表演，积极推介闽茶文化。7月1日，中国馆迎来"坦洋工夫"主题日活动，各国观众争相品尝"坦洋工夫"，并被极具地域民族特色的畲族歌舞团表演所吸引。8月3日，由中国教育国际交流协会主办，国际茶叶委员会、欧盟茶叶委员会、意大利茶业协会、中国茶叶流通协会、中国国际茶文化研究会、中国茶叶学会、中国食品土畜进出口商会、中国茶文化国际交流协会联合协办的"中国茶文化周"开幕，向世界各地参观者展示中国茶的魅力。

2017年中国厦门国际茶产业博览会于10月18—22日在厦门国际会展中心隆重举办，历时5天。本届茶博会展览面积超过63000平方米，设置国际标准展位3200个，并将会场分为品牌茶企展区、茶器展区、包装设计展区、国际展区以及台湾展区五大展区，从全球视角展示茶行业全产业链盛况。2017年中国茶馆营销论坛、2017年国际茶器论坛、2017年国际茶叶包装设计论坛等国际权威论坛相继召开。厦门茶博会秉承"对台贸易、产业联动、辐射全球"的宗旨，以"高规格、国际性、专业化"为理念，从多种途径和渠道扩大招商力度，现已成为涵盖茶叶全产业链最齐全的信息交流、展示交易的顶级品牌盛会。

　　"一带一路"沿线各国资源禀赋各异，经济互补性较强，彼此合作潜力和空间很大。以政策沟通、设施联通、贸易畅通、资金融通、民心相通为主要内容的"一带一路"倡议推进，一方面可以加强福建与沿线国家的合作，提高闽茶在国际茶行业的交流；另一方面，有助于推动茶叶出口平台的统一建设和出口方式与国际接轨。

　　2017年8月初，彩虹之国南非，博士茶的故乡，"中国乌龙茶产业协同创

新中心"（福建农林大学）项目组专家谢向英、管曦和陈潜一行三人应德班理工大学应用科学学院之邀参访南非德班理工大学，开展学术研讨，讨论合作项目，并对南非茶叶市场及茶叶消费进行学术调研。

专家团与应用科学学院院长苏伦·辛格进行座谈，还与德班理工大学生物技术和食品系主任库根·裴茂教授、食物与营养消费科学系主任苏·韦米教授以及相关领域的专家进行学术交流，了解各相关学科重点科研领域、探讨双方潜在的合作领域。管曦博士专题介绍"中国乌龙茶产业协同创新中心"的基本情况及其主要项目，并以"茶叶消费与中国成年居民肥胖的关联性分析"为主题向与会者做了一场精彩的学术报告，专家团与德班同事们就相关学术问题展开了深入探讨。

随后，专家团参访了德班理工大学食物与营养消费者研究中心和食物与营养消费者研究中心实验室、科研设施，与研究人员探讨了茶叶保健、茶叶拍卖、茶叶种植园发展等领域的科研交流与合作。

三位专家还参与了以"中国茶与茶文化"为主题的主题推介会。会上，陈潜博士以"中非茶业合作与共赢"为主题做报告，讲解了中非茶叶合作的历史、发展及现状，并对中非茶业未来合作发展做了展望，引起在座南非师生浓浓的好奇心；谢向英副教授以"茶文化的市场演绎：以印象大红袍为例"为主题，以武夷山大型山水实景演出"印象大红袍"为例介绍了中国茶文化的起源、发展及传播，阐述以茶为媒介的传统与现代科技的创造性结合焕发出的无

专家团与辛格院长交流

管曦博士做学术报告

参访食物与营养消费者研究中心

穷魅力，深深吸引了德班师生。

此外，专家团还走访、调查了德班茶叶销售市场，了解了当地市场销售的茶叶品种、品类、价格以及中国茶在当地的销售和消费情况。

中国茶文化是中国传统文化的重要组成部分，茶学科是福建农林大学特色专业之一。此行是福建农林大学首次以茶叶市场经济为主题在德班地区开展的参访与交流活动，为两校以后在茶学科的深入交流与合作打下基础。

2018年8月初，"中国乌龙茶产业协同创新中心"（福建农林大学）项目组专家管曦、陈潜和陈萍应斯里兰卡佩拉德尼亚大学国际处邀请，来到斯里兰卡展开茶产业学术交流活动。

南非茶企加工车间

专家们分别前往该校agribusiness center（AbC）、管理学院和农学院食品科学技术系，交流乌龙茶在斯里兰卡销售体系整体构建的相关事宜，讨论斯里兰卡乌龙茶与中国乌龙茶的保健功效的对比研究的相关合作，并做关于"中国乌龙茶'一带一路'与斯里兰卡市场拓展"的学术报告。他们还在斯里兰卡高山茶叶种植园进行实地考察，收集茶叶生产加工相关数据，考察当地最大茶叶企业DAMRO，了解当地茶叶生产加工和销售流程。

以茶为媒，以茶会友，交流合作，互利共赢，重温古代海上丝绸之路文化的情缘，闽茶将成为福建同世界交流合作的一个重要窗口。

后 记

驼铃古道丝绸路，胡马犹闻汉唐风。

丝绸之路的开辟可谓人类文明史的一大创举，通过这条贯穿亚欧的大道，华夏的先民们穿越东亚西亚，载着丝绸、茶叶、瓷器等东方特色的商品到达遥远的欧洲，而今已有2000多年的历史。

茶是福建的优势和特色产品。福建依山傍海，生态环境优美，是最适宜种植茶叶的区域。历史上，福建先民首先创制了乌龙茶、红茶、白茶及花茶，丰富了茶叶大家族的品种。而到了宋代，闽茶在全国已首屈一指。近些年，闽茶不断创新发展，以全国茶叶面积排名第五创造了茶产量、茶产值连续多年全国第一。

2013年，习近平总书记提出了共同建设"一带一路"倡议，为古老的丝绸之路带来了新的生机。福建是海丝核心区，重走海丝路，推动闽茶文化及八闽文化再次走出国门，走向世界，《丝路闽茶香——东方树叶的世界之旅》一书应运而生。该书由福建农林大学、福建省政协农业和农村委员会、中国乌龙茶产业协同创新中心联合编写，杨江帆、刘宏伟担任主编，叶乃兴、吴芹瑶、陈荣生、林丽玲担任副主编。全书共分九章，序言由杨江帆撰写，第一章由杨巍撰写，第二章由林丽玲、曾文治撰写，第三章由杨巍撰写，第四章由金穑撰写，第五章由郑遒辉撰写，第六章由吴芹瑶、林玲撰写，第七章由吴芹瑶撰写，第八章由蒋慧颖、金穑撰写，第九章由金穑、陈奕甫撰写，后记由吴芹瑶撰写，英文由林丽玲翻译，吴芹瑶、金穑对全书进行了统稿。管曦、陈潜、陈萍、黄建锋、叶国盛、陈凌文等支持、参与了部分章节的编写。同时，茶学福建省高校重点实验室、福建茶文化经济研究中心、福建农林大学茶叶科技与经济研究所部分博士生、研究生参与了全书材料收集、整理和文字录入等工作，在此一并表示谢意！

由于时间仓促，书中错误和疏漏之处在所难免，敬请广大同行和读者批评指正。

编　者
2019年8月

图书在版编目（CIP）数据

丝路闽茶香：东方树叶的世界之旅/福建农林大学，
福建省政协农业和农村委员会，中国乌龙茶产业协同创新
中心编.--福州：福建人民出版社，2019.9
　　ISBN 978-7-211-08148-6

　　Ⅰ.①丝… Ⅱ.①福… ②福… ③中… Ⅲ.①茶文化
－福建 Ⅳ.①TS971.21

中国版本图书馆CIP数据核字（2019）第076129号

丝路闽茶香——东方树叶的世界之旅
SILU MINCHA XIANG——DONGFANG SHUYE DE SHIJIE ZHI LÜ

作　　者：福建农林大学	
福建省政协农业和农村委员会	
中国乌龙茶产业协同创新中心	
责任编辑：何水儿	
出版发行：福建人民出版社	电　　话：0591-87604366(发行部)
网　　址：http://www.fjpph.com	电子邮箱：fjpph7211@126.com
地　　址：福州市东水路76号	邮　　编：350001
经　　销：福建新华发行（集团）有限责任公司	
印　　刷：福州德安彩色印刷有限公司	
地　　址：福州市金山浦上工业区B区42幢	
开　　本：787毫米×1092毫米 1/16	
印　　张：20.75	
字　　数：326千字	
版　　次：2019年9月第1版	2019年9月第1次印刷
书　　号：ISBN 978-7-211-08148-6	
定　　价：80.00元	